脱原発の哲学

Sato Yoshiyuki
佐 藤 嘉 幸
Taguchi Takumi
田 口 卓 臣

人 文 書 院

脱原発の哲学　目次

第三部　構造的差別のシステムとしての原発

脱原発の哲学

序論

——福島の核カタストロフィは、重大な原子力事故の発生に関する統計を一挙に覆しました。六〇〇年に一度という想定規準から、原子力の民間利用が行われてきたおよそ六〇年の間で、三〇年に一度という想定規準に移行することになったのです。こうした事例は、人類が前世紀に獲得した発展方式の存続がいくつもの深刻な脅威によって脅かされているあらゆる領域において、あまねく存在しているように思われます。気候変動や、グローバル化した金融資本主義の崩壊などがそうです。極端なことが常態化してきているのです。

最悪の事態の訪れが確実なわけでは決してありませんが、あたかもそれが避けられないものであるかのように振る舞うことは、時として有効です。アルゼンチンの詩人、ホルヘ・ルイス・ボルヘスが言ったように、「未来は不可避だが、それが起こらないことはありうる（**El porvenir es inevitable, pero puede no acontecer**）」のです。確実と必然という二つの述語は、注意深く区別する必要があります。

（ジャン゠ピエール・デュピュイ「極端な出来事の頻度について――啓蒙カタストロフィ主義へのイントロダクション」[1]）

――被抑圧者の伝統は、私たちが生きている「例外状態」が常態であることを、私たちに教えている。私たちはこれに応じた歴史概念を形成しなければならない。そのとき、真の例外状態を招き寄せることが、私たちの目前の課題となる。

（ヴァルター・ベンヤミン「歴史の概念について」[2]）

――ヘテロトピアとは他のすべての空間への異議申し立てであり、それは二つの仕方で異議申し立てを行使することができる。すなわち、アラゴンが語っていた売春宿におけるように、他のすべての現実を幻想として告発するような幻想を作り出すか、あるいは反対に、私たちの現実が無秩序で、うまく配置されておらず、混乱したものである分だけ、それに反して、完全で、子細で、整った別の現実空間を現実的に作り出すことによってである。

（ミシェル・フーコー『ユートピア的身体／ヘテロトピア』[3]）

私たちは本書を『脱原発の哲学』と名付け、原発と核エネルギーをめぐる諸問題、そして脱被曝と脱原発のための具体的なプロセスについて、哲学的な観点から論じる。なぜ哲学者が脱原発について論じなければならないのだろうか。「そのような議論は原子力工学者、科学者、政治家などの専門家に任せておけばよい」という反応がすぐさま想像される。それに対して、私たちはあらかじめ次のように答えておきたい。福島第一原発事故以後、私たちを取り巻く現実は根本的に変化してしまったし、私たちの住む世界も根本的に変化してしまった。私たちは福島第一原発事故以後、好むと好まざるとにかかわらず、事故によって放出され、地面に沈着してしまった放射性物質と共に生きていかざるをえない。私たちの生活様式と思考様式が福島第一原発事故という「出来事」によって根本的に変化してしまったとすれば、そのような変化に目をつむって、これまでと同じ仕方で哲学的思考を展開していくことは不可能である。以上の理由から、私たちは脱原発の問題を、哲学の問題として引き受け、それについて徹底的に思考することを選択する。

脱原発の哲学を展開するために、私たちはとりわけ、核、原発、公害の問題について一九六〇年代か

---

(1) ジャン゠ピエール・デュピュイ、「極端な出来事の頻度について――啓蒙カタストロフィ主義へのイントロダクション」、石川学訳、『日仏文化』第八一号、二〇〇二年、五―六頁。

(2) Walter Benjamin, »Über den Begriff der Geschichte«, in *Gesammelte Schriften*, Bd. I-2, Suhrkamp, 1999, S. 697. 邦訳「歴史の概念について」、『ボードレール――ベンヤミンの仕事2』、野村修訳、岩波文庫、一九九四年、三三四頁。

(3) Michel Foucault, *Le corps utopique, les hétérotopies*, Nouvelles Editions Lignes, 2009, pp. 33-34. 邦訳『ユートピア的身体/ヘテロトピア』、佐藤嘉幸訳、水声社、二〇一三年、四八―四九頁。

ら現在に至るまで展開されてきた批判的科学者たちの思考を重視する。イギリスの科学史家・科学哲学者、ジェローム・R・ラヴェッツの定義によれば、批判的科学とは、「暴走する〔産業化した〕科学技術が人類や自然にもたらす様々な危害を発見、分析し、批判する」科学のことである。[4] 本書において批判的科学者とは、核と原発について批判的思考を展開してきた高木仁三郎、京都大学原子炉実験所のいわゆる「熊取六人組」（海老沢徹、小林圭二、瀬尾健、川野眞治、小出裕章、今中哲二）、水俣病をはじめ公害問題の解明に身を捧げてきた原田正純、宇井純など、核汚染や公害を生み出す科学の暴力性を科学そのものによって批判する科学者たちのことを指す。私たちが本書で批判的科学者の思考を参照するのは、単に彼らの思考を反復するためではない。むしろ私たちの目的は、批判的科学者の思考を参照することによって、福島第一原発事故という「出来事」の意味を考究し、そこから核にも原発にも脅かされない新しい生の可能性を提起することである。

従って、本書の方法は、純粋哲学によってカタストロフィや核技術を論じる、というものではない。私たちの考えでは、純粋哲学のみによって核と原発の問題を論じることは不可能であり、もし論じたとしても、その思考は、福島第一原発事故後に私たちが置かれた状況、核技術と原発が持つ技術的かつ社会的諸矛盾、それらが国家と資本の論理と取り結ぶ諸関係、などを多様な角度から分析することができない、過度に抽象的なものになってしまうだろう。従って私たちは、むしろ哲学と複数の異分野とのクロスオーバーにおいて脱原発の哲学を構築する。それは基本的に社会哲学を基礎として構想されるが、同時に、哲学と批判的科学、公害研究、環境学、経済学、社会学などとのクロスオーバーとして提起されるだろう。そもそも古代哲学からデカルト、ライプニッツ、モンテスキュー、ルソー、カント、ヘーゲル、マルクス、フランクフルト学派、ポスト構造主義へと連綿と続く哲学史を振り返るなら、哲学者が同時に自然学者、科学者、数学者、法学者、経済学者、社会学者である、といった例は枚挙の暇がないほど存在する。私たちは本書において積極的にこの系譜を継承し、哲学と異分野とのクロスオーバーという意図された戦略に基づいて、ハイブリッドな哲学としての脱原発の哲学を構築するだろう。

カタストロフィと「例外状態の常態化」

フランスの科学哲学者、ジャン＝ピエール・デュピュイは、現代社会には「極端なことの常態化」、すなわちカタストロフィの常態化が観察されると述べている。このような事態は例えば、地球温暖化という気候変動現象の中に、グローバル化した新自由主義的資本主義の暴走による金融恐慌の中に、膨大な量の核兵器がシステムのエラーによってもたらしうる核戦争の危険の中に、そして原発によるエネルギー生産が内包するカタストロフィックな事故の可能性の中に、それぞれ固有な形で観察される、というのである。原発と核兵器は同じテクノロジーに基づいて作られている。エネルギー生産のために世界中で原発が運転されている限り、それは常にカタストロフィックな事故の可能性を内包している。そしてそのカタストロフィは、一度発生してしまえば、戦争と同程度の巨大な被害をもたらさずにはおかない。このことを私たちは、チェルノブイリと福島によって身をもって認識した。しかし同時に、未来はあくまでも不確実なまま開かれており、少なくともこれ以上のカタストロフィックな事故を避けることは可能である、とデュピュイは述べる。つまり、ボルヘスがかつて指摘したように、「未来は不可避だ

（4）Jerome R. Ravetz, *Scientific Knowledge and Its Social Problems*, Oxford University Press, 1971, p. 424. 邦訳『批判的科学——産業化科学の批判のために』、中山茂他訳、秀潤社、一九七七年、二九七頁。

が、それが起こらないことはありうる」のである。「確実性」と「必然性」は異なるのであり、私たちはあたかもカタストロフィックな原発事故が必然的であるかのように振舞いつつ、その現実的な生起を避けることができる。私たちが本書で「脱原発の哲学」を提示するのは、そうした目的からなのである。

福島第一原発事故以後、私たちはまさにヴァルター・ベンヤミンの言う「例外状態の常態化」の中に投げ込まれている。東北、関東地方には、福島第一原発事故以前であれば「放射線管理区域」に指定されるような汚染区域（四万ベクレル／平方メートル以上、図1を参照）が一万四〇〇〇平方キロメートルにわたって存在しており、そこでは数百万人の人々が、おおむね以前と同様の生活を送ることを余儀なくされている。[5]また、日本政府は、福島第一原発の周囲に設定された避難指示区域を、相対的に線量の低い地域から順番に解除していく計画を示唆しており、それが実現すれば、これらの広大な地域で、人々が放射能の影響を気にしつつも、おおむね以前と同様の生活を送ることになるだろう。福島第一原発事故以前の年間一ミリシーベルトという制限に代えて、事故以前には考え難い年間二〇ミリシーベルトという被曝量を上限とする放射能汚染の中で、人々が日常の暮らしを送る――こうした状況こそ、「例外状態の常態化」以外の何であろうか。

「例外状態の常態化」は以上のような事態だけを指すわけではない。東日本大震災と福島第一原発事故は、電源三法に基づいて膨大な補助金と引き替えに原発を地方に押しつける「犠牲のシステム」[6]や、地震が頻発する日本列島に五四基もの原発を展開してきた核エネルギー政策の脆弱さなど、「戦後日本」の統治システムの根本的な弱点を露呈させた。しかしこれらの弱点は、震災後に喧伝された「絆」という名のナショナリズムや、中国、韓国、ロシアとの「領土問題」という名の国境紛争、北朝鮮の核武装

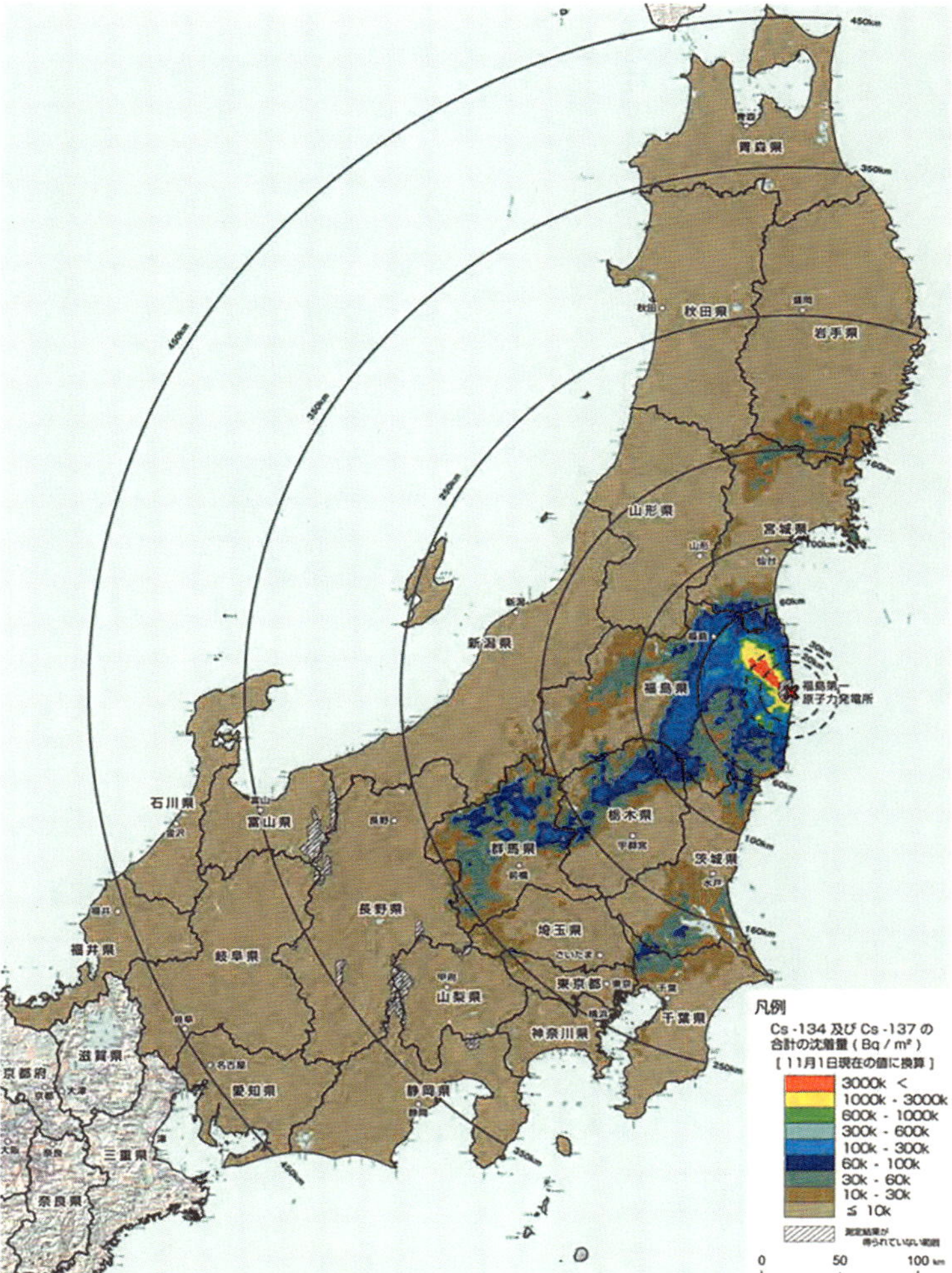

［図1］文部科学省による第三次航空機モニタリングの測定結果（地表面へのセシウム134、137の沈着量の合計、2011年11月1日現在の値に換算）

が惹起した排外主義的ナショナリズムによって覆い隠され、むしろ逆に、「外敵」との戦争の「実在的可能性」(7)へと転換された。この転換を背景として、二〇一四年七月、第二次安倍政権は憲法解釈の変更を行う閣議決定によって、集団的自衛権、さらには集団安全保障の行使を可能にする「解釈改憲」を強行したのである。

政治を戦争から、すなわち「例外状態」から定義することによって、平和憲法を基礎とした立憲デモクラシーのシステムを停止し、そこにまったく別のシステム、つまり対外戦争を可能にするシステムを構築すること、これが東日本大震災と福島第一原発事故以後の日本における「例外状態の常態化」のもう一つの姿である。このような危機的な状況は、関東大震災や世界恐慌による経済的ダメージの後に植民地主義と戦時体制の強化、拡大へと突き進み、一五年戦争の泥沼にはまっていった「戦前」の日本の状況を想起させずにはおかない。つまり、二〇一一年の東日本大震災と福島第一原発事故以後の状況は、あたかも関東大震災以後の状況の「亡霊」が回帰しているかのようなのだ。(8)

三・一一原発震災の直後にtwitterを開始した近世日本思想史研究者、子安宣邦は、日本は関東大震災からの「復興」の過程で侵略戦争に暴走していった、と指摘していた。(9)子安の発言を踏まえてみると、現在の日本は、震災からの「復興」を再開発の論理にすり替え、震災で犠牲になった周縁（＝東北地方）を中心（＝東京）の視点から切り捨て、「社会奉仕」を是とする精神に基づいて、拡張主義的な自衛戦争（「集団的自衛権」）の肯定に邁進し始めていることがわかる。「自衛」という大義があらゆる侵略戦争の出発点になることは、歴史の教訓に照らせば明らかな事実である。福島第一原発事故後の日本には、原発事故そのものがもたらした影響においてのみならず、それを契機として進められる集団的自衛権の行使容認の動向にも、「例外状態の常態化」が露呈しているのである。

ベンヤミンは「歴史哲学テーゼ」において、人々を抑圧する「例外状態の常態化」に抵抗すべく、これまでの「例外状態」とは異なった真の「例外状態」を打ち立てることを哲学の課題としていた。ベンヤミンの言葉を借りるなら、脱原発と核廃絶という真の「例外状態」を打ち立てることが、そして、それとともに新たな形の民主主義を打ち立てることが、本書の目標となる。本書のこうした試みを、ミシェル・フーコーに倣って「ヘテロトピア」の構築と呼ぶこともできよう。権力が作り出した諸装置を

(5) 小出裕章の一連の指摘による。例えば以下の講演概要を参照。小出裕章、「東京電力福島第一原子力発電所事故の過去・現在・未来」、第四回市民科学者国際会議、二〇一四年一一月二二日。http://csrp.jp/symposium2014/programme

(6) 以下を参照。高橋哲哉、『犠牲のシステム――福島・沖縄』、集英社新書、二〇一二年。

(7) 政治を「友・敵」の対立と、「外敵」との戦争の「実在的可能性」から考える、カール・シュミット『政治的なものの概念』(Carl Schmitt, *Der Begriff des Politischen*, Duncker & Humblot, 1932. 邦訳『政治的なものの概念』、田中浩・原田武雄訳、未来社、一九七〇年)を参照。また、この点についての詳細な分析として、ジャック・デリダ『友愛のポリティックス』(Jacques Derrida, *Politiques de l'amitié*, Galilée, 1994. 邦訳『友愛のポリティックス』1、鵜飼哲・大西雅一郎・松葉祥一訳、みすず書房、二〇〇三年)を参照。

(8) この点については、以下で詳述している。佐藤嘉幸、「立憲デモクラシーの危機と例外状態――デリダ、アガンベン、ベンヤミン、シュミットと「亡霊の回帰」」、『思想』第一〇八八号、特集「一〇年後のジャック・デリダ」、岩波書店、二〇一四年。

(9) 「関東大震災(一九二三)から満州事変(一九三一)まで一〇年もたたない。震災後の復興が昭和の戦争にいたる日本的システムを作っていったのではなかったか。いま災害後の復興がいわれる。日本的システムのうやむやな修復的再生ではない復興をわれわれはいかにして遂げるか。」、twitter における発言、二〇一一年四月二九日。https://twitter.com/Nobukuni_Koyasu/status/63768546320199680

内部から解体し、それを破綻させることができるのは、その外部に構想される「ユートピア」によってではなく、権力が作り出した諸装置を内部から解体しつつ、それとはまったく異なる原理に依拠した「別の場所」、すなわち「ヘテロトピア」を構築することによってでしかない、とフーコーは述べている。私たちは、脱原発と核廃絶という理念を、決して「ユートピア」的理念とは見なさない。それらは私たちの未来において常に開かれた実現可能な理念であり、しかも可能な限り早く実現されるべき「切迫した」理念（ジャック・デリダ）である。脱原発と核廃絶という理念は、私たちの生きる世界の中に、権力の諸効果を内部から無化した「別の場所」、すなわち「ヘテロトピア」を構築するという試みに他ならない。

本書の構成

以下では、各章で扱う内容について、あらかじめ概観しておこう。

第一部「原発と核兵器」では、原発と核兵器の本質的な関係性について考察する。原子力発電のシステムとは、核兵器という大量破壊兵器の製造のために開発された原子炉のシステムを民生転用し、その膨大なエネルギーから電力を生産する、というものであった。しかし、大量破壊兵器の技術を民生転用するというその技術的特性ゆえに、原子力発電のシステムはカタストロフィックな事故の可能性を常に内包する危険な存在となった。そのような原発と核兵器の本質的な関係性について、第一章では、二〇世紀ドイツ生まれのユダヤ系哲学者ギュンター・アンダースの思想と、福島第一原発事故後の状況分析を通して、第二章では、原発の危険性を訴え続けた批判的科学者、高木仁三郎の思想を通じて考察する。また第三章では、一八世紀フランスの哲学者モンテスキュー、現代フランスの哲学者ジャン＝

リュック・ナンシーの思想を通じて、原子力＝核技術という「絶滅技術」は、科学技術における目的と手段の「倒錯」によって生まれ、維持されていることを指摘し、批判する。

第二部「原発をめぐるイデオロギー批判」では、福島第一原発事故以前、以後に、どのようなイデオロギーが原発と原発事故の危険性を隠蔽してきたのかを析出、分析し、それらのイデオロギーを徹底的に批判する。その際に私たちは、二〇世紀フランスの哲学者ルイ・アルチュセールのイデオロギー理論に依拠して、イデオロギーの構造を「再認／否認」の構造であると定義する。第一章では、二〇世紀フランスの哲学者ミシェル・フーコーの「権力＝知」概念に依拠しつつ、福島第一原発事故後に問題化している低線量被曝をめぐって、「一〇〇ミリシーベルト以下なら健康に影響はない」といういわゆる「しきい値」説をイデオロギーとして批判し、さらに、ＩＣＲＰ（国際放射線防護委員会）の放射線防護の原則が、科学的根拠にではなく、コスト＝ベネフィット分析という新自由主義的な原理に基づいていることを明らかにする。第二章と第三章では、原発をめぐる「安全」イデオロギーを批判する。第二章ではまず、福島第一原発事故が大規模自然災害による「想定外」の事故であった、と主張する東京電力と日本政府の論理の欺瞞を析出する。そしてその上で、一九七〇年代の伊方原発訴訟へと遡り、国と電力会社がどのような論理によって事故の可能性を否認し続けてきたかを、京都大学原子炉実験所の批判的科学者集団「熊取六人組」による分析を通じて明示し、批判する。第三章では、現代アメリカの社会学者チャールズ・ペローが一九八四年に出版した著書『ノーマル・アクシデント』に基づいて、さらに根源的なレヴェルへと遡行し、原発のような巨大システムにおいては、いかなる対策を行っても常に巨大事故の可能性は残り続けること、他方で、行政当局や電力会社はそうした巨大事故の可能性を常に否認し続けることを明らかにし、そこから、巨大事故の可能性をゼロにするには結局原発を廃棄する以外の方法はない、という結論を導き出す。

第三部「構造的差別のシステムとしての原発」では、原子力＝核エネルギーが持つ本質的危険性ゆえに、原発がもたらす諸々のリスクは、中央と周縁、正社員と下請け労働者、といった様々な差別に基づいて不平等な形で分配される、という事実に注目し、原発をめぐる構造的差別の諸相を分析、批判する。第一章では、ミシェル・フーコー、現代アメリカの哲学者ジュディス・バトラーの概念を参照しながら、電源三法交付金システムが、国家（＝中央）と貧困な地方（＝周縁）との間の逆転不可能な権力関係に基づいて、原発の抱えるリスクを集中的に貧困な地方に負担させる「服従化」のシステムであることを示す。第二章では、土本典昭監督のドキュメンタリー映画『原発切抜帖』を取り上げ、労働現場としての原発、グローバル世界の周縁的地域における放射能汚染といった観点から、構造的差別の諸様態を考察する。第三章では、ニーチェ的な意味での「系譜学」の方法に基づいて、電力生産をめぐる構造的差別の「起源」へと遡行し、地方が電力を生産し、中央がその電力を消費する、という非対称的な中央と周縁の関係が、既に大正時代には誕生していたことを明らかにする。

第四部「公害問題から福島第一原発事故を考える」では、福島第一原発事故をカタストロフィックな産業公害と捉え、それを過去の日本で起きた数々の公害事件と比較する。この比較の作業を通じて、「戦前」から今日に至るまで、公害と公害の現実を「否認」する構造が（フロイト的な意味で）「反復強迫的」に「回帰」し続けてきたことを明らかにし、批判する。その際に私たちは、高度経済成長期に公害と公害が生まれる構造を一貫して告発し続けた批判的科学者、宇井純、原田正純らの所説を参照する。第一章では、足尾鉱毒事件に注目し、差別のある場所に公害が起こること、さらに、公害の発生がその差別を多層化することを指摘し、これらの事実を福島第一原発事故後の状況と比較する。第二章では、公害と原発事故が回帰し続ける理由を、近現代日本の「工業＝軍事立国」という統治原理に求め、「戦後」の一見民主主義的で平和主義的な社会においても、そのような統治原理が一貫して持続してきたことを明らかにする。私たちはこうした解明作業にあたって、「戦後」の統治システムを単に「民主主義」と見なすのではなく、国家と資本の論理によって中央集権的に統治された「管理された民主主義」と定義するだろう。第三章では、二〇世紀アメリカの生物学者レイチェル・カーソン、宇井純のような公害をめぐる批判的科学者の所説を分析し、いわゆる「専門家」たちはなぜ、いかなる論理に基づいて公害、原発事故の影響を否認し続けるのか、そして、そのような否認を止めるためにはいかなる視点が必要なのかを考究する。

最後に、結論においては、福島第一原発事故を経験した私たちにとって最も切実な二つの問題を扱う。第一に、原発と原発事故がもたらす放射能汚染の現実を前にして、どのように被曝を避け、被曝量を低減するかという脱被曝の問題、そして第二に、脱原発をどのような手段で実現し、脱原発によってどのような新しい社会を構築するか、という脱原発と民主主義の問題である。私たちは、チェルノブイリ、福島のカタストロフィ以後における脱原発、脱被曝の理念の「切迫性」について、二〇世紀ドイツ生まれのユダヤ系哲学者ハンス・ヨナス、二〇世紀フランスの哲学者ジャック・デリダを参照して論じた後、福島第一原発事故後の現実的な状況を分析し、その分析を踏まえた上で、脱被曝と脱原発という二つの理念の実現と、その実現に向けた社会システムの変革について、具体的な提案を行うだろう。

＊＊＊

本書は、ドゥルーズ゠ガタリ、ネグリ゠ハートに倣って「四手で」書かれた。各章は共著者の一方によって、あるいは共同で書かれ、共著者の他方によって徹底的に手を入れられた。従って、本書は文字通りの共著である。本書の執筆のために、様々な方々からご意見、ご教示をいただいた。その痕跡が本書に存在することについて、とりわけ、岩田渉、小川美登里、廣瀬純、柿並良佑、阪本公美子、重田康博、清水奈名子、関沢和泉、高際澄雄、高橋若菜、武田将明、津田勝憲、渡名喜庸哲、西山雄二、船橋淳、山脇直司、吉野裕之、イアン・トーマス・アッシュ、リヴィオ・ボニ、セシル・浅沼゠ブリス、トマ・ブリッソン、ティエリー・リボー、アラン゠マルク・リユーの各氏に感謝する。また、哲学書としては異例の内容の本書を適切に出版に導いて下さった人文書院の松岡隆浩さんには、最大限の感謝を捧げる。

第一部　原発と核兵器

第一章　核アポカリプス不感症の現状
――ギュンター・アンダースから福島第一原発事故後の状況を考える

第一部で私たちは、原発と核兵器の本質的な関係性について考察する。なぜ私たちは、原発と核兵器の関係性についての考察から本書を開始するのだろうか。それは原発が、その技術に内在的な理由で常にカタストロフィックな巨大事故の危険を抱え込まざるをえず、しかもその危険は、第一部第二章において詳述するように、原発が核兵器という大量破壊兵器の技術を基にして開発された技術である、という事実に由来するからだ。こうした前提に依拠して本章では、第二次大戦後の世界において核と現代文明について執拗な考察を続けたギュンター・アンダース（一九〇二―一九九二年）の思想を参照し、アンダースに倣って私たちが「核アポカリプス不感症」ないし「核カタストロフィ不感症」と呼ぶものが、六〇年前から今日に至るまで反復強迫的に繰り返されている点を、福島第一事故後の現状と関係付けながら論じていく。

1　核の「軽視」の反復——一九五四年、一九七九年、二〇一一年

一九五〇年代、核開発以降の現代文明の危機について最も厚みをもつ思考を展開したのは、ギュンター・アンダースであろう。アンダースは、近代技術の批判によって知られるドイツ生まれのユダヤ系哲学者である。彼はフッサール、ハイデガー、アドルノの下で学び、ナチスの政権獲得後、フランスを経てアメリカ合州国に亡命するが、亡命先で広島、長崎への原爆攻撃に衝撃を受けてからは、核兵器と核エネルギーの批判が彼の仕事の重要な部分を占めるようになる。私たちが本章で参照するのは、一九五四年に執筆された論文「核兵器とアポカリプス不感症の根源」（『時代おくれの人間』所収）である。タイトルが示す通り、アンダースがこの論文で取り上げているのは核兵器の問題に他ならない。この一九五四年という年は、アメリカ合州国の信託統治領だったビキニ環礁で、世界で初めての水爆実験が行われ、日本の第五福竜丸の乗組員たちが大量被曝した年である。彼ら乗組員のほとんど全員が、この水爆実験が原因で被曝症状を発症し、亡くなった事実はよく知られている。

福島第一原発事故の後でこの論考を読み直してみると、アンダースの思考が単なる「兵器」という主題には収まりきらない射程を宿していることに気づかされる。見方を変えるなら、二〇一一年三月の福島第一原発事故は、アンダースがおよそ六〇年前に提示していた「核」への問いを、新たな形で私たちに突きつけるものだったと言えるだろう。

まず何よりも注目したいのは、一九七九年一〇月に書かれた「第五版序文」において、アンダースが自分の考察を振り返りながら述べた次の一節である。

核兵器に関する当時の論文について、私は今日でも考えを変えていないどころか、二五年前よりもはるかに重要になっていると思っている。なぜなら、今日では原子力発電所が、核戦争から人々の目を逸らし、「アポカリプス不感症［Apokalypse-Blindheit］」に陥った私たち自身を一段と不感症にしているからである。[1]

アンダースがここで、同年三月二八日に発生したスリーマイル島原発事故を念頭に置いていることは、疑う余地がない。現在の私たちは、スリーマイル島が、一つ間違えばチェルノブイリ（一九八六年）や福島（二〇一一年）と同じレベルの過酷事故に至ってても不思議ではなかったことを知っている。この意味で、福島第一原発事故を経験した私たちにとって、原発の存在が「アポカリプス不感症」を一段と深めていると指摘するアンダースの発言は、かなり粗雑か、さもなければ挑発的にも見える。しかし、文字面だけに注意を奪われるべきではない。というのも、アンダースはこの論文の冒頭で、「軽視された対象には誇張された言葉が要る」[2]と語っているからである。アンダースの目には、一九五四年の時点でも、一九七九年のスリーマイル島原発事故の後でも、核の問題は一貫して「軽視された対象」と映っていたのである。

（1）Günther Anders, *Die Antiquiertheit des Menschen, Bd. I: Über die Seele im Zeitalter der zweiten industriellen Revolution*, C. H. Beck, 1956, S. VIII. 邦訳『時代おくれの人間（上巻）——第二次産業革命時代における人間の魂』、青木隆嘉訳、法政大学出版局、一九九四年、vi頁。
（2）Ibid., S. 235. 邦訳同書、二四七頁。

あらかじめ結論を述べるなら、私たちはアンダースの考えに同意する。それは、私たち自身の「アポカリプス不感症」は今も継続中だと考えるからである。つまり、アンダースが一九五四年、一九七九年の時点で指摘したことは、二〇一一年以後の状況にも当てはまると考えるからである。とはいえ、福島第一原発事故以降のアクチュアルな状況を考慮するなら、アンダースが十分に語らなかったこと、語りえなかったことにも踏み込む必要があるだろう。そこで私たちは、これから核をめぐるアンダースの主張を振り返りながら、福島第一原発事故以後の日本がどのような意味で「アポカリプス不感症」の症候を示しているのかを検討してみたい。このプロセスを通して、原発であろうと核兵器であろうと、どちらも等しく廃絶しない限り、次なる核カタストロフィの発生は十分に想定されうることを確認するだろう。

2　自由意志の彼岸

アンダースは論文「核兵器とアポカリプス不感症の根源」で、断章形式を存分に生かしながら、多岐にわたる問題を取り上げている。彼が主張している内容自体は単純明快で、しかもぶれることがない。彼の主張を支えているのは、核兵器の登場により、「「あらゆる人間は死すべきものである」という命題に代わって、今日では、「人類は全体として殺害されうるものである」という命題が登場した(3)」、という認識である。アンダースによれば、核の登場が可能にしたこの人類絶滅のリスクは、今後も二度と抹消されることはない。なぜなら人類の歴史が教えているように、いったん発見し、獲得してしまった知識を人間が手放すことはありえないからである。この意味で、私たち人間は既に不可逆の歴史的過程を歩んでしまっている。だからこそ私たちが「集団としての死」を免れる唯一の道は、世界各国に配備された核兵器が使用されることのないように、その破局の瞬間をひたすら先延ばしにし続けることだけである。――アンダースはそんなペシミスティックな結論を述べることになる。

言うまでもなく、核戦争による人類全体の破局というイメージ自体は、新味のあるものではない。一九六二年のキューバ危機以降の文学、映画、マンガ、アニメは、再三にわたってこの終末論的な世界観を取り上げてきたし、八〇年代のテレビでは「核の冬」なるビジョンが、執拗に取り沙汰されてもいた。こうした「核」をめぐる諸言説や諸表象が一通り影を潜め、かつてのようなリアリティを失った今、アンダースの主張に注目する意義は、一体どこにあるのだろうか。

ここで注意すべきは、アンダースが、「核戦争」をいわゆる通常の国家間戦争として捉えていたわけではない、ということである。より明確に言えば、アンダースが最も強く警鐘を鳴らしていたのは、「核」の終末が、技術的エラーや想定外のアクシデントによって、言い換えれば人間の自由意志――国家意志、為政者の意志など――では制御できない諸原因によって起こりうる、ということだった。アンダースが指摘しているように、「現在貯蔵されている核兵器の潜在的暴力が既に絶対的なものとなっている」[4]ということ、つまり、もし仮に地球上のすべての核が使用されれば、人類が容易に絶滅しうる、ということは明白である。にもかかわらず、このことが私たちの実感を伴ったものにならないのは、なぜなのだろうか。アンダース自身はその原因を、産業技術社会のシステムに条件付けられた「アポカリ

(3) Ibid., S. 242. 邦訳同書、二五五頁。
(4) Ibid., S. 250. 邦訳同書、二六二頁。

プス不感症」に求めているのだが、「冷戦」の終焉から長い年月が経った今となっては、それよりも先に言及しておくべき問題がある。

その問題とは、「核の抑止力」言説である。この考え方は、まさに「冷戦時代」に一定の説得力を持つものとして受け止められていた。論者によって強調するポイントは異なるが、その主張はおおむね次のように要約できるだろう。すなわち、世界各国がいつでも仮想敵国を絶滅できるほどの核兵器を保有するようになれば、個々の国々は、まさに相互的な絶滅の危機を回避せざるをえなくなるので、結果として核兵器の使用を自制するはずである、と。こうした主張の代表的なものは、一九六五年に当時のアメリカ合州国国務長官ロバート・マクナマラが唱えた「相互確証破壊(Mutual Assured Destruction : MAD)」という核抑止ドクトリンである。このドクトリンは、相手国によって先制核攻撃が行われても、自国の残存核戦力による報復攻撃が相手国を存続不可能なまでに破壊可能であれば、核抑止力が成立する、と主張する。こうした「恐怖の均衡」がもたらす核抑止力は、その抑止力が核兵器による互いの国の全滅可能性を前提とする(さらには人類全体の滅亡可能性をも前提とする)がゆえに、まさしく「MAD(狂気じみた)」と形容されるところとなったのである。(5)

ところで、このような逆説的な主張の根底に控えているのは、実のところ、ナイーヴで楽観的な人間観に他ならない。というのも、そこには人間の自由意志に対する無根拠な信頼が露呈しているからである。人間は自らの意志に基づいて、自分自身の態度や行動を選択し、決定し、統御することができる——「核の抑止力」論者は、この証明不能な人間観を自らの主張の大前提に据えているのである。アンダースの眼には、この前提そのものが疑わしく見えたに違いない。そもそもアンダースが問題にしたのは、人間は十分に自分を律しうるほどの強靭な意志や冷静な理性を持っているのか、という問いだったからである。アンダースが考えた「終末」とは、徐々に高まる危機として顕在化するようなものではなかった。「アポカリプス」とは、誰もが危機を忘れているそのとき、この世界のどこかで生じた些細なミスや亀裂が引き金となって、不意打ちのように訪れる何かなのである。それは、原発における予期せざる複合的要因の連鎖が引き起こす過酷事故、そしてその事故が引き起こす「核カタストロフィ」と、本質的な関係を持っている。

3　原子力＝核事故は「戦争」とのみ比較可能である

アンダースは論文「核兵器とアポカリプス不感症の根源」において、第二次世界大戦と来るべき第三次世界大戦、つまり核戦争とを比較しつつ、両者は同じ「絶滅を目的とした戦争」であるにせよ、やはり根本的に異なった戦争であると述べている。つまり、前者は、たとえ総力戦ではあったとしても、通常兵器による通常の国家間戦争にとどまっていたのに対して、後者は、核兵器による人間と世界の全体的破壊になるだろう、というのである。核兵器の登場以降、人類は単に死すべきものではなく、「全体として殺害されうるもの」になった。その意味で、核兵器は戦争の概念そのものを根本的に変化させてしまったのである。

（5）「相互確証破壊」についての哲学的考察として、以下を参照。Jean-Pierre Dupuy, *Pour un catastrophisme éclairé : Quand l'impossible est certain*, Seuil, 2002, ch. 12 « Rationalité du catastrophisme ». 邦訳『ありえないことが現実になるとき——賢明な破局論に向けて』、桑田光平・本田貴久訳、筑摩書房、二〇一二年、第一二章「破局論の合理性」。

こうしたアンダースの考察に倣うなら、原発における過酷事故は、「事故」の概念そのものを根本的に変化させた、と言うことができる。原発や原子力施設で原子力＝核事故（この種の事故は一般に「原子力事故」と呼ばれる。しかし、「原子力」と「核」は同じテクノロジーを異なる呼び名で名指しただけである、という事情を踏まえ、私たちはこれを「原子力＝核事故」と呼ぶことにする）が起これば、広大な土地が居住不可能となり、数万規模の人々が死の危険に曝される。その意味で、原子力＝核事故は「戦争」とのみ比較可能である。(6)

チェルノブイリ原発事故について考えてみよう。第一に、チェルノブイリ原発事故の影響については様々な評価があるが、IAEAなどからなるチェルノブイリ・フォーラムは、チェルノブイリ原発事故の被害を受けた三カ国（ベラルーシ、ロシア、ウクライナ）のうち、比較的被曝量の多い六〇万人を対象として、ガン死者数を約四〇〇〇人と評価している。また、グリーンピースは全世界を対象に、ガン死者数を九万三〇八〇人と評価している。さらに、ニューヨーク科学学会は、全世界の五〇〇〇以上の論文と現地調査を基に、ガン以外も含めた多様な死因による死者数を九八万五〇〇〇人と評価している(7)（チェルノブイリ・フォーラムの評価は対象を狭い範囲に限定しているため、ガン死者数を低く見積もっているが、これは、原子力の民生利用を促進する国際機関IAEAが原発推進勢力に近く、事故被害を過小評価する傾向があることと関わっている）。これらの死者数は、一つの事故としては桁外れに大きく、戦争とのみ比較しうる規模である。第二に、事故に伴う土壌汚染によって、約一万平方キロメートルの高汚染地域から、約四〇万人の人が移住を強いられた。この状況は、戦争や内戦に伴って多くの難民が出現する状況に酷似している。第三に、チェルノブイリ原発事故によってベラルーシにもたらされた経済的損失は、事故当時の国家予算の三二年分である。(8) この巨大な経済的損失は、ソビエト連邦崩壊の要因の一つになったとも言われている。一般に、いわゆる事故が、国家の崩壊をもたらすほどの影響を及ぼすことはない。そのような事態があるとすれば、それは戦争によってのみである。

以上のような観点に立てば、福島第一原発事故後に繰り返された、「原発事故では一人の死者も出ていないが、交通事故では年間五〇〇〇人程度が死んでおり、自動車を廃止する必要はないように原発を廃止する必要はない」という言説が根本的な欺瞞を含んでいることがわかる。まず、福島第一原発事故が発生したことで、二〇一三年三月時点で、福島県の約一五・四万人の人々が他の土地への避難を迫られた（そのうち、避難指示区域等からの強制避難者数は約一〇・九万人、自主避難者は約四・五万人）[9]。これはま

(6) このような認識は、京都大学原子炉実験所の批判的科学者たち、いわゆる「熊取六人組」の共通認識であった。例えば、「熊取六人組」の一人である瀬尾健は、日本の原発の中で最も人口密集地に位置するとされる東海原発二号機が過酷事故を起こした場合の被害を想定し、周辺自治体の日立市で二〇万人、勝田市（現在のひたちなか市）で一〇万人、水戸市で二一万人の急性死者が、そして首都圏を中心に八〇〇万人の晩発性死者が出ると評価している。「原発のもたらす大事故の災害規模は、一基のプラントとしては、他を何桁も凌ぐ巨大なものである。これに匹敵するのは戦争くらいしかないとさえ言われている」と彼が述べるのは、まさしくこのような桁違いの巨大な被害予測を基にしてなのである。以下を参照。瀬尾健、『原発事故……その時、あなたは！』、風媒社、一九九五年、一〇頁。

(7) 田口卓臣・阪本公美子・高橋若菜、「放射線の人体への影響に関する先行研究に基づく福島原発事故への対応策の批判的検証」、『宇都宮大学国際学部研究論集』第三二号、二〇一一年。

(8) 今中哲二、「チェルノブイリ原発事故の「死者の数」と想像力」、『科学』第七六巻五号、岩波書店、二〇〇六年。

(9) 環境省編、『平成25年度版　環境白書・循環型社会白書・生物多様性白書』、二〇一三年。https://www.env.go.jp/policy/hakusyo/h25/html/hj13010101.html

さしく、戦争や内戦に伴って多くの難民が出現する状況に酷似している。移住を迫られた人々のうち、多くの病人、高齢者が体調を崩して亡くなっており、住み慣れた土地や仕事を失った人々が自殺に追い込まれるケースも報告されている（福島県の「震災・原発事故関連死」は、二〇一四年三月時点で一六六〇人である）[10]。また、晩発性障害については、事故後四年の時点で既に、従来の発生率よりも数十倍の数の小児甲状腺ガンが見つかっており、二〇一五年六月のデータで、小児甲状腺ガンは、検査対象の事故当時一八歳以下の約三八万五千人のうち、疑いも含めて計一三七人となった。さらに、福島県による一巡目の検査で異常なしとされた二五人の子供に、二巡目の検査で甲状腺ガンが見つかっているが、これは発ガンに対する被曝の影響を強く示唆するデータである[11]。日本政府や福島県は甲状腺ガンの発症に対する被曝の影響を否定しているが、放射性ヨウ素による被曝線量の高い地域で甲状腺ガンが多発している点から（福島県中通り中部から南部で、約四〇倍から五〇倍の多発が確認されている）、これが被曝による過剰発生であることは疫学的に証明されている[12]。最後に、交通事故が起きた土地に人が住めなくなることはありえないが、福島第一原発事故は、原発周辺の約一〇〇〇平方キロメートルの地域を居住不可能にし（政府は避難指示区域を段階的に縮小しつつあるが、そこでの放射線量は依然として高いままである）、その周囲の一万四〇〇〇平方キロメートルの地域に放射線管理区域に相当する汚染を与えたのである。いわゆる事故が原因で、ここまで広大な土地が居住不可能になることはない。そのようなことがあるとすれば、それは戦争によってのみである。

原子力＝核事故のこうした影響の巨大さを考慮するなら、原子力＝核事故は従来の事故とは根本的に異なっていることがわかる。原子力＝核事故は、急性障害や、ガンなどの晩発性障害によって人を死に至らしめるだけでなく、広大な土地を居住不可能にし、そこで暮らしていた人々の生活を根こそぎ奪う点において、従来の事故の規模とは比較しえない。原子力＝核事故は、唯一、戦争とのみ比較可能なのである。

原発の過酷事故はなぜ、かくも戦争に酷似した状況を現出させるのか。それは、原発で用いられている技術が、後述するように核兵器と同じ技術だからである[13]。標準的な一〇〇万キロワットの原子炉は、一日当たり広島型原爆約三発分、一年間で約一〇〇〇発分の放射性物質を生成、蓄積する。原発で過酷事故が起き、このような膨大な放射性物質が放出されれば、核兵器が人々と環境に対してもたらすのと同等、あるいはそれ以上の影響を与えると推定できる。

ここで再びアンダースを参照しよう。アンダースは、核戦争の影響力の巨大さ、つまり人間と世界の全体的破壊という帰結を、人間は容易には想像できないと述べている。彼によれば、それは人間の想像力にある種の限界があるからである。

　私たちの理性が「有限」であることとその意味を、カントは教えてくれた。しかし、限界を示され

(10)「被災3県、震災関連死3千人　福島では直接死上回る」、『朝日新聞』、二〇一四年三月七日。
(11)「甲状腺がん疑い含め137人へ、2巡目は25人――福島健康調査」、OurPlanet-TV、二〇一五年八月三一日。http://www.ourplanet-tv.org/?q=node/1969
(12) 以下の重要な論考を参照。Toshihide Tsuda, Akiko Tokinobu, Eiji Yamamoto, Etsuji Suzuki, "Thyroid Cancer Detection by Ultrasound Among Residents Age 18 Years and Younger in Fukushima", in *Epidemiology*, 2015. 以下で閲覧可能。http : //www.ourplanet-tv.org/files/Thyroid_Cancer_Detection_by_Ultrasound_Among.99115.pdf
(13) この点については、第一部第二章において詳述する。

た理性能力と比べて、「過度」である感情や想像力もやはり狭い限界に閉じ込められており、その限界を超えられない、ということはふつう明らかにされたことがない。感情は明らかに理性と同じ運命にあり、明らかに感情にも（幅はあるが、それにも限度のある）容量が決まっている。恐怖だけでなく、あらゆる情緒も同様である。［……］アポカリプスを考えると、私たちの心は働かなくなる。一つの言葉を考えるだけになってしまうのである。(14)

カントは人間の理性には限界があると述べたが、アンダースによれば、人間の想像力にも同様に限界がある。人間は、人間と世界の全体的破壊という核戦争の帰結、すなわち「核アポカリプス」を十分に想像する能力を持っていない。だからこそ人間は核兵器を廃棄することができない、と彼は述べるのである。

同じ意味で、人間は、原子力＝核事故の破滅的な帰結、すなわち核カタストロフィをうまく想像することができない。いったん原発で過酷事故が起きれば、広大な土地が居住不可能となり、数万規模の人々が死の危険に曝される可能性がある。それにもかかわらず、人間が原発を廃棄できないとすれば、それは核カタストロフィに対する人間の想像力の限界ゆえであり、最悪の事故を想像することを恐れ、その可能性を（精神分析的な意味で）「否認」するがゆえなのである。(15)

それればかりではない。事故の可能性の否認は、単に人間の想像力の限界に由来するのみならず、国家と資本による「安全」イデオロギー（いわゆる「安全神話」）にも由来する。国家と資本は、経済成長のために集中的なエネルギー生産システムを必要とするがゆえに、原子力＝核事故の可能性とそのカタストロフィックな帰結を隠蔽しようとする傾向を持っているのである。(16) 例えば、アメリカ合州国原子力規制委員会（ＮＲＣ）の「ラスムッセン報告」（一九七五年）は、大量死をもたらす原子力＝核事故が起きる可能性を、一〇万―一〇〇万年に一回の確率と評価していた。この確率は、「ニューヨークのヤンキースタジアムに隕石が落ちるようなもの」という表現で一般に伝えられ、「安全」イデオロギーの確立に大きく寄与した。しかし、スリーマイル島原発事故後に行われた事故確率評価（ＮＲＣがオークリッジ国立研究所に依託して作成した、いわゆる「ＡＳＰ報告」の修正版）によれば、原発における過酷事故の確率は四〇〇〇炉年に一度とされる（一炉年とは、一原子炉を一年動かした運転歴のこと）。これは、全世界で四〇〇基程度の原子炉が運転されていることを考慮すれば、約一〇年に一度のペースで過酷事故が起きることを意味する。[17] 一九七九年にスリーマイル島原発事故、一九八六年にチェルノブイリ原発事故、二〇一一年に福島第一原発事故が起きたことを考えれば、この評価は経験的にもほぼ正しいと考えられる。従って私たちは、今後も約一〇年に一度の確率で原発の過酷事故が起きることを、あらかじめ考慮

（14） *Die Antiquiertheit des Menschen, Bd. I, S. 268-269.* 邦訳『時代おくれの人間（上巻）』、二八一―二八二頁。
（15） 精神分析的意味での「否認」のメカニズムについては、ルイ・アルチュセールのイデオロギー理論（彼はそこで精神分析的「否認」の理論を参照している）に依拠しつつ、第二部第一章において改めて論じる。
（16） 同様のことは、ビキニ水爆実験（一九五四年）以降にアメリカ合州国政府が発表した「リスク評価」に関しても言える。アメリカ合州国政府は当時、核実験由来の放射性降下物は「安全」だと主張し、この主張を正統化するために「汚染モデルや環境モニタリング」を用いた。国際政治学者の樋口敏弘は、こうした「一見技術的な過程に潜む政治性」に分析のメスを入れている。樋口敏弘、「「核による平和」に地球環境的限界はあるか――放射性降下物の安全性信義過程と安全保障国家アメリカの知的ヘゲモニーの構造と変容」、日本国際政治学会編、『国際政治』第一六三号「「核」とアメリカの平和」、二〇一一年。
（17） 高木仁三郎、『巨大事故の時代』、弘文堂、一九八九年、一六一―一六三頁。

に入れておかなければならない。今後も生起しうる過酷事故を回避するためには、私たちは自らの想像力の限界と、国家と資本による「安全」イデオロギーに抗して、原発を廃棄する以外に方法はないのである。

4　福島第一原発事故後からアンダースを捉え直す

ここまでの議論を踏まえることで、福島第一原発事故以後に考察すべき問題の所在が浮かび上がってくる。これは見方を変えれば、福島第一原発事故を真剣に受け止めることによって、アンダースの思考の可能性を引き出すことができる、ということを意味している。事実、福島第一原発事故の発生によって、原発という怪物的なシステムが核兵器と様々な共通点を持つことが、社会的に露わになった。以下では、そのことを簡単に振り返ってみたい。

4-1　原発と核兵器

まず何よりも強調しておかなければならないのは、原発や核処理施設で産み出される放射性核種が、核兵器や放射能兵器に転用されうる、という事実である。この事実から出発するなら、原発を核の「平和利用」と見なすことがどれほど欺瞞的であるかが、立ちどころに理解できる。原子力産業は、核兵器と切り離すことができない。原発によるエネルギー供給を肯定することは、原子力産業の前提である核兵器の製造を肯定することと同義である。従って、核の「平和利用」と「軍事利用」を区別することは不可能であり、ただ核の「平時利用」と「戦時利用」が存在するだけである。こうした認識は、福島第一原発事故以前から、高木仁三郎や小出裕章のような批判的科学者によって指摘されていた[18]。しかし、彼らの証言はタブーと見なされるか、少なくとも社会的に無視されるかのどちらかだった。原発と核兵器の分節不可能性が広く認知されるようになったのは、やはり福島第一原発事故以後のことだろう。

原発と核兵器が、存在論的に「同一」であるということ――これは、福島第一原発事故の経緯を見ても明らかである。この事故では、三つの原子炉の爆発によって、ヨウ素、セシウム、ストロンチウム、プルトニウムなどの放射性物質が大量に放出された。これらの放射性物質は、核兵器の爆発によって放出される物質とまったく同一のものである。その意味で、原発事故による環境汚染と、核兵器の爆発による環境汚染の間には、いささかの違いもない。また、福島第一原発三号機の爆発時には、広島や長崎への原爆投下時と同様の「きのこ雲」が立ちのぼっていた。複数の批判的科学者は、この三号機の爆発が原理的には核兵器の爆発と同一だった可能性がある、と指摘している[19]。これらの証言内容を直視せず、あたかも事故以前と何の変わりもないかのように原発に依存し続けることは、今後の日本のためにも世界のためにもならないと私たちは考えている。

（18）高木仁三郎の指摘については、第一部第二章において詳述する。また、核の「平時利用」と「戦時利用」という区別について、私たちは以下の小出裕章の論考を参照している。小出裕章、「深刻化する核＝原子力の危機」、『科学、社会、人間』第九八号、二〇〇六年。以下で閲覧可能。http://chikyuza.net/xoops/modules/news1/article.php?storyid=65

（19）例えば、槌田敦や小出裕章による以下の発言を参照。https://www.youtube.com/watch?v=scVL1tRdbLM http://hiroakikoide.wordpress.com/2011/05/04/tanemaki-may4/

4-2 「ありえない」という呪文を自らに禁じること

想像力の限界に抗し、否認のメカニズムに抗するために、一つだけ単純な方法を提案しておきたい。それは「次なる破局はありえない」という呪文を自らに禁じることである。福島第一原発事故を通して一気に露呈した前述の経緯を踏まえるなら、どんなに荒唐無稽な想定であろうと、「それはありえない」と片付けてしまうことはできない。私たちがリアルな実感を持ちにくいケースこそ、一度は真剣に検証してみる必要があるだろう。このケースには、大きく分けて二つある。一つは、次なる原発事故の可能性、そしてもう一つは、核戦争の可能性である。

まず、次なる原発事故の可能性について言えば、これは日本国内に限定される問題ではない。ただし最も危機的なのは、日本の原発ではないかと考えられる。なぜなら、原発事故の〈事後〉にもかかわらず、(次なる)原発事故の可能性を否認し続けているという点で、この国の態度は〈事前〉と本質的に変わっていないからである。例えば、福島第一原発事故の直後に流布された「これは「一〇〇〇年に一度」の確率でしか起こらない大津波による「想定外」のアクシデントである」という言説は、このことを症候的に物語っている。この言説は、第一に、福島第一原発が一九六六年の設置許可申請時に、一九六〇年のチリ地震津波のレベルしか考慮していなかった(津波想定水位は三・一二二メートル)点で[20]、第二に、福島第一原発が津波ではなく地震によって既に破壊されていた可能性がある点で[21]、第三に、最悪レベルの原発事故(スリーマイル、チェルノブイリ、福島)だけでも一〇年から二〇年に一度のスパンで起きている事実を無視している点で、三重の欺瞞を宿していると言ってよい。これに加えて、日本政府は事故発生から二年も経たないうちに、国内の原発再稼働の方針を鮮明にし、ベトナム、ヨルダン、トルコ等への原発技術の輸出に踏み切ってみせた。この恥知らずな振る舞いにも、三・一一原発震災の経験

を「無きが如き」(林京子)とするような、否認の姿勢が露呈している。(22)

第二の「核戦争の可能性」に関して言えば、私たちの「不感症」はいっそう深刻だと言えるかもしれない。繰り返しになるが、アンダースが最も危惧していたのは、国家間の意志、計算、戦略などのせめぎあいから引き起こされるような、わかりやすい「核戦争」のイメージではなかった。アンダースはいわゆる「国家意志」や「国家理性」などといったカテゴリーの外部を見据えていた。要するに、想定外の技術的なエラー、計算外の人為的なミス、システム内に生じた極小のバグやノイズが、結果として意図せざる核攻撃の暴走的な連鎖を引き起こしてしまう可能性を、アンダースは恐れていたのである。このアンダースの想定は、単に笑って済ませられるものではない。既に確認したように、この地球上が、現在も人類の総体を滅ぼせる分量の核兵器で埋め尽くされていることは、動かしがたい事実である。今や「冷戦の終焉」というキャッチフレーズが一人歩きしているが、「冷戦」に基づく軍拡競争がもたらした大量の核兵器は、明瞭な負の遺産として残存し続けている。仮に国家が核兵器を用いないとしても、国家の監視をかいくぐった核テロが引き起こされる可能性は皆無ではない。このことに加えて、二〇一三年に公開されたアメリカ合州国の機密事項は、一つの決定的な現実を私たちに突きつけている。

(20) 添田孝史、『原発と大津波——警告を葬った人々』、岩波新書、二〇一四年、一〇頁。
(21) 例えば以下を参照。田中三彦、「原発で何が起きたのか」、石橋克彦編、『原発を終わらせる』、岩波新書、二〇一一年。
(22) 林京子は、長崎での被爆体験に基づいて数多くの原爆小説を執筆した作家である。その一つである長篇小説『無きが如き』(一九八一年)では、広島と長崎への原爆投下を「無きが如き」事柄として取り扱う「戦後」日本社会の現実が淡々と描かれている。この小説が描き出す現実は、原発事故も原爆投下も「無きが如き」事柄としてやり過ごす今日の日本社会の現実そのものである。

というのも、この文書では、爆撃機B52から落下した水爆が核爆発寸前に至った一九六一年の事件を皮切りに、アメリカ合州国国内で起きた数多くのミサイル落下アクシデントが報告されていたからである。[23] さらに付言しておけば、二〇一五年三月には元米軍技師らの証言によって、一九六二年のキューバ危機の際、アメリカ合州国軍内部でソ連極東地域を標的とする沖縄ミサイル部隊に誤って核攻撃命令が出され、現場の判断で発射が回避されていたことも判明している。[24] これらの不慮のアクシデントや連絡ミスが物語っているのは、どんなに精密なシステムを構築しようとも、そのシステムを動かす人間の行動や判断には誤りが付き物である、という現実である。私たち人間には、どれほど冷静な理性をもってしても、どれほど強靭な意志をもってしても統御しきれない誤謬、失敗、不注意が付きまとう。アンダースをはじめとして、「核」による破局の可能性を見据えた先人たちが最も危惧していたのは、人間の可謬性であり、人間的な諸行動の統御不能性であり、そして人間が創り出すシステムそのものの機能不全であった。[25]

人間自身の想像力の限界を直視し、事実の否認への傾向に抗して、「それはありえない」という呪文を自らに禁じること。また、その姿勢から出発して、すべての「核」の廃絶を目指すこと。この方法以外に、私たちが自己自身に内在するアポリアを乗り越えることはできない。この地上から核兵器も原発もまるごと消し去らない限り、ギュンター・アンダースの黙示録的なビジョンは、いつまでも私たちに最後通牒を突き付けているのである。

4-3　核アポカリプス不感症の深刻化

最初にも述べたように、ギュンター・アンダースはスリーマイル島原発事故が起きた一九七九年、人類の「アポカリプス不感症」が一段と深まっている、と指摘していた。仮にアンダースが存命であれば、この不感症は今もいっそう深まりを見せていると警告しただろう。実際、福島第一原発で爆発した三つの原子炉はいまだに制御不能の状態であり、核燃料棒がどこでどのような状態にあるのか、今後どれくらいの放射能汚染が広がるのか、それをどのように防げるのか、すべてが不可知のままにとどまっている。前代未聞の事態という他はない。これほどの事態が起きた後で、「次なる破局は起こりえない」と主張するのは、自分が白痴だと告白しているようなものである。

アンダースの問題提起を踏まえた上で、改めて日本の「戦後」史を振り返ってみると、為政者たちによる核兵器保有願望が、はっきりと公言されていたことに気付かされる。例えば、岸信介は、一九八三年に公刊された回顧録の中で、総理大臣として茨城県東海村の原子力研究所を視察した一九五八年当時のことを振り返りながら、次のように述べている。

原子力技術はそれ自体平和利用も兵器としての利用も共に可能である。どちらに用いるかは政策であり国家意志の問題である。日本は国家・国民の意志として原子力を兵器として利用しないことを決めているので、平和利用一本槍であるが、平和利用にせよその技術が進歩するにつれて、兵器として

(23) Ed Pilkington, "US nearly detonated atomic bomb over North Carolina", *The Guardian*, September 20, 2013.
(24)「冷戦下、米沖縄部隊に核攻撃命令　元米軍技師ら証言」、『東京新聞』、二〇一五年三月一四日。
(25) 核のシステム内部における些細な誤差が取り返しのつかない破局につながりうる、という点は、土本典昭監督の映画『原発切抜帖』(一九八二年)でも繰り返し強調されていた。なお、『原発切抜帖』については、第三部第二章において詳細に論じる。

の可能性は自動的に高まってくる。日本は核兵器を持たないが、(核兵器保有の)潜在的可能性を高めることによって、軍縮や核実験禁止問題などについて、国際の場における発言力を高めることができる。(26)

この発言は、核の「平和利用」と「軍事利用」を切り離して捉えることが単に的外れであることを教えている。岸信介によれば、「国家意志」にとって、原発を推進することは、核兵器保有の潜在的可能性を高めることを意味していた。二つの「利用」法は、国際的なパワー・ポリティックスを制する上で必要不可欠な国策の両輪として位置付けられていたのである。注意を要するのは、この岸信介の証言が一九八三年に行われていた、という事実である。私たちは今一度、一九七九年にスリーマイル島原発事故が、一九八六年にチェルノブイリ原発事故が起きていたことを思い出さなければならない。この二つの原発事故の狭間にあって、一国の最高権力の座に就いた経歴の持ち主が、日本が原発産業の推進を始めた一九五〇年代を振り返りながら、核兵器保有願望を明らかにしている、という事実は、極めて症候的である。なぜなら、そこにはアンダースが懸念した「アポカリプス不感症」の深刻化が明瞭に見て取れるからである。

以上のように考えてみると、福島第一原発事故を経験した現在もなおこの国の政治家たちから「核武装」という言葉が発せられる、という事実には、特段の注意が必要である。(27)私たちの「国家」は、自国の原子力＝核事故を制御できていないにもかかわらず、他国への核攻撃を想定しようとしている点で、明瞭に「核アポカリプス不感症」を深めていると言える。なるほど、評論家や歴史家たちが指摘しているように、歴史的な起源をたどっていけば、そこには確かにヒロシマとナガサキの原爆トラウマを乗り越えるために実施されたプロパガンダの問題（読売新聞による「原子力平和利用」キャンペーン）が控えていると言えるだろう。[28]しかし、そのような精神史的過程を掘り下げることで、結果として「核アポカリプス不感症」の現状を追認するだけに終わるとすれば、それは私たちの本意ではない。私たちが目指すべき結論は明らかである。アンダースの警告に耳を傾け、日本をはじめ、世界の政治的、社会的状況が「アポカリプス不感症」に捕われている現実を直視すること、そして、すべての核、すなわち核兵器と原子力産業を廃絶することである。どれほど非現実的な提案に見えようと、全面的な核廃絶を実現しないかぎり、アンダースに取り憑いた核の黙示録的ビジョンは、潜在的かつ現実的なリスクとして残り続けることになるからである。

（26）岸信介、『岸信介回顧録』、廣済堂出版、一九八三年、三九五—三九六頁。以下の引用による。山本義隆、『福島の原発事故をめぐって』、みすず書房、二〇一一年、八—九頁。
（27）この点については、第一部第二章において改めて論じる。
（28）例えば以下を参照。武田徹、『私たちはこうして「原発大国」を選んだ——増補版「核」論』、中公新書ラクレ、二〇一一年（初版、二〇〇六年）。山本昭宏、『核エネルギー言説の戦後史 1945-1960』、人文書院、二〇一二年。

第二章　原子力発電と核兵器の等価性

——フーコー的「権力＝知」の視点から

本章において私たちは、原子力発電というシステムについて、社会的＝技術的な観点から原理的な考察を展開してみたい[1]。この点に関する私たちの考えを端的に述べれば、次のようになる。原子力発電とは言葉の強い意味で「近代的な」（つまり二〇世紀的という意味で「モダンな」）科学技術であり、そのような科学技術の問題をミシェル・フーコーが述べる意味での「権力＝知［*pouvoir-savoir*］」という観点から、つまり国家権力と科学技術的知の結合という観点から考察することが、福島第一原発事故後の哲学にとって重要な課題の一つなのではないか、というものだ。フーコーは『監獄の誕生』において、「権力＝知」の概念を次のように説明している。「私たちが承認しなければならないのは、権力は何らかの知を生み出す（ただ単に、知は奉仕してくれるから知を優遇することによってとか、あるいは、知は有益だから知を応用することによってとか、だけではなく）という点であり、権力と知は相互に含み合うという点、ま

（1）私たちは本章で原子力発電を技術的側面から考察するため、しばしば「原子力発電所」を意味する「原発」という省略形ではなく、「原子力発電」という語を使用する。

た、ある知の領域との相関関係が組み立てられなければ権力関係は存在しないし、同時に権力関係を想定したり組み立てたりしないような知は存在しない、という点である」[2]。このようにフーコーは、「権力＝知」という概念によって、権力と科学的知が互いの領野を構成し合うという両者の緊密な結合関係を明らかにしており、さらには、権力と科学的知との結合関係が存在しなければ権力も科学的知も存在しえない、とさえ述べている。本章において私たちは、こうしたフーコー的「権力＝知」という観点から、原子力＝核科学という分野における国家権力と科学技術的知の緊密な結合について考察し、そこから原子力発電と核兵器の等価性を明らかにする。

1　原子力発電と核兵器の等価性

原子力発電と核兵器との等価性について考察するために、再びギュンター・アンダースによる核兵器、核エネルギー批判を検討することから始めよう。アンダースは、『原子力の脅威――原子力時代に関する根本的考察』に収録された「原子力時代のためのテーゼ」（一九五九年）において、次のように述べている。「一九四五年八月六日、つまりヒロシマ〔爆撃〕の日に、新たな時代が始まった。それは、いかなる瞬間にも、いかなる場所でも、私たちが、いや私たちの大地すべてが一つのヒロシマに変容しうるという時代である」[3]。アンダースはこの「一つのヒロシマへの変容」の可能性を、「自己絶滅の可能性」と言い換えてもいる。ここから引き出されるのは、「ヒロシマは至る所にある」[4]というテーゼである。

アンダースは、チェルノブイリ原発事故の後に書かれた「チェルノブイリのための十のテーゼ」（一九八六年）の中で、「ヒロシマは至る所にある」のヴァリアントとして「チェルノブイリは至る所にある」というテーゼを提示している。[5] つまり、原子力発電所で大規模な事故が起これば、いかなる瞬間にも、いかなる場所でも、私たちの大地が一つのチェルノブイリに変容しうる、ということである。実際に、東日本大震災によって、日本でもチェルノブイリ級の大事故が起き、広範囲の大地が放射能によって汚染された。アンダースのテーゼを裏付けるべく付加するならば、東京電力の発表によれば、福島第一原発からのセシウム137の放出量は一万五〇〇〇テラベクレルとされ、広島型原爆（八九テラベクレル）の一六八・五個分に当たる。また、福島第一原発からの放射性物質の総放出量は九〇〇ペタベクレルで、チェルノブイリ原発事故による放出量の六分の一にも及ぶと見込まれている（海洋放出分は含まない）。なお、これらの評価は東京電力の推計に基づくものであり、実際の数値はこの二倍から三倍に及ぶ可能性がある。[6]

（2）Michel Foucault, *Surveiller et punir*, Gallimard, 1975, p. 32. 邦訳『監獄の誕生』、田村俶訳、新潮社、一九七七年、三一―三二頁。
（3）Günther Anders, »Thesen zum Atomzeitalter«, in *Die atomare Drohung: Radikale Überlegung zum atomaren Zeitalter*, C. H. Beck, 1981, S. 93. 邦訳「核の時代についてのテーゼ」、矢野久美子訳、『現代思想』第三一巻一〇号「特集＝「核」を考える」、二〇〇三年、六八頁。
（4）Günther Anders, *Hiroshima ist überall*, C. H. Beck, 1982.
（5）Günther Anders, »10 Thesen zu Tschernobyl«, *Psychosozial*, Nr. 29, 1986, S. 7.
（6）ノルウェー大気研究所のAndreas Stohlの研究による。Cf. Geoff Brumfiel, "Fallout forensics hike radiation toll", *Nature*, No. 478, 2011. http://www.nature.com/news/2011/111025/full/478435a.html

このように考えるなら、核兵器がもたらす「自己絶滅の可能性」は、原発事故がもたらす「自己絶滅の可能性」に等しいことになる。そこからアンダースは、「核エネルギーの軍事利用と平和利用を区別することは、馬鹿げたことであり、欺瞞である」[7]と述べている。アンダースの文章は時に、ハイデガー的な形而上学的音調（ある種の終末論的音調）を帯びることがあるが、このテーゼは、先に述べたようなフーコー的「権力＝知」の観点から検討しうる。そもそも日本語では、「原子力」という言葉が核エネルギーの「平和利用」に割り当てられ（「原子力発電」）、「核」という言葉が核エネルギーの「軍事利用」に割り当てられる（「核兵器」）という慣習的用法があるため、「原子力」すなわち核エネルギーの「平和利用」と、「核」すなわち核エネルギーの「軍事利用」がまったく異なったものであるかのように捉えられる傾向がある。[8]しかし、英語、フランス語、ドイツ語などのヨーロッパ語では、「核エネルギー［nuclear energy, énergie nucléaire, Kernenergie］」という言葉はその「平和利用」、「軍事利用」の双方を指す言葉であり、原子力発電所は「核発電所［nuclear power plant, centrale nucléaire, Kernkraftwerk］」と呼ばれることに注意すべきである。その意味において、核エネルギーの「平和利用」、「軍事利用」という区別は意味をなさず、単にその「平時利用」と「戦時利用」が存在するだけなのである。[9]

こうした観点に基づいて私たちが参照したいのは、一九七〇年代以来、二〇〇〇年の早すぎる死まで一貫して反原発を主張してきた、高木仁三郎の思想である。高木仁三郎は核化学を専門とする科学者であるが、反原発運動を科学者として、市民と共に市民の中で行っていく、という立場から、自らを「市民科学者」と呼称していた。彼は、日本原子力事業、東京大学原子核研究所助手を経て、一九六九年に東京都立大学助教授となるが、当時続いていた学生運動や三里塚闘争下の農民へのシンパシーを経て、一九七三年に東京都立大学を辞職する。そして、一九七五年に原子力資料情報室の設立に参加し、一九

八六―一九九八年にはその代表を務めている。(10)

一九六八年の学生運動を直接、間接に経験した世代の科学者には、核汚染や公害など、科学が社会に与える矛盾に目を向け、科学そのものに内在する暴力性を科学によって批判するという立場に転じた、「批判的科学者」が多く存在する。(11)その例として、応用化学を学び、水俣病の有機水銀原因説に衝撃を受けて公害研究に転じた宇井純、原子力を学びながらその危険性に気づき、原子力廃絶のための研究へと転じた京都大学原子炉実験所の「熊取六人組」などを挙げることができる。彼らはマルクス主義の影響を強く受けた世代に属しており、それゆえ同時代の哲学や社会科学をも積極的に吸収して、自然科学を批判的に客体化しようとしていた。(12)高木はまさしく、一九六八年を契機として自らが学んだ原子力の危険性を意識化し、原子力廃絶のための研究、運動へと転じた、批判的科学者の一人である。

(7) »10 Thesen zu Tschernobyl«, *Psychosozial*, Nr. 29, S. 8.

(8) 例えば以下を参照。吉岡斉、『新版　原子力の社会史――その日本的展開』、朝日選書、二〇一一年（初版、一九九九年）、六頁。

(9) この点については、第一部第一章を参照せよ。

(10) 高木仁三郎、『市民科学者として生きる』、岩波新書、一九九九年。高木の学生運動や農民運動へのシンパシーという「毛沢東主義」的側面については、以下を参照。絓秀実、『反原発の思想史――冷戦からフクシマへ』、筑摩選書、二〇一二年、七九―九七頁。

(11) この点について高木仁三郎は、一九六八年に多くの若き科学者にとって問題だったのは、「科学や技術が国家や企業にとっての重要なシステムとなり、いわば体制そのものの維持機構となってしまった」という危機感であったと述べている。以下を参照。高木仁三郎、『市民の科学』、講談社学術文庫、二〇一四年（初版、『市民の科学を目指して』、朝日選書、一九九九年）、一六頁。なお、「批判的科学者」の定義については、第四部第三章において、別の観点から改めて詳細に検討する。

高木は、原子力資料情報室の元代表、あるいは「市民科学者」、「反原発活動家」として、現在でも広く知られている。私たちにとって興味深いことに、彼はいくつかの著作の中で、原子力発電という技術の本質と国家権力の関係について鋭い考察を提示している。

そもそも、原子力発電という技術について考える際に最初に浮かんでくる（はずの）疑問は、放射性物質のような危険な物質を扱い、プルトニウムという極度に毒性の強い物質を生み出すような、私たちの日常生活を脅かしかねない技術が、なぜ発電の手段として用いられているのか、という疑問である。原子力発電という技術を用いる限り、いったん発電所で大規模な事故が起これば、強い毒性を持つ放射性物質が広範囲に撒き散らされて周辺の土地を汚染し、多くの人々を死の危険に曝す可能性を否定することができない（それに対して、火力発電には、事故が起こってもそうした危険は存在しない）。そのような危険な技術を、なぜ発電に用いるのだろうか。答えは簡単である。それは、原子力発電という技術が、核の軍事技術の民生転用に他ならないからだ。

高木仁三郎は、今や反原発に関する古典的な書物となった『プルトニウムの恐怖』の中で、アメリカ合州国による原爆開発プロジェクト、マンハッタン計画にまで遡って、原子力発電という技術の本質について考察している。

マンハッタン計画においては、原爆開発のために二つのルートが追求された。一つは、天然ウランを濃縮してウラン235を取り出すという方法（広島型原爆の製造方法）であり、もう一つは、天然には存在しないプルトニウム239を人工的に作り出すという方法（長崎型原爆の製造方法）である。プルトニウムを大量生産するためには、ウラン238に中性子を当てて、核分裂連鎖反応を作り出せばよいのだが、そのプルトニウム239の大量生産の技術こそ、原子炉の原理そのものなのである。高木は『プルトニウムの恐怖』

の中で次のように述べている。「けっきょくプルトニウム239を大量に生産することは、原子炉――制御された核分裂連鎖反応の装置――をつくることに帰着するのだった」[13]。このように、原子炉はまず軍事用のプルトニウム生産炉として実用化され（無論、軍事用のプルトニウム生産炉は単にプルトニウムを生産するだけであり、そこで生み出される熱エネルギーを発電に利用することはない）、その技術が後に、発電用の原子炉の原型となったのである。ここから理解されることは、原子炉とはもともと原子爆弾の原料であるプルトニウムを生産するために作られ、それが後に発電用に民生転換されたものだということである。さらに付け加えるなら、原子炉が制御された核分裂連鎖反応を生み出すものであるのに対して、核兵器とは制御されない状態で核分裂反応を起こし、そこから破壊的なエネルギーを生み出すものである。つまり、制御されたものか制御されないものかという差異はあれ（無論その差異は重要ではあるが）、両者は「核分裂連鎖反応」という点において同じ原理に依拠しているのである。

（12）例えば、後に「熊取六人組」と呼ばれるメンバーはもともと、京都大学原子炉実験所のサークル「現代思想研究会」に集まった科学者たちである。科学と社会の関係を議論することを目的として組織されたこの「現代思想研究会」において、彼らはマルクス主義哲学の文献や公害問題などを検討しており、その活動の延長線上で、一九七三年から伊方原発訴訟の支援に参加して「反原発」の立場を明確にし、一九八〇年からは「原子力安全問題ゼミ」を組織することになる。以下を参照。細見周、『熊取六人組——反原発を貫く研究者たち』、岩波書店、二〇一三年、三六頁。

（13）高木仁三郎、『プルトニウムの恐怖』、岩波新書、一九八一年、一三頁。

子力技術の本質を見出そうとしている。

2　国家的技術システムとしての核技術

さらに高木は、原爆を開発製造したマンハッタン計画というプロジェクトの特徴を考察し、そこに原子力技術の本質を見出そうとしている。

マンハッタン計画は、戦争という目的に照準をあてた、知の国家的センターをつくりだす作業でもあった。

そのうえに、この計画はまったくの秘密裏に進められなくてはならなかった。それには高度の情報管理と中央集権的な研究開発システムが必要となった。すなわち、権力の集中である。富と力と知の集中、しかもそこで扱われる技術や物質が、ひとりの人間にとっては、はかり知れない破壊的な力を持つ、このことが、ここに生まれた新たな国家的技術システム、すなわち巨大科学（技術）の基本的な特徴だった。今日、巨大科学はまったく一般的なものとなったが、その基本的な性格はすでにこのときに植えつけられていたのである。[14]

つまり、マンハッタン計画とは、国家的規模の官産軍学複合体を、言い換えるなら国家的技術システムを組織するものだったのである。核エネルギーの持つ巨大な破壊的エネルギーを扱い、それを発展させるためには、国家がその技術発展を先導するような国家的技術システムが必要とされる。マンハッタン計画とはまさにそうした国家的技術システムそのものであった。そして、そのようなシステムが、日本では「原子力ムラ」と形容される政官産学複合体として現在も存続している。

日本政府は、一九五三年一二月にアイゼンハワー大統領が国連総会で行った「平和のための原子力」演説を受け容れる形で、一九五四年に「原子力平和利用準備委員会」を発足させ、原子力発電の導入を開始した。それ以来、日本の原子力政策は常に、国家と官僚機構（通商産業省［現在の経済産業省］、科学技術庁［現在の文部科学省］）が方針を立て、国家機関（科学技術庁の主導下にある動力炉・核燃料開発事業団［現在の日本原子力研究開発機構］）が高速増殖炉、核燃料再処理のような核燃料サイクルに関わる研究開発を行い[15]、民営の電力会社がそれを実現する、というういわゆる「国策民営」の形で実現されてきた。これによって日本の原発は、一九七〇年代には年平均二基、そして、世界中で原発増加のペースを鈍化させることになったスリーマイル島原発事故後の一九八〇年代から一九九五年までさえ年平均一・五基、という驚異的なペースで増加を続けてきたのである（それに対してアメリカ合州国では、スリーマイル島原発事故以後、原発は一基も新設されていない[16]）。これはまさしく、マンハッタン計画以来の国家的技術システムの形式を踏襲するものである。

---

(14) 同書、一五一—一六頁。
(15) なおこの研究開発費は、奇妙なことにも電源三法交付金の「電源多様化勘定」によってまかなわれている。電源三法システムの一角をなす「電源開発促進税」とは、電源立地を促進するために設立された税制なので、これを核燃料サイクルに関わる研究開発に支出することは、本来は目的外使用のはずである。以下を参照。清水修二、『原発になお地域の未来を託せるか』、自治体研究社、二〇一一年、八〇—八一頁。
(16)『新版　原子力の社会史』、第四章、第五章。

私たちが先に援用したフーコーの概念を用いるなら、これは「権力＝知」、すなわち権力と科学技術的知の結合関係そのものである。科学技術的知は、マンハッタン計画や原子力ムラのように、国家的技術システムとして、国家権力の主導で組織され、発展させられることによって、権力が自らを行使するための道具となる。そのとき科学技術的知は、内発的に発展する純粋な「知」であることを止め、権力との結合関係の中で、権力のメカニズムの一部として自らを発展させるのである。そのような意味でのみ、フーコーが述べるように、「権力は何らかの知を作り出し」、「権力と知は直接的に相互に含み合う」のである(17)。

以上のような国家的技術システムというあり方が、核エネルギーの民生利用、つまり原子力発電という技術に巨大な影を落とすことになる。高木は次のように述べている。

マンハッタン計画は、きわめて単純な目標を持った計画だった。いってみれば、可能なかぎり破壊力と殺傷能力の大きい原爆をつくるということであり、経済性や、労働者や環境の安全といったことは、その目標からすればどうでもよいことであった。そしてそれは、技術にとっては達成されやすい目標だった。

しかし、原子力利用となればまったく別の問題である。経済性も安全性も大きな問題であり、そして何よりも結局その技術の導入が人びとを幸せにするものでなくてはなんにもならない。ここが人殺しの兵器を開発するのと決定的に違うところだった。だが、マンハッタン計画から原子力利用計画へと、核技術を引き継ごうとした人びとは、このかんじんな点を忘れ、マンハッタン計画のやり方を踏襲した。ひと口に言えば、それが原子力開発四〇年にして、「核」が達成した成果よりもはるかに多くの難問に私たちが直面していることの歴史的背景である[18]。

このように、核エネルギーの軍事技術を民生技術へとそのまま転用してしまったことが、原子力発電のすべての問題につながっている。軍事利用にとって、核エネルギーの持つ巨大な力はむしろ望ましい側面であるが、民生利用にとって、それは次のような克服困難な問題を生み出すことになる。

第一に、原子力発電は、生命にとって極めて危険な放射性物質（いわゆる「死の灰」）を必然的に作り出してしまう。原子力技術開発の初期には、放射性廃棄物を無毒化できるという期待があったが、現在では、技術的困難や費用対効果ゆえに、その見込みはほぼなくなったと言ってよい。放射性廃棄物の処理あるいは保管問題は、脱原発を実現しても残り続ける重大な問題である。放射性廃棄物の半減期は数万年から数百万年とされる（プルトニウム239で二・四万年、ネプツニウム237で二一四万年）。数万年から数百万年という時間は私たちが想像もできないほど長い時間であり、まさしく形而上学的時間と呼ぶことができる。これほど長期間にわたって、極めて危険な放射性廃棄物を安全に保管できるかどうかは疑問である。とりわけ、日本は地震多発地帯に位置しており、放射性廃棄物を地中に埋めて数万年にわたって安全に保管することは、ほぼ不可能である。また、これほど長い期間にわたって、発電による直接の恩恵を受けない未来世代へと極度に危険な放射性廃棄物を押し付けることは、倫理的な観点からも許されることではない[19]。

（17）*Surveiller et punir*, p. 32. 邦訳『監獄の誕生』、三一―三二頁。

（18）『プルトニウムの恐怖』、一八―一九頁。

第二に、原子力発電は、電力を生産する過程で原子炉内に巨大なエネルギーを集中させ、また同時に、不安定化した放射性物質を原子炉内に多く蓄積する（標準的な一〇〇万キロワットの原発を一年間稼働すると、広島・長崎型原爆の約一〇〇〇発分の放射性物質が原子炉の中に蓄積される）[20]。そのため、このシステムが何らかの要因で破綻したときに、原子炉内部に蓄積された放射能が大量に環境に放出される可能性を否定することができない[21]。

このように、原子力発電は、それが生み出す放射性物質の毒性の強さや、事故が起きたときに環境に及ぼす破壊的影響を克服することができない。それは、原子力発電という技術が、核兵器の原理（核分裂連鎖反応）と核兵器生産の技術（原子炉によるプルトニウムの生産）から生まれたという事実に起因する。つまり、原子力発電の危険性は、核兵器という大量破壊兵器の危険性に起因するのである。また、原子力ムラと形容される政官産学複合体の生み出す様々な弊害（原子力の安全神話、事故対策の不備、さらには事故の影響や事故そのものの隠蔽など）は、核エネルギーの技術が国家的技術システムによって、つまり権力と科学技術的知の結合体によって発展させられてきたという事実に起因する。

3　原子力発電と核武装

私たちの考察にとってもう一つ重要な点は、原子力発電が発電の結果として必ずプルトニウムを生み出す、という点である。プルトニウムは核兵器の材料になりえるがゆえに、原子力発電は常に核兵器製造の可能性をもたらすのである。北朝鮮やイランの例を持ち出すまでもなく、原子力発電は常に核兵器保有と密接な関係を持っている。例えば、柄谷行人が正しく指摘しているように、福島第一原発事故後に脱原発の方針を決めたドイツと、チェルノブイリ原発事故後に国民投票で脱原発の方針を決め、福島第一原発事故後に政府の原発再開の方針を改めて国民投票で否定したイタリアは、いずれも核兵器を保有していない[22]。逆に、多くが第二次世界大戦の戦勝国である核兵器保有国は、プルトニウム生産や核技術保持との関連から、例外なく原子力発電というシステムを保持し、維持し続けている。つまり、原発大国は、ほぼ必ず核兵器大国なのである（図1、図2を参照）。

ここから理解できるのは次の点である。日本政府が、原子力発電のみならず、核燃料再処理（プルトニウム濃縮）と高速増殖炉（発電によって同時にプルトニウムの「増殖」を行う原子炉）の技術開発をその数々の失敗と技術的困難にもかかわらず放棄することができないのは、無論、核燃料サイクル（核燃料再処理と高速増殖炉によるプルトニウムの再利用）というほぼ実現不可能な政策目標とも関係してはいるものの、同時に、核武装オプションを保持したいという一部の政治家、官僚機構の意図とも関係しているのである。例えば、吉岡斉は次のように指摘している。「原子力民事利用の包括的拡大路線［核燃料再処理と高速増殖炉計画］への日本の強いコミットメントの背景に、核武装の潜在力を不断に高めたいという関係者の思惑があったことは、明確であると思われる[23]」。実際、一九六九年の外務省文書『わが国の外

(19) この点については、結論において、ハンス・ヨナスを参照しつつ詳細に論じる。

(20) 今中哲二、『低線量放射線被曝——チェルノブイリから福島へ』、岩波書店、二〇一二年、三四—三五頁。

(21) 高木仁三郎、『原子力神話からの解放』、講談社＋α文庫、二〇一一年（初版、光文社、二〇〇〇年）、四七—五五頁。

(22) 柄谷行人、「反原発デモが日本を変える」、『週刊読書人』二〇一一年六月一七日号。以下で閲覧可能。http://associations.jp/interview.html

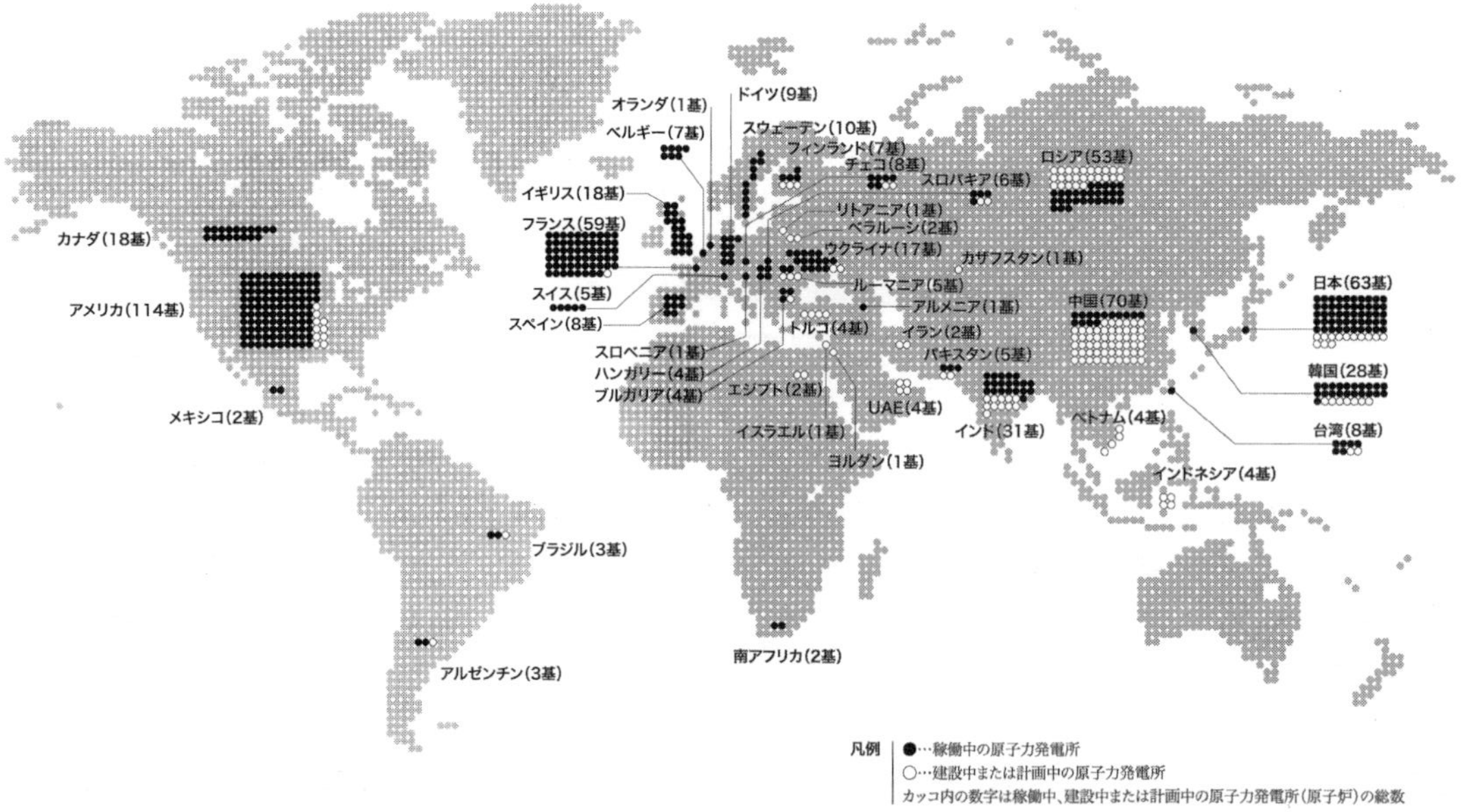

［図1］原発関連世界地図（『原子力総合年表——福島原発震災に至る道』、すいれん舎、2014年、620–621頁）

出典：日本原子力産業協会、『世界の原子力発電開発の動向　2012』、2012年、日本原子力産業協会

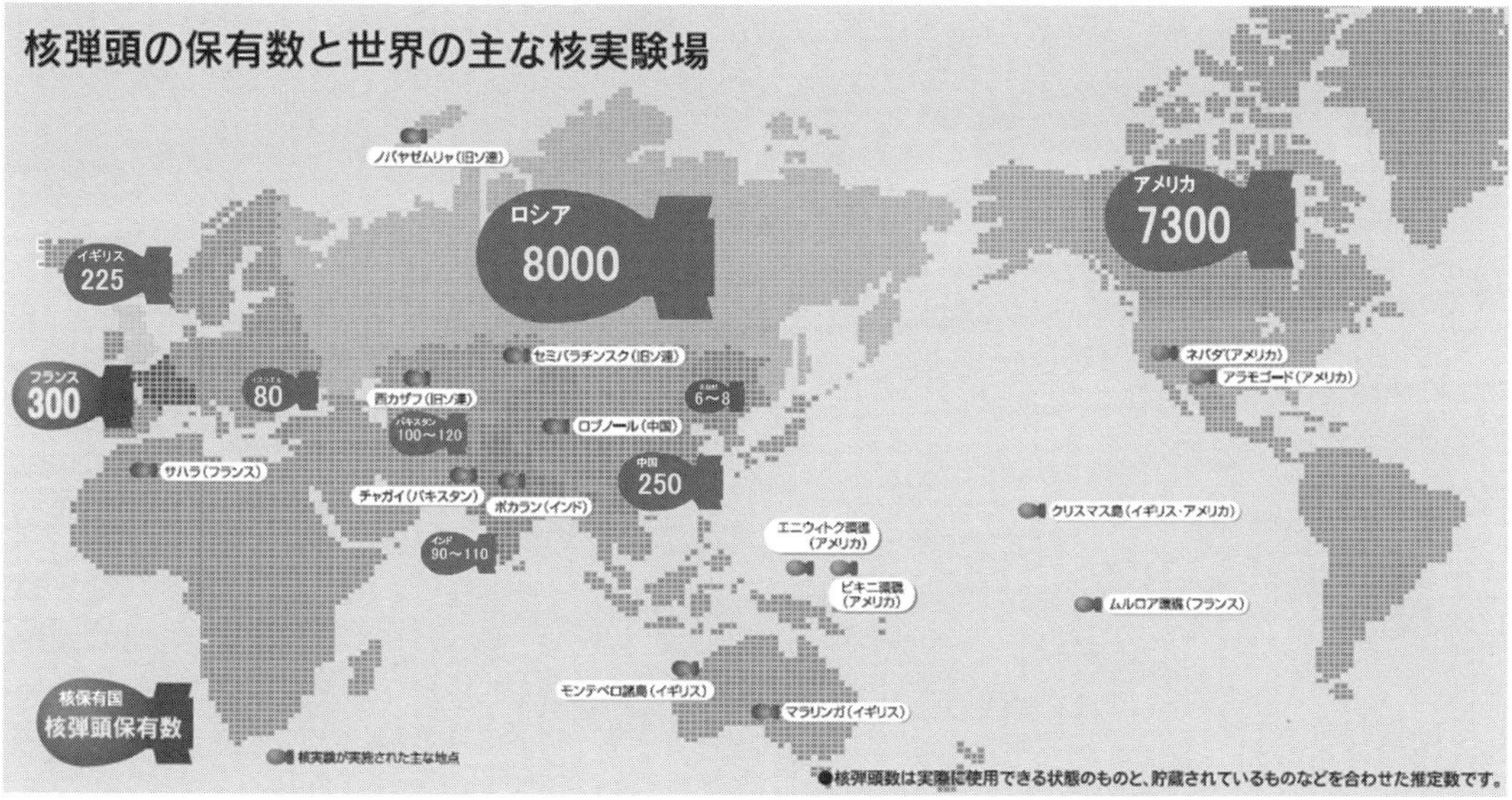

［図２］核弾頭の保有数と世界の主な核実験場（長崎市平和・原爆ホームページ、2014年。http://nagasakipeace.jp/japanese/abolish/data/weapon.html）

出典：*SIPRI Yearbook 2014*など

交政策大綱』には、「核兵器製造の経済的・技術的ポテンシャルは常に保持するとともにこれに対する掣肘をうけないよう配慮する」という文言が記されている。(24) だからこそ日本政府は、福島第一原発事故後も、原子力発電と核燃料サイクル政策を容易に放棄することができないのである。この点について、小泉内閣において防衛庁長官に就任した経験を持ち、発言当時、自由民主党政調会長を務めていた石破茂が、福島第一原発事故直後の二〇一一年一〇月に次のように述べていることは、極めて症候的である。「原発を維持するということは、核兵器を作ろうと思えば一定期間のうちに作れるという「核の潜在的抑止力」になっていると思っています。逆に言えば、原発をなくすということはその潜在的抑止力をも放棄することになる、という点を問いたい。〔……〕核の基礎研究から始めれば、実際に核を持つまで五年や一〇年かかる。しかし、原発の技術があることで、数ヶ月から一年といった比較的短期間で核をもちうる。加えて我が国は世界有数のロケット技術を持っている。この二つを組み合わせれば、かなり短い期間で効果的な核保有を現実化できる」。「私は日本の原発が世界に果たすべき役割からも、核の潜在的抑止力を持ち続けるためにも、原発を止めるべきとは思いません」(25)。この発言に代表されるように、一部の政治家や官僚たちは、福島第一原発事故後も、潜在的核武装能力(「核の潜在的抑止力」)としての原子力発電を放棄することを頑強に拒絶しているのである。

また、二〇一二年六月二〇日には原子力基本法が改定され、「原子力利用」の「安全の確保」は「我が国の安全保障に資することを目的として」行うものとする、という文言が付加された。「我が国の安全保障に資する」という文言の付加は、核武装のオプションを確保するためではないかとして国内的、国際的な議論を呼んでいる。このように、原子力発電という技術は、単に核エネルギーの軍事利用の技術を転用したものであるのみならず、核武装と密接に関係している。私たちが本章において「原子力発電と核兵器の等価性」と呼んだものは、原子力発電と核兵器とのこうした政治的＝技術的な結合関係のことなのである。

---

(23)『新版　原子力の社会史』、一七五頁。
(24) 杉田弘毅、『検証　非核の選択』、岩波書店、二〇〇五年、七六頁。
(25)『SAPIO』、二〇一一年一〇月五日号。

第三章　絶滅技術と目的倒錯

——モンテスキュー、ナンシーから原子力＝核技術を考える

原子力＝核技術を近代産業技術の極点と見なす視点は、今や枚挙に暇がないほどである。こうした視点は今後も継続されてよいし、その過程で近代への新たなアプローチが浮上する可能性は十分に考えられる。しかし、私たちは本章において、この視点を念頭に置きながらも、そこに新たな思考、すなわち原子力＝核技術のような絶滅技術における目的倒錯——目的と手段の倒錯——という思考を導入することになるだろう。本章の大まかな見取り図は以下のようになる。第一に、近代のとば口にあって、産業技術に関する二つの対立する観念の原型を提示したモンテスキューの『ペルシア人の手紙』を検討し、絶滅技術における目的倒錯という思考を導入する。第二に、ジャン＝リュック・ナンシーが『フクシマの後で』において提示した「範例としてのフクシマ」という観点から出発して、近代産業技術がもたらす不断の目的倒錯を再確認しながら、絶滅技術の究極形態を体現する原子力＝核技術が存在し続ける限り、人は決してこの目的倒錯以降の条件から逃れられないことを明らかにする。

1　二つの近代技術論――モンテスキュー『ペルシア人の手紙』

ヨーロッパ諸国が一九世紀後半から二〇世紀初頭にかけて第二次産業革命を経験し、近代的な産業技術社会の基礎を確立するに至ったということは、今や一つの大前提として広く共有されている。一方、第二次産業革命期から遡ることおよそ一五〇年前に発表された、モンテスキューの書簡体小説『ペルシア人の手紙』(一七二一年)において、既に近代技術をめぐる思考の磁場が先取りされていたことはほとんど知られていない。当時、大ベストセラーを記録したこの作品では、「技芸［Arts］」について真っ向から対立し合う二つの言説が明らかに意図的に並置されている。これら二つの言説は、一七二〇年代当時の政治的、社会的な文脈の中で、どのように位置付けることができるのか。そして、原子力＝核技術が登場して以降の視点から振り返るとき、それらはどのように読み直すことができるのか。――私たちはこれら二つの問題意識に基づいて、敢えて「近代」以前に遡行するところから始めたい。

1-1　『ペルシア人の手紙』における二つの技術論

『ペルシア人の手紙』で提示されている技術論は、二つの相対立する形をとっている。一つは手紙一〇五における技術批判、もう一つは手紙一〇六における技術擁護である。(1) 一つ目の手紙の発信者は、ヴェネツィア在住の登場人物レディ、受信者はパリ在住の主人公ユズベクである。一方、もう一つの手紙の発信者はユズベク、受信者はレディと記されている。つまり、この二人の登場人物の間で、技術の是非をめぐって議論を闘わせる、という設定になっているわけである。

ところで、ここで最も注意しなければならないのは、作者であるモンテスキュー自身がユズベクとレディのどちらの立場に立っているのかが確定できない、ということである。なるほど、二通目の手紙の分量は、一通目の手紙のおよそ二・五倍に及んでおり、その論調も一通目の主張に対する詳細な反駁として提示されている。このため、ざっと一読した限りでは、二通目における「技術擁護」の見解がモンテスキューの主張を代弁したもののようにも読めてしまう。しかし、二通目の発信者であるユズベクは、この小説のクライマックスにおいて、自らが母国に残してきた家族共同体（ハレム）の破局を見届ける当事者として描かれることになる人物でもある。これに加えて、ユズベクのハレムの破綻劇は、『ペルシア人の手紙』が書かれるきっかけとなったフランス史上最大規模の金融恐慌、「ローのシステム」の破綻劇(2)——『ペルシア人の手紙』は、「ローのシステム」に代表される通貨、金融、株式会社の

(1) Montesquieu, *Lettres persanes*, Édition de Jean Starobinski, Gallimard, coll. « Folio Classique », 2003, pp. 234-239. 邦訳「ペルシア人の手紙」、井田進也訳、『世界の名著』28、中央公論社、一九七二年、一九〇―一九五頁。

(2)「ローのシステム」とは、摂政オルレアン公によって時の財務総監に抜擢された銀行家、ジョン・ローによる金融改革のプロセスを指す。ジョン・ローはまず、国家主導で発券銀行を設立し、正貨の受け入れに対し大量の兌換銀行券を発行した。しかし他方では、この銀行券を、当時の貿易権を独占していたインド会社への株式投資として吸収するために、アメリカのルイジアナにおける同社の経営実態からかけ離れた宣伝を断行した。この二つの柱に基づく金融改革——通称「ローのシステム」——は、元をただせば、ルイ一四世時代から引き継がれた大量の王債と深刻な不況を解消するために考案された一種の苦肉の策だったが、結局のところ、いまだかつてない投機熱を煽り立てた末に、株の大暴落を招き寄せることになる。「ローのシステム」とその破綻については、例えば以下を参照。吉田啓一、『ジョン・ロー研究』、泉文堂、一九六八年。赤羽裕、『アンシャン・レジーム論序説』、みすず書房、一九七八年。浅田彰、「ローとモンテスキュー」、樋口謹一編、『モンテスキュー研究』、白水社、一九八四年。

あり方を、国家と資本が共同で主導した「妄想〔chimère〕」の産物として描き出しており、その破綻と「恐慌〔panique〕」は、言わばこの原理的な共同幻想性が露呈した瞬間でもあった——と鏡像関係にあることが、作中で繰り返し示唆されてもいる。以上の物語的な文脈を踏まえてみると、二つの手紙が示す技術論は、どちらが優位であるとは即断しえない、解決不能の二律背反として提示されている、と見なすのがよいだろう。より厳密に言えば、「技術」——テクストの言葉で言えば「技芸」——をめぐる思考の磁場そのものが、この二つの真っ向から衝突するテクストを通して浮上する仕掛けとなっているのである。

それぞれの手紙で論じられている内容を俯瞰してみることにしよう。手紙一〇五の発信者であるレディによれば、「技芸」の有用性は、それらがもたらす弊害に比べて大きいと言えるのかどうか疑問符がつく。例えば、「爆弾の発明」は都市の防衛をめぐる軍事的な常識を覆したが、それは同時に君主たちに「常備軍の必要性」という口実を与え、結果としてますます統治者による人民圧迫を強めることになった。何より、技術史を遡ってみるならば、そもそも「火薬」という新技術が誕生したその時点で、原理的には、人類全体を滅ぼすことが可能になってしまったとも言えるだろう。今後もし「より簡単な方法」が発見されれば、人類の絶滅は単なる絵空事ではなくなるかもしれない、とレディは推測している。このように、産業の潜在力を飛躍的に高めた「化学〔Chimie〕」という「技芸」は、戦争、ペスト、飢饉と並んで、大量殺戮をもたらす「災禍」と見なされなければならない。この「技芸」の産物は、いったん発見、発明されるや、それ以降は「断続的」に「大量の人間」を破壊し続けずにはおかないものである。こう述べた上で、レディはさらに付言する。「羅針盤の発明」にせよ「金と銀」（貨幣）の発明にせよ、どちらの技芸も、もともと存在していた問題を拡張するか、または新たな問題を生み落とすことにしか寄与してこなかったのではないか、と。事実、前者は新大陸の内部にとどまっていた「病気」（梅毒）をグローバルに蔓延させることにつながったし、後者は事物の価値を表象するための記号を新たに増やしたに過ぎなかった。また、両者はともに、ヨーロッパ中心主義的な資源開発の論理に基づいて、「発見された国々」の人民を「奴隷状態」に貶めるという結果さえもたらしたのである。

一方、手紙一〇六の発信者であるユズベクは、手紙一〇五におけるレディの「技芸批判」に対して、詳細な反駁を試みている。ユズベクによれば、「技芸」が衰退した国において、人民が味わう不幸は測り知れないほど深刻なものとなる。なぜなら「技芸」とは、国家の発展と成長を支える土台だからである。なるほど、人類の絶滅を可能にする「何らかの破壊の方法」が発明されるのではないかという想定は、全否定できるものではないだろう。しかし、そうした「致命的」な新技術が誕生すれば、そのときにはおのずと「万民法」と「諸国民の全体の一致した同意」によって、当該技術の使用が禁止されるはずである。ユズベクはこのような楽観的な観測を述べた上で、次のように続けている。「火薬と爆弾の発明」に関しても、これらの技術のおかげで、昔よりも迅速に戦争を終結させられることを考えれば、むしろ歓迎すべき事件なのではないだろうか、と。そもそも、一つの「技芸」に有害な側面があるからといって、直ちにそれを廃絶しなければならないと結論付けるのは性急である。例えば、「利益［intérêt］」の追求を最高の目的に掲げるパリ社会においては、「労働への熱意」と「豊かになりたいという情熱」が、身分や階級の差異を超えて、人々の活動をもたらす原動力となっている。どんな国であれ、農業に関わる技芸ばかりを重んじていれば、「労働と勤勉」の源泉となる「奢侈」を廃することになり、その国の人民は決して幸福にはなれないだろう。奢侈がなくなれば、「個人の収益［revenus］」がなくなるのは自明であり、個人の収益がなくなれば、統治者の収益がなくなることもまた自明である。技芸の開発と成長を目指さない国家は、「諸技芸の相互依存」から生まれる「富の流通」や「収益の増殖」を期待することができないし、市民の間に「諸能力の交流」を引き起こすこともできないだろう。技芸の発展を促進することは、統治者自らが強大になるためにも不可欠な統治術である。

以上の二つの議論には、大きく分けて二つのレベルの顕著な対立が見て取れる。第一に、「技芸」は有用なのか、それとも害悪なのか、という問いをめぐる判断の対立である。この対立は、近代技術の原型ともいうべき「化学」等の「技芸」を肯定すべきか、それとも肯定すべきでないのか、という問いをめぐる判断の対立、と言い換えることができよう。第二の対立は、その「化学」が予示しているように、来るべき究極の「技芸」によってもたらされる人類絶滅の可能性を人類自身は果たして制御できるのか、それとも制御できないのか、という問いをめぐる判断の対立である。これは別の言葉で言えば、不断の技術革新のサイクルは人間の主体的な意志によってコントロールできるのかどうか、という点を評価する視点の対立、と言い換えられる。

とはいえ、以上の外見的な対立には、それを可能とする共通の前提が控えており、他ならぬそのことが、二つの手紙の解釈を一筋縄では行かないものにしている。ここで言う共通の前提も、同様に二つの次元に大別することができる。すなわち第一に、人類を絶滅させる究極の技術は確かにいつかは到来するかもしれない、という認識である。この認識は、例えば主人公ユズベクのハレムの悲劇を描く過程で前景化する黙示録的な文体に、間接的な形で表出している。第二の共通の前提とは、政治と経済を媒介する技術ないし技術革新、という視点である。この視点から見れば、少なくとも文明化された国家の「技芸」は、常に既に統治の一環として位置付けられるものである（政治）。もちろん、その一方で、「技芸」はまた、「利益」ないし「収益」が自己増殖するサイクルの基本要素としても捉えられなければならない（経済）。このため、「富」の生産と流通という一定の経済活動を包摂する政治体において、不断の技術革新という過程はほとんど必然的な帰結として導き出されることになる。二つのテクストは、この共通の認識を踏まえた上で、それを悪と見なすか善と見なすかをめぐって正面衝突しているのである。

1-2 『ペルシア人の手紙』を現在時から再読する

私たちにとって、二〇世紀半ばに核兵器が発明され、ヒロシマ・ナガサキへの原爆投下が実行された〈事後〉の視点から『ペルシア人の手紙』を再読することは、不可欠な作業である。結論から言えば、この小説で予感されていた二つの漠たる不安、すなわち人類絶滅を可能にする新技術の到来への不安、そして政治と経済を媒介する技術革新の制御不能なスパイラルへの不安は、どちらも現実のものとなってしまった。とりわけ福島第一原発における三つの原子炉の爆発、およびその後に現出したメルトダウンの行程は、この二つの不安の切迫性を最も象徴的な仕方で想起させずにはおかない、現在進行形のカタストロフィである。この観点に立つとき、『ペルシア人の手紙』の技術論はどのような思想的射程を持ちうるのだろうか。

最初に指摘しておきたいのは、一通目の手紙は、さらなる読み込みを要するテクストとして私たちの前に再浮上する、ということである。二〇世紀半ば以降の視点から見ると、レディによる技術批判の背後には、単なる「技術＝害悪」論にはとどまらない原理的な洞察が控えているからである。ここで言う原理的な洞察の一つ目を定式化するなら、以下のようなものとなるだろう。すなわち、絶滅技術のプロトタイプとしての爆薬が誕生したことで、人間と技術の関係は、それ以前とは決定的に異なる次元に移行してしまったのだ、と。爆薬の発明以降、人間は事実上、自らが設定した目的のために手段としての技術を活用するという、主体としての地位を喪失している。技術は、「人類は全体として殺害されうるものである」（アンダース）というまったく新たな位相をもたらしたことで、アリストテレスが定式化したような「手段としての技術」という次元には収まらないものへと変貌を遂げてしまった。要するに、人間自らが、絶滅技術の対象と化したのである。

第二に重要なのは、絶滅技術の到来によってこの世界から「避難所」が消滅した、という洞察である。発信者のレディの診断によれば、人間はどんな場所に退避したとしても、常に既に全体としての絶滅可能性のリスクに曝されている。どんなリスクも回避できる「ユートピア」は、まさに「どこにもない場所」というわけである。ところで興味深いことに、レディの議論には、国家権力が人民支配の円滑化のためにそのリスクを利用している、という認識が透けて見える。

君主たちは、爆弾の最初の一撃によって降参してしまうような町人たちには、もはや要塞の守備を任せておけなくなったので、一つの口実をもうけて正規軍の大部隊を保持し、その後、この軍隊によって彼らの臣民を抑圧したのです。(3)

つまり、権力者は技術開発を助成し、絶滅技術のリスクを高めておきながら、まさにその手続きを通して「常備軍の必要性」というイデオロギーを導き出し、ますます力で人民を支配する傾向を強化してきた、というのがレディの見解である。かくして『ペルシア人の手紙』の思想的射程は、この段階で既に、近代技術のもう一つの顔としての絶滅技術（軍事技術）の逆説を、そしてとりわけその究極形態としての核兵器の逆説を、極めて的確に言い当ててしまっている。一般に国家というものは、他なる国家の勢力の拡大を抑止しようとする本性を宿しているが、その本性に従って推進された新技術の発明が、その国家自身を含むグローバルな規模の絶滅のリスクをもたらすとき、近代技術は恐らく自らの内に潜在していた「臨界」に達したのである。国家は、このような近代技術の絶え間のない成長を促進する傾向を持つ。他ならぬそのことによって、国家は一方では自己自身の解体の危機を招き寄せ、しかも他方では同時に、自己自身の統治の論理を補強し続けていく。核兵器とは、この国家の自己保存の逆説を象徴的な形で体現した近代技術の極点である、と見なすことができる。

国家と軍事技術の関係をめぐる上述のような洞察には、第三の洞察、つまり国家と近代技術全般の関係をめぐる洞察が伏在している。国家の自己保存の逆説が露呈するのは、必ずしも絶滅技術としての軍事技術においてばかりではない。実際、『ペルシア人の手紙』では、通貨、商品、金融に関連する諸々の近代技術は、国家の「収益」を保証する必要不可欠な要素として、しかし同時に、国家と資本が共同で作り出した、いつでも破綻が付き物である「妄想」の産物として描き出されている。無論、これらの技術は、それ自身のうちに人体を殺傷する能力を持つわけではない。しかしながら、その膨張、縮減、破綻のプロセスを通して、このシステムのうちに囚われた人間の社会的諸関係に大きな変化をもたらし、場合によっては人々——例えば「ローのシステム」によって扇動された投機熱に浮かれた人々——を破滅にすら追いやることになる。このように、金融や通貨といった国家的な管理、運営に関わる技術は、多くの人間の犠牲を不可避的に要請する、という意味で、極めてリアルな仕組みとして機能してい

（3）*Lettres persanes*, p. 235. 邦訳「ペルシア人の手紙」、『世界の名著』28、一九〇—一九一頁。

る。このモンテスキュー的な観点に立つ限り、近代技術は不断に新たな差別を生産する装置である、と定義できるだろう。

以上の考察は、二通目の手紙と併せ読むことで、より明確な輪郭を持つことになるだろう。ユズベクによる手紙一〇六では、「諸技芸の相互依存」というキーワードが提示されている。そして、この「諸技芸の相互依存」という状況の中でこそ、市民間の「能力の交流」、「富の流通」、「収益の増殖」がはじめて可能になると論じられている。言い換えれば、人間が技術の手段または対象になるのは、何も軍事技術や金融技術などの巨大な技術との関係においてばかりではない。そもそも近代技術の本質とは、諸技術が分かち難く絡まり合った諸関係の網の目そのものと化している点にこそ存する。一つの巨大なシステムと化したこの諸関係の総体においては、個々の技術が他から自律した単位として存立することは不可能となる。まさにそのような技術的な土台の上でこそ、近代的な市民生活のすべてが営まれうる、とユズベクは主張しているのである。この観点から導き出されるのは、国家と資本の結合体がもたらした「諸技芸の相互依存」こそ、それ自体として不断の自己目的化を運命付けられたシステムに他ならない、という認識である。この「諸技芸の相互依存」を最も危機的な仕方で象徴するのが核兵器であり核＝原子力技術であると言えようが、これらの技術は、諸関係の網の目としての近代技術の逆説が可視化された必然的な結果として存在する。近代技術においては、「諸技芸の相互依存」システムの保存そのものが目的化され、人間はいわばその目的のために奉仕する手段または要素に過ぎなくなる。

なるほど、手紙一〇六の発信者であるユズベクは、手紙一〇五の発信者であるレディの技術批判に対して、詳細な反駁を試みている。しかし、その技術擁護の議論がどれほど肯定的なトーンを帯びようとも、ユズベクが示す状況認識はむしろ、人間と技術の関係をめぐる彼自身のオプティミズムを裏切らずにはおかないものとなる。事実、次に引用するユズベクの主張は、二〇世紀半ばから続く国際社会の現状に照らしてみれば、極めて疑わしいと言わざるをえない。

もし仮に、それほど致命的な発明［レディが恐れる「もっと残酷な何らかの破壊の方法の発明」］が登場するようなことになれば、それは直ちに万民法によって禁止されることでしょうし、諸国民全体の一致した同意が、この発見を葬り去ることでしょう。(4)

ここでユズベクは、「致命的な発明」に関して、国際法による禁止や人類的な合意に基づく廃絶が実現するであろう、と期待している。この楽観的な観測の背後に控えているのは、人間の理性への信頼であり、その理性に基づく公正な熟議への期待である。換言すれば、ユズベクが表明しているのは、人間は自由意志に基づいて、自己自身が生み出した技術を制御できる、という確信である。それがどれほど無根拠な確信に過ぎないかは、二つの世界大戦における絶滅技術の発現、その後の歴史的過程で登場した数々の国際法と国際的諸機関の限界、そして今も世界各地で続発する紛争や大量虐殺事件を見れば、火を見るよりも明らかだろう。何よりも、いまだ着地点すら見えない福島第一原発事故のプロセスは、ユズベクが人間の理性、熟議、自由意志、統御力に寄せるナイーヴな期待に関して、強い疑念を抱かせるに十分である。

以上の考察から、私たちはいくつかの結論を引き出すことができる。第一に、ユズベク自身の議論か

(4) Ibid., p. 237. 邦訳同書、一九三頁。

ら演繹されるのは、絶えざる「収益」の自己増殖運動をもたらす「諸技芸の相互依存」のシステムは、それ自体として人間がこのシステムを「統治」しえないということの証左に他ならない、という認識である。資本の「原罪」とも言うべきこの制御不能の運動を把捉した『ペルシア人の手紙』のパースペクティヴにおいて、人間は、自らが技術を統御しえていると思い込むそのとき、技術そのものの奴隷と化しているのである。第二に注意すべきは、絶滅技術誕生後の近代技術のあり方がある種の倒錯を含んでいる、という苦々しい認識だろう。現在時からモンテスキューを再読することで判明するのは、人間は近代技術を取り巻く状況のただ中で、なかんずく軍事技術と金融技術を介して顕在化する近代技術の逆説に基づいて、永続的な「目的と手段」の倒錯の渦中に絡め取られずにはいられない、ということである。言い換えれば、国家と資本による共同幻想の産物として生じた「技術革新」の自己目的化のスパイラルを自明視している限り、人間が技術の手段、要素、対象へと失墜し続ける世界を超出することは、決してできない。近代技術のあり方を再検討し、その極点としての核兵器と原子力発電を廃絶すること。そのために人間の諸能力（理性、自由意志、熟議、統御力）をめぐる根源的な問い直しから出発すること。——どれだけ遠回りに見えたとしても、この思想的かつ実践的な作業に取り組まなければ、およそ三〇〇年前にモンテスキューがはからずも予見してしまった黙示録的なビジョン——人間と技術の間に生じた「目的倒錯」——は、私たちの現在と未来に付きまとい続けることになる。

2　「範例」としてのフクシマ、ヒロシマ

2-1　三つの論点――絶滅技術、国家と資本、技術革新

前節で考察した事柄を再整理するところから始めよう。私たちがモンテスキューの二つの技術論に関する検討を通して抽出した論点は、主に三つに大別することができる。

命題一　絶滅技術の誕生により、技術は人間の手段ではなくなったばかりでなく、逆に人間こそが、自らが創り出したその絶滅技術の対象になった。

命題二　国家と資本のシステムは、そのシステム自体の自己保存を目的としており、人間はこのシステムを構成する要素となった。

命題三　国家と資本のシステムには、技術革新の自己目的化という契機が組み込まれており、人間はこの契機のために利用される手段となった。

この三つの命題は、互いに折り重なり合いながら一つの問題系を構成しているが、少なくとも原理的な次元で言えば、命題二が最も根底に控えていて、他の二つの命題がそこから派生したものであることは疑う余地がない。とはいえ、歴史的な観点に立つなら、この命題二の根源性を述べるだけでは必ずしも十分とは言えないだろう。なぜなら、命題一は、命題二と命題三の両者を、常に既に可視化する機能を果たしているからである。より具体的に言えば、絶滅技術の登場という歴史的な事件は、国家と資本の

自己保存のシステム（とその逆説）、そしてこのシステムがもたらす技術革新のスパイラル（とその限界）を、絶えず露呈させる指標となるものである。

まず、究極の絶滅技術としての核兵器がグローバルに拡散してしまった〈事後〉のこの世界において、従来どおりのパワー・ポリティックスのみに依拠した国家観は、実質的に破綻しているか、少なくとも「国家自体の絶滅」という潜在的な可能性を無視することで初めて成立しうるものでしかない。敵国よりも多くの核兵器を保有することが自国のセキュリティ確保につながるという思考は、常に既に「時代遅れ」（アンダース）の発想である。「もはやこの地上には、不正や暴力からの避難所はどこにもないのです」（モンテスキュー[5]）。

次に指摘しておかなければならないのは、技術革新のスパイラルに潜在する一つの限界についてである。なるほど、ここで言う絶え間のない技術革新のプロセスは、例えばマルクスが『資本論』第一巻（第四篇第一〇章「相対的剰余価値の概念」）で正確に洞察したように、資本主義の必然的な帰結と言う他はないだろう。また、チャールズ・チャップリンの映画『モダン・タイムズ』（一九三六年）がアイロニーたっぷりに諷刺してみせたように、近代技術のシステムは、人間を絶えず自らのための手段にできるし、場合によっては一つのシステムの要素または部品として活用できる、ということもいまだに真と言えるだろう。しかしながら、こうしたスパイラルないしシステムは同時に、明らかに一つの限界に制約されていることも忘れてはならない。このことは、命題一における絶滅技術に関する見通しと併せて考えることで、鮮明に認識できるはずである。つまり、もし仮に絶滅技術の潜勢力が全開状態になり、万一「人類全体の絶滅」が実現されてしまった場合、技術革新そのものは完全に停止状態になるだろう、という見通しである。技術革新のスパイラルは人間をその手段とするが、人間そのものが消滅すれば、技術革新の契機もまた消滅してしまう。技術革新の持続は、手段としての人間の存在そのものに依存せざるをえないのである。ウォシャウスキー兄弟の映画『マトリックス』（一九九九年）が寓意化していたのは、「システム」が自らのために利用する手段としての人間が、まさにその「システム」の延命に不可欠な構成要素でもある、という逆説であった。命題一が提示する「絶滅技術」という観点は、こうした技術革新のスパイラルの限界、さらにはその限界が「手段」としての人間の生存如何にかかっているという現実的な条件を、常に既に可視化し続けるものである。このことはまた、国家と資本というシステムの延命が、その構成要素としての人間の生存を必要条件とし続ける、ということをも意味せずにはおかない。

以上の考察内容を踏まえた上で、私たちはそこからどのように思考を展開することができるだろうか。ここで一度モンテスキューを離れ、二〇世紀以降の思想の文脈に漸近することで、絶滅技術、国家と資本、目的としての技術革新という三つの主題について、さらなる考察を展開してみたい。

2-2 「範例」としての福島第一原発事故——ジャン＝リュック・ナンシーの視点

現代フランス思想界を代表する哲学者の一人、ジャン＝リュック・ナンシーの言説は、時として必要以上に晦渋を極めるので、一定の距離を保って捉えた方がよいように思われる。ただし、福島第一原発事故が、それ以前から続いてきた諸々の潜在的な危機——災害、公害、戦争などカタストロフィの発生可能性——を想起させる「範例」としての機能を果たした、というナンシーの指摘は、十分に妥当であ

（5）Ibid., p. 235. 邦訳同書、一九一頁。

る。次の引用は、そのナンシーの認識を最も平明な言葉で言い切っている点で、注目に値する。

フクシマは二一世紀の冒頭に、二〇世紀がはじめて大規模に暴発させた恐れや問いをよみがえらせた。だが、これはその前の世紀にも既に現れていたものだった。その世紀は、産業革命と民主主義革命という二重の革命に由来する「ブルジョワ征服者」の時代と呼ばれていた。(6)

では、福島第一原発事故はどのような意味で「範例」と言えるのだろうか。ナンシー自身の観点を踏まえた上で、本章で展開してきた考察もそこに補足するなら、少なくとも以下の四つの論点を見落とすことはできない。

(一) カタストロフィの統御不能性――ナンシーによれば、フクシマの出来事は、現代社会のカタストロフィがいともたやすく増殖と拡散を遂げること、その連鎖の過程が人間による統御を超えてしまうことを私たちに思い知らせる「範例」であった。(7)

(二) カタストロフィの断続的な再生産――現時点で進行中のプロセスも含め、フクシマの出来事は、局所的で短期的なカタストロフィが、大規模で中長期的なカタストロフィ――その極限の形態は「絶滅」であるだろう――を十分に想定可能なものにしたと言える。それは特に、グローバルにカタストロフィを再生産するこの世界の仕組みについて、私たちが再認識するきっかけをもたらした点で「範例」的であった。また、「原子力＝核」が、カタストロフィの中でも最も大きな規模のそれをもたらしうる、という点でも、フクシマはナンシーが言う「範例」の一つに数えられる。

(三) 技術の相互依存――フクシマはまた、グローバル化された近代技術の相互依存状態が、カタストロフィの統御不能性とその断続的な再生産の要因である、と明示することになった。無数の機材や部品が極度の複雑さで入り組み合う原発内部のシステムにおいては、ほんのささいな要素の欠損や逸脱さえもが致命的なカタストロフィにつながりうる。この意味でフクシマは、諸技術が相互に複雑に依存し合うこの世界のシステムの危機を象徴的に物語る「範例」ともなった。

(四) 資本主義システムと「技術の自己生成的展開」——フクシマはさらに、解きほぐし難いほどの諸技術の相互依存状態が現出した最大の背景は、資本主義のシステムである、という事実を私たちに突き付けた。資本主義のシステムは、不断の利益の自己増殖運動を引き起こすことで、その増殖運動の内

(6) Jean-Luc Nancy, *L'équivalence des catastrophes* (*Après Fukushima*), Galilée, 2012, p. 19. 邦訳「破局の等価性——フクシマの後で」、『フクシマの後で』、渡名喜庸哲訳、以文社、二〇一二年、二七頁。

(7) ここからナンシーは、現代のカタストロフィは決して「自然的」ではありえない、という観点を導き出している。「地震とそれによって生み出された津波は技術的なカタストロフィとなり、こうしたカタストロフィ自体が、社会的、経済的、政治的、そして哲学的な震動となり、同時に、これらの一連の震動が、金融的なカタストロフィ、そのとりわけヨーロッパへの影響、さらには世界的ネットワーク全体に対するその余波といったものと絡み合い、交錯するのである。もはや自然的なカタストロフィはない。あるのは、どのような機会でも波及していく文明的なカタストロフィのみである。このことは、地震、洪水ないし火山の噴火など、自然的と言われる災害の各々についても示すことができるだろう。私たちの技術が自然に対して引き起こした諸々の激変についでは言うまでもない」(Ibid., pp. 56-57. 邦訳同書、五九頁)。「自然」と「技術」を分節して捉えようとする思考がどれほどナイーヴであるかに関しては、以下のナンシー論が明快な考察を展開している。柿並良佑、「「技術」への階梯——経済技術から集積へ」、柿並良佑編、『グローバル化時代における現代思想 vol. 2「ジャン=リュック・ナンシー『フクシマの後で』から出発して」』、東京大学東洋文化研究所CPAG、二〇一四年。

側に技術革新の過程を巻き込んでいく。この結果、理性的な統御を離れた形で「技術の自己生成的展開」が進み、目的と手段の転倒――すなわち、人間にとって単なる手段である技術が自己目的化すること――が恒常化することになる(8)。そもそも、核兵器のために開発された核分裂連鎖反応という人間的生にとって極めて危険な技術を、原子力発電として民生転用すること自体、「技術の自己生成的展開」、つまり目的と手段の転倒の「範例」に他ならない。また、福島第一原発事故のプロセスを通して可視化された原子力産業の複雑なもたれ合いの関係は、こうした資本主義のシステムと、そのシステムに基づく「技術の自己生成的展開」のカタストロフィックな帰結を可視化させた一つの「範例」と見なすことができる。

今一度確認すれば、以上の四つの論点は、福島第一原発事故を「範例」と見なすナンシーの哲学的、歴史的な観点を踏まえた上で、私たちの所見を部分的に付加しながら整理し直したものである。ところで、本章の文脈でもう一つ忘れてはならないのは、何よりもフクシマが原子力＝核事故であり、しかも事故によって放出されたプルトニウムを初めとする放射性物質はもともと核兵器の生産に転用可能な物質である、という端的な事実である。ナンシーもまさにこの二点に着目しているのだが、彼はこの二点から出発して、半ば自由連想的な思考を通してヒロシマとアウシュヴィッツのケースに言及することになる。その際に重要なのは、両者のケースが、ともに「絶滅技術」の発明と実践という次元を導入したことである。

［アウシュヴィッツとヒロシマは］そのいずれも、それまで目指されてきた一切の目的とはもはや通約不可能な目的のために技術的合理性を作動させるに至ったのだ。というのも、こうした目的は、単に

非人間的な破壊ばかりでなく〈非人間的な残酷さは人類の歴史のなかでも古くから知られている〉、完全に絶滅という尺度にあわせて考案され計算された破壊をも必然的なものとして統合したからである。[9]

このナンシーの考察は、モンテスキューが『ペルシア人の手紙』で提示した黙示録的なビジョンと明確に一致している。なるほどナンシーが直接的に参照しているのは、彼自身も明言しているように、ハイデガーの技術論であり、ギュンター・アンダースのアポカリプス不感症論であり、さらには、スタンリー・キューブリックの映画『博士の異常な愛情』(一九六四年)が描き出した諷刺的な終末観である。また、モンテスキューが提示したのが、「致命的」な絶滅技術の到来可能性に関する不安だったとすれば、言うまでもなくナンシーが語っているのは、この「致命的」な技術が二者二様の仕方で実現された〈事後〉の世界に関する認識である。しかしいずれにせよ、モンテスキューが予見した事柄は、ナンシーによるこの苦々しい〈事後〉の認識によって補完され、展開されていると言ってよい。

「体系的に練り上げられた技術的合理性」[10]に基づいて、いかなるありきたりの目的にも通約しえない「絶滅」という極限的な事態を、一つの目的として達成したこと。このような技術の行使を通して、通常の国家間戦争という範疇には到底おさまりきらない仕方で、「集団的な規模での人間の生」を全体と

(8) *L'équivalence des catastrophes*, p. 44. 邦訳「破局の等価性」、『フクシマの後で』、四九頁。なお、ナンシーは正確には、目的と手段の転倒ではなく、目的と手段の等価性(「あらゆるものがあらゆるものの目的かつ手段になること」)と定式化している。Cf. Ibid., p. 60. 邦訳同書、六二頁。

(9) Ibid., pp. 25-26. 邦訳同書、三二—三三頁。

(10) Ibid., p. 24. 邦訳同書、三一頁。

して、完全に「抹消」したこと。――ナンシーによれば、アウシュヴィッツとヒロシマは、このように戦争そのものの「本性」を根本的に書き換えてしまった点で、近代技術社会以降の世界における「範例」として記憶されなければならないのである。

3　人間的生を目的と考えること

本章の結論として、原発の問題に戻ろう。原発がこのような絶滅技術としての原子力＝核技術から生まれたことは、まぎれもない事実である[11]。このことは、私たちが先に定式化した命題一「絶滅技術の誕生により、技術は人間の手段ではなくなったばかりでなく、逆に人間こそが、自らが創り出したその絶滅技術の対象になった」と密接な関係を持つ。原発と絶滅技術との関係は、平常時には、周辺住民や原発作業員の被曝という、見えにくいが顕在的な仕方で、そしてカタストロフィックな事故時には、広範囲の環境が長期間にわたって立ち入りのできないほど汚染され、多くの人々が死の危険に曝されるという、より一層顕在的な仕方で、明らかにされるのである。さらに、原子力発電という技術は、電力生産が一国の経済成長の原動力となるがゆえに、国家と資本のシステムと密接な関係を持っている。その意味において、私たちが命題三として定式化したように（「国家と資本のシステムには、技術革新の自己目的化という契機が組み込まれており、人間はこの契機のために利用される手段となった」）、原子力発電という技術は、国家と資本のシステム内部における技術革新の自己目的化の結果として生まれたものである。先にも述べたように、核兵器のために開発された核分裂連鎖反応という人間的生にとって極めて危険な技術を、原子力発電として民生転用することは、「技術の自己生成的展開」、あるいは目的と手段の転倒の

「範例」そのものなのである。

国家と資本のシステムは、今後も、「経済成長の原動力」として原発を活用し続けようとするだろう。そのとき私たちが想起しなければならないのは、人間的生とはこうした「経済成長」のための「手段」でも、自己目的化した技術のための「手段」でもなく、あくまでも「目的」であるべきだ、という点である。その意味で、福井地裁が二〇一四年五月二一日に大飯原発三、四号機の再稼働差し止めを命じた判決文は、私たちにとって注目に値するものである。

> 被告［関西電力］は本件原発の稼動が電力供給の安定性、コストの低減につながると主張するが、当裁判所は、極めて多数の人の生存そのものに関わる権利と電気代の高い低いの問題等とを並べて論じるような議論に加わったり、その議論の当否を判断すること自体、法的には許されないことであると考えている。我が国における原子力発電への依存率等に照らすと、本件原発の稼動停止によって電力供給が停止し、これに伴なって人の生命、身体が危険にさらされるという因果の流れはこれを考慮する必要のない状況であるといえる。被告の主張においても、本件原発の稼動停止による不都合は電力供給の安定性、コストの問題にとどまっている。このコストの問題に関連して国富の流出や喪失の議論があるが、たとえ本件原発の運転停止によって多額の貿易赤字が出るとしても、これを国富の流出や喪失というべきではなく、豊かな国土とそこに国民が根を下ろして生活していることが国富であり、これを取り戻すことができなくなることが国富の喪失であると当裁判所は考えている。[12]

(11) この点については、第一部第二章において詳述した。

判決文が明確に述べるように、「国富」とは逆説的にも、国家と資本にとっての経済的コストのことでも、そうしたコストを避けるために原発を再稼働させることでもなく、人間的生そのものである。この意味で、私たちが求める脱原発を実現するためには、人間的生を、自己目的化した技術あるいは経済成長のための「手段」として捉えるのではなく、「目的」として捉え直す視点が必要不可欠となる。世界史上最大級の原発過酷事故の〈事後〉にもかかわらず、原発再稼働、原発技術輸出、核武装への傾斜を強めるこの国において、いま最も取り戻されるべきは、目的倒錯の渦中に投げ込まれた私たち自身の人間的生に他ならない。

（12）「大飯原発三、四号機運転差止請求事件判決」、福井地裁、二〇一四年五月二一日。以下で閲覧可能。http://www.courts.go.jp/app/files/hanrei_jp/237/084237_hanrei.pdf

第二部　原発をめぐるイデオロギー批判

第一章　低線量被曝とセキュリティ権力
――「しきい値」イデオロギー批判

福島第一原発事故後に明らかになった重要な事実の一つは、国家権力や推進派科学者、そして電力会社が、原発を推進し、原発の過酷事故の可能性やその影響を過小評価するために、様々なイデオロギーを必要としてきた、ということである。それを大きな意味で「安全」イデオロギー（いわゆる「安全神話」）と括ることができるが、そのヴァリエーションは極めて多岐にわたる。第二部において、私たちは原発を推進し、その廃棄を妨げる様々なイデオロギーについて分析し、それらを超えて原発を廃棄するための方向性を示したい。

ここで私たちは「イデオロギー」という概念を、構造主義的マルクス主義哲学者、ルイ・アルチュセールが述べたような意味で用いている。アルチュセールは、有名な論文「イデオロギーと国家のイデオロギー装置」においてイデオロギーを、国家と資本が自らのシステムを再生産するための、社会的諸関係の「再認／否認」のメカニズムであると定義している。つまり、国家と資本のシステムは個々人に働きかけて、国家と資本のシステムを現在と同じように再生産しうるような仕方で個々人に社会的諸関係を再認させ、その再生産を阻む要素を否認させるように、個々人の認識を構成しようとするのである。アルチュセールはこのメカニズムを、イデオロギー的主体化＝服従化のメカニズムと名付けている。(1)これを私たちの文脈に当てはめるなら、国家と資本は、自らが経済的、軍事的な目的で構築した原発のシステムを維持し、発展させるために、諸主体に働きかけ、「原発は安全であり、事故を起こしてもその影響はほとんどない」という「イデオロギー的再認／否認」のメカニズムに従って諸主体の認識を構成しようとする、ということになる。私たちが「安全」イデオロギーと呼ぶのは、原発の安全性と原発事故の影響に関わる、このような「イデオロギー的再認／否認」のメカニズムの総体である。

二〇一一年三月に福島第一原発で起きたカタストロフィックな事故は、事故によって放出された膨大な量の放射性物質によって東北から関東甲信越、さらには東海地方の一部までを広範囲に汚染し、私たちの生活する世界を後戻りできない仕方で変化させてしまった。広大な汚染地域に生活する人々は、日々累積する低線量被曝という状況の中に置かれている。低線量被曝の影響については、被曝量を目安とした確率・統計的な知見以外に、何一つ確実な知見は存在しない。本章で私たちが提示したい仮説は、低線量被曝の影響の評価は、純粋に科学的な知見だけではなく、権力と科学的知との結合関係に依存している、というものである。この仮説を証明するために、本章で私たちは、ミシェル・フーコーの「権力＝知」という概念に依拠して、福島第一原発事故後の低線量被曝の問題をめぐって行使される「権力＝知」について分析してみたい。フーコーの定義する「権力＝知」とは、権力と科学的知の緊密な結合関係のことであり、権力はその行使に当たってある種の知を必要とし、ある種の知は権力との関係においてのみ成立する、というような両者の相互依存関係、相互構成関係のことである。この点について、フーコーは『監獄の誕生』において次のように述べていた。「私たちが承認しなければならないのは、権力は何らかの知を生み出す（ただ単に、知は奉仕してくれるから知を優遇することによってとか、あるいは、知は有益だから知を応用することによってとか、だけではなく）という点であり、権力と知は相互に含み合うという点、また、ある知の領域との相関関係が組み立てられなければ権力関係は存在しないし、同時に、権力関係を想定したり組み立てたりしないような知は存在しない、という点である。従って、「権力＝知」のこの諸関係は、自由であるはずの一人の認識主体を基にしても、あるいは権力制度との関係によっても分析されえない。反対に、考慮しておく必要があるのは、認識する主体、認識されるべき客体、認識の様態はそれぞれが、権力＝知のあの基本的な関わり合いの、またそれら関わり合いの歴史的変化の諸結果である、という点である。要するに、権力に有益な知であれ不服従な知であれ一つの知を生み出すと考えられるのは、認識主体の活動ではない。それは権力＝知であり、それを横切り、それを構成し、ありうべき認識形態と認識領域を規定する過程であり闘争である[2]」。従って、フーコーによれば、「権力＝知」の緊密な結合体は、権力と科学的知が互いの領野を構成し合うだけにとどまらず、既存の権力関係に依拠して私たち認識主体に介入し、私たちの認識の枠組みそのものを形成しようとするのである。そのように考えるなら、低線量被曝の影響評価についても、「権力＝知」の結合体が私たち認識主体に対して介入し、その認識の主要な枠組みを形成しようとしていることになるだろ

(1) Louis Althusser, « Idéologie et appareils idéologiques d'État », in *Sur la reproduction*, deuxième édition augmentée, PUF, 2011. 邦訳「イデオロギーと国家のイデオロギー諸装置」、『再生産について』下巻、西川長夫他訳、平凡社ライブラリー、二〇一〇年。
(2) Michel Foucault, *Surveiller et punir*, Gallimard, 1975, p. 32. 邦訳『監獄の誕生』、田村俶訳、新潮社、一九七七年、三一―三二頁。

う。こうした視点から本章では、低線量被曝をめぐる国家権力と科学的知の相互依存関係について分析し、被曝影響を否認する「しきい値」という概念を、「権力＝知」の結合体が生み出したイデオロギー的概念と規定し、批判する。

1　避難指示区域の設定とセキュリティ権力

ＩＣＲＰ（国際放射線防護委員会）が福島第一原発事故直後の二〇一一年三月二一日に発表した「福島原発事故」という声明は、緊急時（事故継続時）に公衆が浴びる最大放射線量を二〇─一〇〇ミリシーベルトとすること、また、放射線源を管理下に置いた段階では、公衆の年間被曝量を一─二〇ミリシーベルトとすること、そして長期的には、公衆の年間被曝量を一ミリシーベルトに抑えることを推奨している。[3]この声明に従って日本政府は、原発事故による避難指示区域を、年間被曝量が二〇ミリシーベルト以上の地域に設定した。この二〇ミリシーベルトという値は、ＩＣＲＰ声明の言う「放射線源を管理下に置いた段階」における最大値に相当する。また、放射線被曝に関する日本の法令によれば、一般公衆の年間被曝限度量は一ミリシーベルトであり、二〇ミリシーベルトとはその二〇倍に当たる（二〇ミリシーベルトという被曝限度量がどれほど高いかは、放射線管理区域の指定基準が年間五・二ミリシーベルト、原発労働者の白血病の労災認定基準が年間五ミリシーベルト、原発労働者の被曝限度量が五年間で一〇〇ミリシーベルト、一年間で五〇ミリシーベルトであることを考えればよくわかる）。年間二〇ミリシーベルトという被曝限度量を採用することによって、政府は放射能汚染に伴う避難地域を福島県浜通りの限られた地域に限定し、年間二〇ミリシーベルトには達しないがそれに近い汚染地域を含む、県庁所在地の福島市や、経済機能の中心地である郡山市を、避難地域から外すことができた。人口密度が高く、福島県の行政、経済機能の中心である福島市と郡山市を避難地域に指定することは、膨大な経済的＝社会的コストを生み出すことになる。避難地域の指定に当たって、政府は当然そのことを考慮に入れていたはずである。実際、二〇一一年一二月の避難地域再編の方針策定に当たって、当時の民主党政権は、チェルノブイリ原発事故から五年後に採用された避難基準に倣って、避難基準を年間二〇ミリシーベルトから年間五ミリシーベルトに厳格化する案を検討していた。しかし、その案を採用すれば福島市や郡山市の一部が避難地域に含まれ、避難者が極度に増加するため、結局その案は放棄されたという[4]。

この点について、福島県浪江町でエム牧場浪江農場の場長として「希望の牧場・ふくしま」プロジェクトを立ち上げ、避難指示区域内の牛を殺処分せず継続飼育している吉沢正巳の発言は示唆的である。「浪江町にはもう住めない。我々は、まさに「棄民」です。私の父が満州で棄てられたように、この汚染地帯の住民は捨てられるんです。もしくは、すべてを失った「流民」といえるかもしれません。それはいずれ「難民」になるでしょう。いま殺処分を受けている家畜の姿は、これからの浪江の人々の姿ですよ。政府は、まともな補償も出さず、なるべく汚染地帯をせばめて設定して、そこにバリケードを作って封鎖するつもりです。生産活動ができないわけですから、お金をかけるだけ無駄だと思っている」[5]。この見通しの通り、政府は避難指示区域を福島第一原発に近い高汚染地域（年間二〇ミリシーベ

（3）ICRP, “Fukushima Nuclear Power Plant Accident”, March 21, 2011. http://www.icrp.org/docs/Fukushima%20Nuclear%20Power%20Plant%20Accident.pdf

（4）「福島の帰還基準、避難者増を恐れて強化せず　民主党政権時」、『朝日新聞』、二〇一三年五月二五日。

ルト以上の被曝量が見込まれる地域）に限定して設定し、その区域すら相対的に線量の低下した地域（年間二〇ミリシーベルトの被曝量を下回ると見込まれる地域）から順番に解除しようとしている。さらに、二〇一四年六月に内閣府は、現在最も線量の高い地域である帰還困難区域ですら、二〇二四年には放射性物質の自然減衰や家屋の除染によって被曝量が年間二〇ミリシーベルトを下回るという試算を発表し、高線量下での住民の早期帰還を加速化しようとしている。(6) しかし、年間二〇ミリシーベルトの被曝量とは、原発労働者の被曝限度量（五年間で一〇〇ミリシーベルト）に近い数字であり、そのような高線量を国家の決定によって一般住民に許容することは、とても容認できる事態ではない。

また、二〇一四年八月には、長期的に年間被曝量一ミリシーベルトを目指すという除染の目標を、空間線量に基づいた数値ではなく個人被曝量に基づいた数値（毎時〇・二三―〇・六ミリシーベルト）に緩和するという方針が、環境省によって示された。この方針によって、空間線量による被曝管理（「場の線量」）に代えて、個々人に線量計を渡して個人被曝量を管理させるという個人化された被曝管理（「人の線量」）が支配的になりつつある。(7) これは、多額の費用をかけて除染しても期待されていたほどには空間線量が下がらないために政府が考案した苦肉の策である。空間線量に対して個人線量を優先させることは、空間線量という「場の線量」の管理をおろそかにするものであり、住民をより高いリスクに曝す措置である、と市民・専門家委員会は批判している。(8) また、こうした被曝管理の方法が新自由主義的な価値（「自己責任」）と極めて親和的である点には留意が必要である。そのような意味で、福島第一原発事故とは、科学技術的知の問題であると同時に、まさしく新自由主義権力としての国家権力の問題なのである。

私たちはフーコーを参照しつつ、こうした経済的＝社会的コスト計算に基づいて人口＝住民［population」を統治する権力を、セキュリティ権力と呼ぶことにする。そのとき、セキュリティ権力とはどのような権力メカニズムを意味するのだろうか。フーコーは、一九七七―一九七八年講義『セキュリティ・領土・人口』の第一回目の講義（一九七八年一月一一日）において、次の三つの権力メカニズムを区別している。

（一）法的権力あるいは主権権力は、法を措定し、その法を侵すものに対する刑罰を定める。つまり、それは許可と禁止という二項分割を措定することによって、禁止に抵触したものに刑罰を科す

（5）吉沢正巳、「被ばく牛を生かす道が放射能汚染地帯を救う！」、『at プラス』第一二号、太田出版、二〇一二年、九八頁。

（6）「避難者「楽観的すぎる」　帰還困難区域、21年の線量「20ミリシーベルト未満」」、『朝日新聞』、二〇一四年六月二四日。「［内閣府の原子力被災者生活］支援チームは、帰還困難区域の線量について、半減期や風雨により放射性物質が減る「自然減衰」の効果に加え、環境省が昨年度実施した区域内でのモデル除染の実績などから、除染で線量を五四～七六％減らせると推計。さらに、人が実際に被曝する個人線量は、空間線量の七割と仮定した。その結果、昨年一一月に年一〇〇ミリシーベルトあった地点の木造家屋に住む成人が、一日のうち六・五時間を屋外で過ごす場合、被曝線量は二〇二一年に除染無しで年二四ミリ、除染すれば年六～一二ミリに減ると推計された。子どもの被曝線量は推計されていない」。

（7）以下を参照。「除染基準緩和――空間線量から個人被曝線量へ」、OurPlanet-TV、二〇一四年八月一日。http://www.ourplanet-tv.org/?q=node/1814　個人線量による被曝管理を正当化する文書として、以下を参照。酒井一夫、「「場の線量」から「人の線量」へ」、首相官邸、二〇一三年四月八日。http://www.kantei.go.jp/saigai/senmonka_g38.html

（8）放射線被ばくと健康管理のあり方に関する市民・専門家委員会、「除染目標の見直しに関する要請書」、二〇一四年八月一一日。http://www.foejapan.org/energy/news/140814.html

る。

（二）規律的権力は監視と矯正のメカニズムによって特徴付けられる。それは諸個人を網目状の監視のメカニズムによって捕捉し、諸個人の身体的行為に働きかけることによって諸個人の内面を統制する。

（三）セキュリティ権力は諸個人を人口という集団として捕捉し、環境との関係において生み出されるリスクを統計的に把握し、経済的＝社会的コスト計算を通じてそのリスクを管理する。(9)

フーコーは、これら三つの権力メカニズムについて、伝染病の管理の例を挙げている。第一に、法的権力あるいは主権権力は、中世における癩病患者の排除に相当する。その権力は、癩病に罹患している者とそうでない者とを二項分割し、罹患している者を排除する。つまりそれは、社会秩序からアブノーマルな者を物理的に排除することで、社会空間を秩序化しようとする。

第二に、規律権力は、中世末から一七世紀にかけての、ペストの統制に相当する。ペストの統制においては、ペストが発生している地域や都市を碁盤目状に分割し、人々に対して統制を課す。つまり、その碁盤目からいつ、どのように出てよいか、自宅では何をしなければならないか、どのような食物を摂取しなければならないかが指示され、ある種のタイプの接触が禁止され、視察官の前に出頭し、視察官によって自宅を検査されることが強制される。規律権力は、こうした一連の統制によって権力の網目を地域や都市の隅々にまで行き渡らせ、その空間を占める主体を権力の監視下に置くことを目指すのである。

第三に、セキュリティ権力は、一八世紀以降の、天然痘の管理と接種の実践に相当する。この権力メカニズムは前述の二つの権力メカニズムとはまったく異なったものである。セキュリティ権力は、天然痘に罹患している人々の人数や属性、その影響を統計的に把握し、同時に、接種を受けた場合のリスクはどの程度か、接種を受けたのに天然痘に罹患し、さらには死に至る蓋然性はどの程度か、人口全体における接種の統計上の効果はどの程度かを把握する。ここで目指されるのは、人口全体における接種のコストが、接種を行わないことのコストよりも大きいか小さいかを統計的に判定し、その結果を医学的実践へと反映させることである。つまり、セキュリティ権力は、諸個人を人口として統計的に把握し、それが環境との関係において保持するリスクに対して、コスト計算を通じて介入するのである。[10]

要約するなら、講義『セキュリティ・領土・人口』の中で、フーコーはセキュリティ権力を次の三点において定義している。

（一）セキュリティ権力は、自らが扱う現象を一連の蓋然的な出来事の中に挿入する。
（二）同時にその権力は、この現象への対応を、何らかの計算、つまりコスト計算の中に挿入する。
（三）以上からその権力は、最適と見なされる平均値を設定し、これを超えてはならないという許容限度を定める。[11]

（9）Michel Foucault, *Sécurité, territoire, population, Cours au Collège de France, 1977-1978*, Gallimard/Seuil, 2004, p. 8. 邦訳『安全・領土・人口』、高桑和巳訳、筑摩書房、二〇〇七年、八―九頁（私たちの観点を加えた要約）。
（10）Ibid., pp. 11-12. 邦訳同書、一三―一四頁。
（11）Ibid., p. 8. 邦訳同書、九頁（私たちによる要約）。

以上の三点を原発事故後の日本政府による避難指示区域の設定に適用すれば、その意味を次のように理解することができるだろう。

（一）セキュリティ権力は、放射能汚染に伴う避難指示区域の設定を、低線量被曝がもたらしうる発ガンリスクとの関係の中に挿入する。

（二）同時にその権力は、放射能汚染に伴う避難指示区域の設定を、経済的＝社会的コスト計算の中に挿入する。

（三）以上からその権力は、発ガンリスクとの関係において最も安全な数値として、年間の被曝限度量の長期的目標を一ミリシーベルトとするが、経済的＝社会的コスト計算に基づいて、中期的な許容限度を二〇ミリシーベルトとし、これを超える区域を避難指示区域に設定する。

ここから理解できるのは、次の二点である。第一に、政府による避難指示区域の設定基準が、単に放射能のもたらしうる発ガンリスクとの関係において決定されているのではなく、むしろ経済的＝社会的コスト計算を優先して決定されている、ということである。政府が発ガンリスクとの関係で最も安全な数値に従って避難指示区域を決定するなら、年間の被曝限度量を一ミリシーベルトとしなければならないだろう。しかし、そのような避難指示区域の設定はあまりにも経済的＝社会的コストがかかりすぎる。従って、中期的には、年間の被曝限度量を二〇ミリシーベルトに緩和して、膨大化する恐れのある経済的＝社会的コストを注意深く避けているのである。それはとりわけ、人口密集地域であり、経済的＝社会的に重要な都市であり、同時に汚染が深刻な地区を含む福島市と郡山市を避難指示区域から外す、という政府の決定において明確に現れている。

第二に、このようなセキュリティ権力のメカニズムが新自由主義的な価値に依拠している点に留意する必要がある。法的権力や規律権力は、権力の網目をできるだけ小さくして、自らの管理範囲内から一つの主体もこぼれ落ちないようにすることを目指すという、統制的な価値に依拠している。それに対して、セキュリティ権力は、新自由主義的な価値に依拠しつつ、すべての主体を自らの管理範囲内に収めることはむしろ経済的＝社会的コストがかかりすぎて好ましくないと考える。従って、セキュリティ権力は、自らの管理範囲からこぼれ落ちる主体が一定数存在することを積極的に容認し、コスト＝ベネフィット計算に基づいて社会的コストとベネフィットが均衡する点を決定し、それを限度量として設定するのである。これを低線量被曝の問題に当てはめれば、次のように言うことができる。セキュリティ権力は、経済的＝社会的コストの膨大化を避けるために、低線量被曝によってある程度の人間がガン死する可能性を許容する。つまり、新自由主義権力であるセキュリティ権力は、コスト＝ベネフィット計算に基づいて、人口全体のレベルの経済的＝社会的利益を優先し、一定数の「棄民」を死ぬに任せるのである。(12)

(12) 新自由主義的な権力メカニズムの特性については、以下で詳細に論じた。佐藤嘉幸、『新自由主義と権力――フーコーから現在性の哲学へ』、人文書院、二〇〇九年。

2　低線量被曝の影響評価と権力＝知

ここから私たちはさらに、「権力＝知」の「知」、すなわち科学的知の側に目を向けて、福島第一原発事故後にしばしば耳にする「一〇〇ミリシーベルト以下では健康に影響はない」という言明の意味について考察してみたい。私たちは原発事故後にこの言明を、原発推進派の工学者（いわゆる「原子力ムラ」に属する多くの工学者たち）、あるいは医師（例えば、放射線防護医である長崎大学の山下俊一、放射線医である東京大学の中川恵一など）の発言として、メディアにおいて何度も耳にしてきた。彼らは、被曝量に関して、健康に影響を与えるか否かを分ける「しきい値」が存在し、そのしきい値は一〇〇ミリシーベルトである、という「しきい値仮説」を取っている。しかし実際のところ、しきい値仮説は現在の科学的知においてほぼ否定されている考え方である。むしろ、しきい値なし・直線モデル（ＬＮＴモデル）こそが、現在の科学的知において主流の考え方なのである。(13) 例えば、原子力推進派の組織と見なされるＩＣＲＰでさえ、二〇〇七年の勧告（ICRP Publication 103）で以下のように述べている。

約一〇〇ミリシーベルト以下の線量においては不確実性が伴うものの、ガンの場合、疫学研究および実験的研究が放射線リスクの証拠を提供している。［……］基礎的な細胞過程に関する証拠は、線量反応データと合わせて、次の見解を支持していると委員会は判断する。すなわち、約一〇〇ミリシーベルトを下回る低被曝量域でのガンまたは遺伝性影響の発生率は、関係する臓器および組織の被曝量増加に比例して増加すると仮定するのが科学的に妥当である。(14)

この勧告を引用している今中哲二によれば、この見解に基づいてＩＣＲＰは、「低被曝量における疫学データが不十分であっても、生物実験データや細胞レベルでの知見を合わせて検討するなら、一〇〇ミリシーベルト以下の被曝に対してＬＮＴモデル［しきい値なし・直線モデル］を適用するのが適切である」(15)と述べているのである。

こうした「しきい値」の問題について、放射線の影響を研究した医療物理学者であり、一九六〇年代から原子力の危険性を訴え続けてきたジョン・Ｗ・ゴフマンの浩瀚な書物『人間と放射線』（一九八一年）を参照しよう。同書においてゴフマンは、しきい値なし・直線モデルを採用し、低線量被曝の危険性を証明している。彼は、広島・長崎の被爆者追跡調査（LSS：Life Span Study）を基にして、被曝線量とガン死のリスクの関係は、二ラドから三〇〇ラド（二〇ミリシーベルトから三シーベルト）の範囲でしきい値なしの直線関係（図６Ａ）、あるいは凸曲線関係（つまり低線量であるほど被曝線量に対する影響が大き

（13）低線量被曝は人体に有害であるどころか、むしろ免疫力を活性化して人体によい影響をもたらす、とする「ホルミシス効果」説は、ここでは考慮しない。島薗進は『つくられた放射線「安全」論』（河出書房新社、二〇一三年）において、「ホルミシス効果」説は主として原発推進派の科学者がＩＣＲＰの「厳しすぎる」基準を緩和すべく一九八〇年代以降展開した説である、と主張している。

（14）ICRP Publication 103, 2007, pp. 50-51. http://ani.sagepub.com/content/suppl/2013/06/25/37.2-4.DC1/P_103_JAICRP_37_2-4_The_2007_Recommendations_of_the_Interenational_Commission_on_Radiological_Protection.pdf　以下の引用による。今中哲二、『低線量放射線被曝——チェルノブイリから福島へ』、岩波書店、二〇一二年、一一〇頁。

（15）『低線量放射線被曝』、一一〇頁。

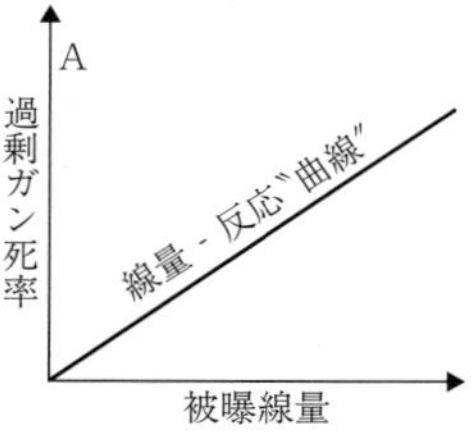

図６Ａ　しきい値のない直線関係の場合

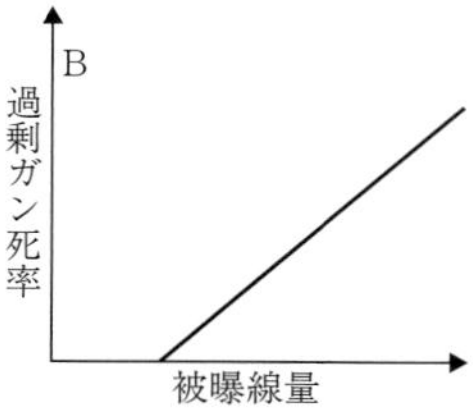

図６Ｂ　しきい値のある直線関係の場合

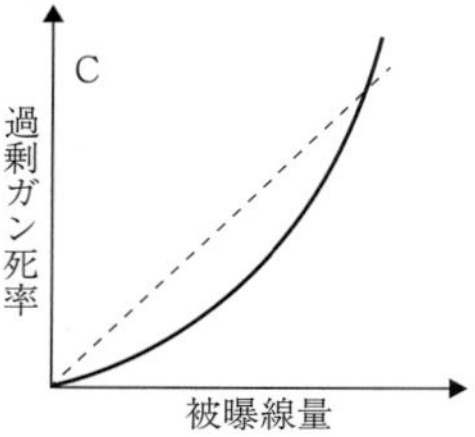

図６Ｃ　低線量で影響が小さくなる場合

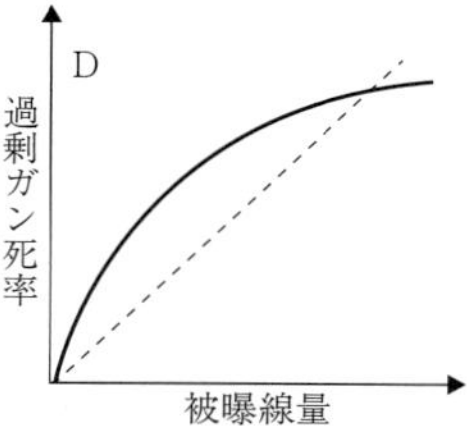

図６Ｄ　低線量で上に凸の曲線関係の場合

［図６Ａ−６Ｄ］（*Radiation and Human Health*, p. 371. 邦訳『人間と放射能』、319頁）

くなる）（図６Ｄ）であり、さらに、胎内被曝に関するスチュワートの研究を考慮すれば、〇・二五ラド（二・五ミリシーベルト）まで直線関係が成り立つ、と述べている。(16)

さらにゴフマンは、「しきい値」の存在を仮定する原子力推進派の科学者の仮説について以下のような批判的見解を述べている。

> まったく当然のことだが、原子力や医療放射線を積極的に使用している人たちは、「しきい値」がいずれ見つかるだろう、という願望を絶えず持っている。「しきい値」とは、その値以下の放射線量であれば、被曝しても害はない、という値のことである。また、この願望をもとにした考え方では、被曝線量の合計が多くても、（いわゆるしきい値以下の）小線量に何回かに分割して、時間をかけて

浴びれば（緩慢な進度で暴露されれば）害はない、ということにもなる。この「時間をかけて浴びれば」という願望が、分割照射は安全である、という意見の出所である。

もししきい値なるものが存在し、その値以下では害はなく、それ以上では線量に正比例するならば、グラフは図6Aではなく、図6Bのようになる。

図6Cも推進者たちが示すものであるが、図6Bとはやや違った願望が込められており、低線量になればなるほど影響も小さくなるというものである。害のない線量がないとしても、低線量になればなるほど一ラド［一〇ミリシーベルト］当たりの害もますます小さくなるので、非常に低い線量の害は取るに足らない、というのである。［……］

原子力や放射線医療の推進者たちにとって、図6Dは図6Aよりもなお都合が悪い。6Dは上に凸のカーブ、つまり低線量ほど一ラド当たりの影響がより大きくなる（より深刻になる）ことを示して

（16） John W. Gofman, *Radiation and Human Health*, Sierra Club Books, 1981, pp, 385-388. 邦訳『新版　人間と放射線』、今中哲二他訳、明石書店、二〇一一年（初版、社会思想社、一九九一年）、三三一―三三四頁。ジョン・W・ゴフマン（一九一八―二〇〇七年）は、カリフォルニア大学バークレー校で核物理学の博士号を、カリフォルニア大学サンフランシスコ校で医学の博士号を取得した。一九五四年、カリフォルニア大学バークレー校教授に就任。一九六三年には、ローレンス・リバモア国立研究所（エネルギー省の管轄下にあり、核兵器の研究開発をその主要任務とする）の副所長に就任し、アメリカ合州国原子力委員会の援助を受けて、放射線の影響についての研究に従事した。一九六九年に、低線量放射線の影響が少なくとも二〇分の一に過小評価されているとの結論に達して、一九七三年にローレンス・リバモア研究所、カリフォルニア大学を辞職し、以後は原子力の危険を訴えるための市民運動に携わった。

（17） Ibid., pp. 370-371. 邦訳同書、三一九―三二〇頁。

いる。[17]

ゴフマンによれば、原発推進派の科学者や医療放射線の積極的使用者には、「しきい値」が存在するという「願望」を持つ誘因がある。なぜなら、しきい値仮説に従えば、累積の被曝線量が多くても、しきい値以下の線量を何度かに分けて、時間をかけて被曝すれば安全であることになるからだ。従って、低線量被曝は「健康に影響はない」ということになる。しかし、ゴフマンによれば、分割照射しても被曝の影響はゼロになることはなく、影響は累積的である。例えば、米国ワシントン州のハンフォード原子力施設で働く労働者の職業被曝についてのマングーゾ、スチュワート、ニール、ゴフマンの研究によれば、対象とする労働者のうち、二〇年以上の雇用期間中に全部で一〇ラド（一〇〇ミリシーベルト）以上の被曝をした集団は、一年当たり平均一ラド（一〇ミリシーベルト）という緩慢な速度で被曝をしている。そしてその集団では、ガン死の一ラド当たりの過剰率が極めて高いことが判明している。[18]

またゴフマンは、低線量では修復メカニズムが働くのでしきい値は存在する、という説も明確に否定している。

ガンと放射線との直線関係を否定する人々が好む言葉に、「低線量では修復メカニズムが働き、傷は癒やされる」というものがある。〔……〕

DNAのある種の欠損に対する修復メカニズムは、幾つか存在する、そしてそれらは、損傷後数時間のうちに作用することがわかっている。しかし、DNA損傷のすべてが修復されるわけではない。これは多数の遺伝的疾患が実証している。〔……〕

さらに、「修復」という言葉を用いるだけでは、そのメカニズムが被曝線量の多少とどのような関係があるのか、という重大な問題に何ら答えてはいない。高線量では修復されないが低線量では修復される、と主張するためには、その修復メカニズムが低線量で有効に作用し、高線量になるにつれて効力が低下することを示さねばならない。発ガンに関してそのような証明がなされたことは、かつて一度もない。(19)

放射線の被曝量とDNAの切断の頻度は比例関係にある。DNAのたった一つの欠損がガンの原因になるとすれば、DNAの修復メカニズムのたった一つのエラーもガンを引き起こすことになる（低線量被曝においてDNAの修復メカニズムが一つ残らず完璧に作用するという根拠はない）。また、切断されたDNAは高線量の被曝では修復されないが、低線量の被曝では修復される、という主張には合理性がない。

以上からゴフマンは、しきい値の存在を明確に否定する。その根拠を要約すれば、以下のようになる。

（一）広島・長崎の被爆者追跡調査からは、しきい値が二ラド（二〇ミリシーベルト）以上であることはありえない。

（二）ハンフォード原子力施設における労働者の職業被曝の研究結果は、修復という考えにいっそ

(18) Ibid., pp. 404-405. 邦訳同書、三四六―三四七頁。

(19) Ibid., pp. 408-409. 邦訳同書、三五〇―三五一頁。

う反する。修復メカニズムが存在するなら明らかに発ガンを抑えられるはずの、年間約一ラド（一〇ミリシーベルト）という低線量率の被曝で、平均値よりも過剰な割合で労働者にガンが発生している。

（三）さらに、スチュワートによる胎内被曝の研究は、線量・反応関係が二五〇ミリラド（二・五ミリシーベルト）に至るまで直線であることを示している[20]。

ゴフマンが述べるようにしきい値が存在しないとすれば、たとえ低線量であれ、被曝量の増加に応じてガン死のリスクは増すことになる。従って、「しきい値」という概念は科学的概念ではなくむしろイデオロギー的概念であり、一〇〇ミリシーベルトという「しきい値」のみならず、ＩＣＲＰの勧告に従って日本政府が決定した年間二〇ミリシーベルトという「被曝限度量」以下であったとしても、被曝量はできるだけ低く抑えられるべきなのである。翻って述べるなら、年間二〇ミリシーベルトという日本政府の決定した「被曝限度量」は、経済的＝社会的コスト計算によって決定された数値であり、決して科学的数値ではない。それは言わば、「権力＝知」に基づいて、つまり国家権力と科学的知の結合関係に基づいて決定された数値なのである。この点について例えば、武谷三男らは『原子力発電』において以下のように述べている。「「しきい値」の存在が科学的に証明されない限り、［……］有害、無害の境界線としての許容量の意味はなくなり、放射線はできるだけ受けないようにするのが原則となる。そして、やむをえない理由がある時だけ、放射線の照射をがまんするということになる。どの程度の放射線量の被曝まで許すかは、その放射線を受けることが当人にどれくらい必要不可欠かで決める他にない。こうして、許容量とは安全を保障する自然科学的な概念ではなく、有意義さと有害さを比較して決まる社会科学的な概念であって、むしろ「がまん量」とでも呼ぶべきものである[21]」。武谷らの考えは、被曝には

「しきい値」が存在しない以上、被曝「許容量」という概念は純粋な科学的概念ではなく、被曝のリスクとベネフィットを考慮したコスト＝ベネフィット分析によって決定される経済＝社会的概念である、と考える点において、私たちの考えに極めて近い。

実際、ＩＣＲＰの放射線防護の一般原則はコスト＝ベネフィット分析に基づくものである。その原則とは、被曝線量を低減させるために要するコストを、それによって得られる経済的＝社会的ベネフィットと比較し、コストがベネフィットを下回る限りにおいて線量低減措置を行い、反対に、コストがベネフィットを上回る場合には人々に被曝を許容させる、というものである。例えば、一九七三年のＩＣＲＰ文書「線量は容易に達成できる限り低く保つべきであるという委員会勧告の意味について」（ICRP Publication 22）は「線量低減による経済的＝社会的ベネフィットが線量低減に必要な経済的＝社会的コストと等しくなるようにすることで、すべての線量を容易に達成できる限り低く制限できる[22]」と述べて、コスト＝ベネフィット分析への依拠を明示している。また、一九七七年のＩＣＲＰ勧告（ICRP Publication 26）は、「すべての被曝は、経済的および社会的な要因を考慮に入れながら、合理的に達成できる限り低く保たれねばならない[23]」という、いわゆるＡＬＡＲＡ（「合理的に達成できる限り低く」[As Law

（20）Ibid., pp. 410-411. 邦訳同書、三五二頁（私たちによる要約）。
（21）武谷三男編『原子力発電』、岩波新書、一九七六年、七一頁
（22）ICRP Publication 22, 1973, p. 4. http://ani.sagepub.com/content/suppl/2013/06/25/os-22.1.DC1/P_022_1973_Implications_of_Commission_Recommendations_that_Doses_be_Kept_as_Low_as_Readily_Achievable.pdf
（23）ICRP Publication 26, 1977, p. 3. http://ani.sagepub.com/content/suppl/2013/06/25/1.3.DC1/P_026_JAICRP_13_Recommendations_of_the_ICRP.pdf

As Reasonably Achievable」」）原則を提示している。「合理的に達成できる限り低く」とは、被曝線量は経済的＝社会的コストがベネフィットを上回らない限り（すなわち「合理的に達成できる限り」）においてのみ低減されるべきであるという、明確にコスト＝ベネフィット分析に依拠した被曝線量管理を意味しているのである。(24)

また、政府による避難指示区域設定の根拠として用いられた、ICRPの「福島原発事故」に関する声明は、二〇〇七年のICRP勧告（ICRP Publication 103）における、事故時の被曝「最適化」原則に従うものである。「最適化」原則とは、「経済的＝社会的要因を考慮して、被曝の発生確率、被曝する人の数、および個人線量の大きさのいずれをも合理的に達成できる限り低く抑えなければならない」(25)というものである。つまり、「最適化」原則とは、事故時における人々の被曝線量を最小化することを目指すものではなく、被曝によって失われる人命（ALARA原則の具体的適用の方法を検討したロジャースとダンスターは、被曝によって失われる一人の人命当たりの値段を一〇万―一〇〇万ドルと見なしている(26)）と、被曝管理、除染などの対策費用とを比較して均衡点を見出すような、経済的＝社会的なコスト計算に基づいて人々の被曝限度量を設定するものである。(27)

このように、被曝線量管理が経済的＝社会的なコスト計算に依拠しており、「被曝限度量」が単に経済的＝社会的な数値でしかないとすれば、なぜ原発推進派の科学者たちはなおも、「一〇〇ミリシーベルト以下では健康に影響はない」という言明を維持しうるのだろうか。今中哲二は、「「一〇〇ミリシーベルト以下は影響ない」は原子力村の新たな神話か？」という論文の中で、この問題を取り上げている。今中によれば、原発推進派の科学者たちによるこの言明の論拠は、広島・長崎の被爆者追跡調査のデータにおいて、一〇〇ミリシーベルト以下で、統計的な有意性を示す値が通常の判定基準より大きくなってしまう、という点にある。今中は同論文に、被爆者追跡調査のデータ全体から被曝量の大きなグループを順に除いていき、解析範囲を低い被曝量域にずらしながら、ガン死の過剰相対リスクを求めた表を掲載している（表1）。それによれば、被曝量の大きなグループを含む際には統計的有意性は明白であるが、一〇〇ミリシーベルト以下の被曝領域では、統計的有意性の判定に用いる値（p値）が、有意性の判定基準である〇・〇五よりも大きくなってしまう。[28]

---

(24) 中川保雄、『増補　放射線被曝の歴史』、明石書店、二〇一一年（初版、技術と人間、一九九一年）、一四二―一四六頁。以下も参照。「ＩＣＲＰによる放射線被曝を伴う行為の正当化の考え」、『原子力百科事典 ATOMICA』、高度情報科学技術研究機構、二〇一二年二月。http://www.rist.or.jp/atomica/data/dat_detail.php?Title_No=09-04-01-06

(25) ICRP Publication 103, 2007, p. 89.

(26) 『増補　放射線被曝の歴史』、一四六―一四八頁。「アメリカのロジャースとイギリスのダンスターが主導して、ＡＬＡＲＡ原則を具体的に適用するための経済的損得勘定の方法が検討された。それにはまず放射線被曝に伴うコストの内容を規定することが必要であったが、被曝防護に必要な施設や用具などの物的費用が含まれることはすぐにわかるが、問題は人的費用の方であった。放射線被曝による人的損害の費用をどのように考えるか、という問題であった。〔……〕当時、生命の通り相場は、およそ一〇万～一〇〇万ドルぐらいとされた。ＩＣＲＰもまたその程度と考えた。／ＩＣＲＰのリスク評価に従うと、一人のガン死は、一万人・レム（一〇〇人・シーベルト）の被曝線量で起こることになるので、一万人・レム（一〇〇人・シーベルト）が一〇万～一〇〇万ドルに相当するということになる。すなわち、人・レム（人・一〇ミリシーベルト）あたり一〇～一〇〇ドルとなる。ＩＣＲＰは、このような試算の結果が「一〇ドル～二五〇ドルの間にすべておさまっている」と、まるで一大法則を発見したかのように主張して、この換算式を「コスト・ベネフィット解析にじかに使うことができる」という結論を下した」。

(27) 稲岡宏蔵、「増補　フクシマと放射線被曝」、『増補　放射線被曝の歴史』、二九六―二九七頁。

(28) 『低線量放射線被曝』、一〇八―一〇九頁。

［表1］解析対象範囲を変えたときの1シーベルト当たりの過剰相対リスク（『低線量放射線被曝』、87頁）

解析対象被曝量(Sv)	1Svあたりの過剰相対リスク（SE）	p 値*
0〜4	0.47（0.05）	<0.001
0〜2	0.54（0.07）	<0.001
0〜1	0.47（0.10）	<0.001
0〜0.5	0.44（0.12）	<0.001
0〜0.2	0.76（0.29）	0.003
0〜0.15	0.56（0.32）	0.045
0〜0.125	0.74（0.38）	0.025
0〜0.1	0.64（0.55）	0.30
0〜0.05	0.93（0.85）	0.15

*片側検定値.

しかし、統計的に有意ではない、ということは、決して一〇〇ミリシーベルト以下ではガン死の増加が存在しない、という意味ではない。今中によれば、「広島・長崎データにおいて一〇〇ミリシーベルト以下で統計的に有意なガン死影響が認められていないことは、被曝影響がなかったということではなく、［喫煙や生活習慣などの］他の要因によるガン死に被曝影響がまぎれこんでしまい、統計的に有意な増加としては観察されなかったと解釈すべきである」(29)。一〇〇ミリシーベルト以下ではガン死過剰相対リスクはゼロになることはなく、むしろ大きくなる傾向が認められる。つまり、被曝量とガン死過剰相対リスクの関係は、低線量域では直線ではなくむしろ凸型曲線に近いのだが、統計的にはその増加を有意と見なすことが困難だ、として被曝影響の科学的因果関係が否定されてしまうのである。

しかしながら、一九九〇年代以降の疫学理論においてはむしろ、統計的有意差の有無を判断する p 値に依拠しすぎて、重要な定量的情報を見逃さないようにすることが推奨されている(30)。従って、統計的有意性のみに依拠して一〇〇ミリシーベルト以下の被曝影響を否定することは、科学的にも誤った判断であると言える。そもそも、広島・長崎の被爆者データでは、一〇〇ミリシーベルト以下の被曝者は全年齢層あわせて六万八四七〇人だが、それに対して、福島第一原発事故では、福島県発表の被曝推計量における一ミリシーベルト以上の被曝者が一四万八六八五人であり、広島・長崎のデータに依拠して福島のデータを否定することは、福島の母集団の方が大きいという意味で、まさしく本末転倒と言わざるをえないのである。(31)

さらには、原爆攻撃の加害者側であるアメリカ合州国の機関ABCC（原爆傷害調査委員会）が作成した被爆者追跡データの信憑性には問題があり、この調査は原爆被害を低く見積もろうとしている、という指摘もある。中川保雄の『放射線被曝の歴史』は、ABCCの調査の問題点を以下のように整理している。「第一に、被爆後数年間の間に放射線被爆の影響で高い死亡率を示した被爆者の存在がすべて除外されている。／第二に、爆心地近くで被爆し、その後長く市外に移住することを余儀なくされた高線量被爆者が除外されている。／第三に、ABCCが調査対象とした直接被爆者は一九五〇年の時点で把握されていた直接被爆者数、二八万三五〇〇人のおよそ四分の一ほどでしかなかった。しかも、調査の重点は二キロメートル以内の被爆者におかれ、遠距離の低線量被爆者の大部分は調査の対象とすらされなかった。／第四に、そのうえでABCCは高線量被爆者と低線量被爆者とを比較対照するという誤った方法を採用して、放射線の影響を調査したのであった。／第五に、年齢構成の点においても、ABCCが調査対象とした集団は、若年層の欠けた年齢的に片寄った集団であった」(32)。このように、一〇〇ミ

(29) 同書、一一一頁。
(30) 津田敏秀・山本英二・鈴木越治、「100mSv 以下の被曝では発がん影響がないのか——統計的有意差の有無と影響の有無」、『科学』第八三巻七号、岩波書店、二〇一三年。
(31) 津田敏秀、『医学的根拠とは何か』、岩波新書、二〇一三年、九五—九六頁。
(32) 『放射線被曝の歴史』、一〇六—一〇七頁。

リシーベルトをしきい値とする根拠であるＡＢＣＣの調査データそのものが、放射線被曝の影響を過小評価したものである可能性が高いのである。

低線量被曝した集団に、通常の集団に対するガン死の増加が認められても、そのデータに統計的有意性が確保されなければ、そのガン死の増加は存在しないものと見なすことが可能となる。そこから、原発推進派の科学者たちが、「一〇〇ミリシーベルト以下では健康に影響はない」と言明することが可能になってしまうのである。科学は、科学的厳密性を追求することによって、ある事象とリスクの因果関係を否定することができる。まさしくこのような意味において、チェルノブイリ原発事故の直後に出版された『リスク社会』において、ウルリッヒ・ベックは次のように述べたのである。「科学性の基準を厳密に言えば言うほど、リスクだと判定されて科学の対象となるリスクはほんのわずかになってしまい、そして結果的に、暗にリスク増大の許可書を与えることになる。強いて言うなら、科学的分析の「純粋性」にこだわることは、大気、食品、土壌、さらに食物、動物、人間の汚染につながる。科学性を厳密にすることで、生命の危険は容認され、あるいは助長される。厳密な科学性と生命の危険とは、密かな連帯関係にある(33)」。

あるいは、低線量被曝によるガン死の増加は、被曝の影響とは別の要因に帰せられてしまう。そうした別の要因として、原発推進派の科学者やある種の医師たちは、しばしば原発事故に伴う精神的ストレスを挙げる。確かに、ストレスは免疫系に悪影響を与え、ガンの原因にもなりうると言われている。しかし実際には、ストレスとガンの間の因果関係は科学的に証明されていない。また、低線量被曝よりストレスの方が体に悪影響を及ぼすという科学的知見もない。従って、「低線量被曝の影響よりも、放射能を恐れることに起因する精神的ストレスの方が健康に悪い」という言説は、「被曝とは別の要因」を強調することで、むしろ被曝の影響を隠蔽する効果を持っているのである。

このように考えれば、一〇〇ミリシーベルトを被曝影響のしきい値とする原子力推進派の科学者たちの見解は、決して純粋に科学的な立場から提示されているわけではないことがはっきりと理解できる。しきい値は存在しないという見解が科学的知見の主流を占めつつある中で、一〇〇ミリシーベルトが被曝影響のしきい値であると主張することは、低線量被曝の影響を隠蔽するようなある種の「権力＝知」と関連を持っている。つまりそうした主張は、原発事故の経済的＝社会的コストを少なく見せようとし、そして実際に少なくしようとする国家権力の立場と、深く結びついているのである。(34)

3　放射能汚染と避難の権利

望むと望まざるとにかかわらず、もはや放射能に汚染された世界の中で生き、その世界と向き合っていかなければならない私たちにとって、以上のようなフーコー的考察を、福島第一原発事故後の具体的

(33) Ulrich Beck, *Risikogesellschaft : Auf dem Weg in eine andere Moderne*, Suhrkamp, 1986, S. 82-83.『危険社会――新しい近代への道』、東廉・伊藤美登里訳、法政大学出版局、一九九八年、九七頁。

(34) 私たちの考えでは、しきい値の問題を論じる際に権力＝知の結合関係に常に留意しなければ、国家による低線量被曝の影響の隠蔽という重要な論点を取り逃すことになる。最近の哲学研究者の仕事で言えば、一ノ瀬正樹『放射能問題に立ち向かう哲学』（筑摩選書、二〇一三年）は、しきい値を科学的なものとして無批判に肯定し、しきい値の背後にあるこうした権力＝知の結合関係をまったく考慮していない。そして、自らの功利主義的な分析において、権力＝知が採用するようなコスト＝ベネフィット分析を無意識に反復している。

な社会状況の中で活用していくことは重要だと思われる。私たちは以上の考察から、被曝線量には「しきい値」が存在せず、年間二〇ミリシーベルトという「被曝限度量」も経済的＝社会的なコスト計算に基づいて政府が示したものに過ぎない以上、被曝量は可能な限り少ない方がよい、という点を理解することができた。このような考察から具体的に提案できるのは、以下の点である。もし汚染地域の住民が自主避難を望み、また強制避難者、自主避難者が避難先への定住を希望するのであれば、それは経済的＝社会的に援助されるべきであるし、そのための経済的負担は、これまで原子力政策を推進してきた国家によって補償されるべきである。とりわけ、原発推進の社会的決定にまったく関与していないにもかかわらず、放射能に対して感応性が強く、放射能の被害を最も受けやすい子供たちのために、避難の権利が経済的＝社会的に保証されるべきである。この点については、チェルノブイリ原発事故の五年後に制定されたウクライナ共和国のいわゆる「チェルノブイリ法」が参考になる。この法律は、制定時に年間五ミリシーベルト以上の汚染地域を義務的移住区域（段階的な「計画的避難」区域）に、年間一—五ミリシーベルトの汚染地域を保証された自主的移住区域（「移住の権利」が認められる区域）に指定している[35]。

当然のことながら、現在もすべての人々が汚染地域からの避難の「自由」を持っている。しかし同時に、収入や雇用が確保できないといった経済的困難や、住み慣れた土地を離れるという心理的苦痛によって、避難が、避難した人々の生活を崩壊させる可能性を否定することはできない。従って、避難は「義務」であるべきではなく、むしろ、避難を希望する人々に、その「権利」が経済的＝社会的に保証されるべきである。また、残留を希望する人々、とりわけ子供については、放射線量の低い地域での定期的な「保養」という手段による脱被曝の権利が、経済的＝社会的に保証されるべきである。

二〇一二年六月、「原発事故子ども・被災者支援法」[36]が国会で成立し、汚染地域からの避難を国が「支援」すべきであることが法律に明文化された。しかし同法は、汚染地域の定義も、具体的な「支援」の内容も一切明示しておらず、単なる理念法にとどまっている。その後、法律の成立から一年以上経った二〇一三年一〇月になって、被災者支援法の具体的施策を規定した「基本方針」[37]がようやく閣議決定されたが、支援対象地域が福島県浜通り、中通りに限定されているばかりではなく、既に実施済みの施策が九割以上である、健康診断費や医療費の減免が先送りされている、自主避難者への支援策が限定的

（35）以下を参照。関西学院大学災害復興制度研究所・東日本大震災支援全国ネットワーク・福島の子供たちを守る法律家ネットワーク編、『原発避難白書』、人文書院、二〇一五年、第Ⅳ部第一〇章、尾松亮、「チェルノブイリ原発事故「避難者」の定義と避難者数の把握――ロシア・チェルノブイリ法の例を参考に」。辰巳雅子、「ベラルーシの経験を踏まえて日本で応用する力を――国や民族の違いを超えて」、田口卓臣・高橋真由編、『ベラルーシから学ぶ私たちの未来――チェルノブイリ原発事故と福島原発事故を振り返る』、宇都宮大学国際連携シンポジウム報告書、二〇一二年。http://www.kokusai.utsunomiya-u.ac.jp/fis/pdf/tabunkah_1.pdf　ＥＴＶ特集「原発事故　国家はどう補償したのか――チェルノブイリ法　23年の軌跡」、二〇一四年八月二三日放送。「チェルノブイリ法」は社会主義体制であったソ連時代末期のウクライナ共和国で施行されたため、移住者に対しては、国家によって移住先での住居と職業が保証されていた。その点は、日本とは状況が根本的に異なっている。ウクライナ共和国の被災者に対する補償枠組みは、ソ連崩壊後、ウクライナ共和国の財政難の現状では十分に機能していないが、その理念と汚染地域の定義は法律に明記されており、現在も維持されている。私たちはその理念に学ぶべきである。

（36）「原発事故子ども・被災者支援法」は以下で閲覧可能。http://houseikyoku.sangiin.go.jp/bill/pdf/180-022.pdf

（37）復興庁、「「被災者生活支援等施策の推進に関する基本的な方針」に関する施策とりまとめ」、二〇一三年一〇月一一日。http://www.reconstruction.go.jp/topics/main-cat8/sub-cat8-1/20131011_betten3_matome.pdf

で不十分である、などその内容には問題が多い[38]。さらに、二〇一五年八月、政府は「基本方針」を改定し、「支援対象地域は、線量が発災時と比べ大幅に低減し、新たに避難する状況にない[39]」（復興庁の原案には「新たに」という言葉は存在せず、「支援対象地域は、線量が発災時と比べ大幅に低減し、避難する状況にない」であった[40]）として、以後は支援対象地域を縮小、撤廃し、強制避難者、自主避難者の帰還促進に重点を置く方針を示している。これは、強制避難、自主避難にかかわらず、避難者全体への支援の縮小、打ち切りを示唆するものである。実はこうした方針は、二〇一五年六月に改定された「福島復興加速化指針」の中で既に示されていた。その中で政府は、居住制限区域、避難指示解除準備区域を二〇一七年三月までにすべて解除し、また解除時期にかかわらず二〇一七年三月で避難慰謝料の支払いを打ち切る方針を明記している。これは、事故後六年の時点での当該地域からの強制避難者の帰還方針を明確に示したものである[41]。政府のこの決定を受けて福島県は、同じく二〇一五年六月、自主避難者と避難指示が解除された地域からの強制避難者について、二〇一七年三月末で住宅の無償提供を打ち切る方針を示している。これは、自主避難者と、当該地域からの強制避難者の帰還方針を明示したものである[42]。しかしながら、除染作業が続く現在も土壌汚染は依然として広範囲に残存しており、事故後六年を転換点とした強制、自主避難者の帰還推進は早急であると言わざるをえない。避難者が自分の故郷に帰還するか否かは、国家ではなくあくまでも避難者自身が自己決定する問題であるはずである。

避難指示区域一一市町村の住民に対して、復興庁、福島県、該当市町村が二〇一四年に共同で実施したアンケート調査によれば、帰還を希望する人は全体の二五・五％に過ぎず、帰還しないと決めている人は四〇・三％、帰還するかどうか判断を保留する人は二八・一％に上る[43]。つまり、国の指示によって避難指示が解除されても、そこに住民の多くが帰還するかどうかはまったく不透明なのである。避難、帰還に関する住民の自己決定を重視するという意味で、福島第一原発事故による避難者への経済的＝社会的支援は必要不可欠であり、その支援は、これまで国策として日本各地に原発を作り続けてきた国家によって責任を持ってなされねばならない[44]。

(38)「原発事故子ども・被災者支援法」の様々な問題点については、以下で詳しく論じられている。日野行介、『福島原発事故　被災者支援政策の欺瞞』、岩波新書、二〇一四年。

(39) 復興庁、「「被災者生活支援等施策の推進に関する基本的な方針」の改定について」、二〇一五年八月二五日。http://www.reconstruction.go.jp/topics/m15/08/20150825144311.html

(40) 復興庁、「子ども被災者支援法　基本方針改定案」、二〇一五年七月。http://www.reconstruction.go.jp/topics/main-cat2/20150817_kaigisiryou.pdf

(41)『原発避難白書』、六五―六八頁。原子力対策本部、「原子力災害からの福島復興の加速に向けて」改訂、二〇一五年六月一二日。http://www.meti.go.jp/earthquake/nuclear/kinkyu/pdf/2015/0612_02.pdf

(42)『原発避難白書』、二九頁。

(43)「東日本大震災：福島第一原発事故「避難先から帰還」に地域差」、『毎日新聞』、二〇一五年四月五日。

(44) 原発避難と脱被曝の問題については、結論において改めて詳述する。

第二章　予告された事故の記録

――「安全」イデオロギー批判Ⅰ(1)

二〇一一年三月一一日の震災と津波が引き起こした福島第一原発事故を、発電所の運転主体である東京電力は、「想定外」の大規模自然災害による不可抗力的な事故であった、と主張している。しかし、実際のところ、事故は本当に「想定外」だったのだろうか。原発に対する地震と津波の二重の危険性は、地震学者の石橋克彦によって既に一九九七年に主張されていたし、また多くの批判的科学者たちが、原発における過酷事故の可能性について、既に一九七〇年代から警告を発していた。

本章ではまず、石橋克彦の論文「原発震災――破滅を避けるために」を取り上げ、事故が本当に「想定外」であったのかどうかを検証し、次に、一九七三年から一九九二年まで争われ、日本初の科学訴訟と言われる伊方原発訴訟第一審と、その訴訟に関わった批判的科学者たちの主張を検討する。私たちがこれらの批判的科学者たちの見解を検討するのは、原発をめぐる「安全」イデオロギーの典型的な構造

(1) 本章のタイトル「予告された事故の記録」は、以下における浅田彰の発言に示唆を受けている。「田中康夫と浅田彰の憂国呆談2」talk 39、『ソトコト』、二〇一一年六月。http://www.sotokoto.net/jp/talk/?id=41

を明らかにし、さらに、核カタストロフィをめぐる「想像力の限界」（ギュンター・アンダース）について考察するためである。

1　事故は予告されていた

1‐1　「原発震災」は予告されていた

福島第一原発事故は、「想定外」であるどころか、ほぼそのままの形で予見されていたし、発電所の運転主体である東京電力や、規制機関である原子力安全委員会もそのことを知っていた。にもかかわらず、なぜ福島第一原発事故のような過酷事故を防ぐことができなかったのだろうか。この点について考察するために、まず石橋克彦（当時、神戸大学都市安全センター教授）が一九九七年に雑誌『科学』に発表した論文「原発震災――破滅を避けるために」[2]を取り上げよう。石橋克彦は地震学者であり、一九七六年以来、来るべき東海地震に備えるよう、一貫して警告を発してきた。そして、一九九七年の論文「原発震災」は、大地震が原発事故の引き金となり、震災と原発事故とが複合的な大災害を起こす危険性を指摘して、それを「原発震災」と名付けたのである。この論文は、主として福井県の原発密集地帯や、静岡県の浜岡原発における地震と原発事故の複合災害の可能性を警告したものであったにせよ、今回福島第一原発で起こった事故とその影響を、ほぼ正確に予見していた。その内容を詳しく見てみよう。

論文「原発震災」において石橋は、マグニチュード八級の大地震が予測されている東海地震の想定震源域の真上にある、浜岡原発に注意を向けている。まず石橋は、東海地震が起これば浜岡原発は大規模な地盤破壊と津波に襲われると警告する。

地震時に浜岡は一メートル程度隆起すると考えられるが、それに伴って地盤が傾動・変形・破壊すれば原発にとっては致命的だろう。津波に関して中部電力は、最大の水位上昇が起こっても敷地の地盤高（海抜六メートル以上）を越えることはないと言うが、一六〇五年東海・南海巨大津波地震のような断層運動が併発すれば、それを越える大津波もありうる。(3)

ここで石橋は、東海地震による地盤の破壊が原発にとって致命的であると指摘する。原発とはまさに配管の集積体であって、それらの配管が地震によって破壊されれば、一次冷却材喪失事故（LOCA：Loss of coolant accident）――炉心を冷やすための冷却水が失われる事故――のような重大な事態を引き起こしかねない。つまり、原子炉が停止しても燃料を冷却することができないという福島第一原発事故のような事態が生じうる、ということである。福島第一原発も、津波以前に既に地震によって大きな損傷を受けていたという見方がある。例えば、元原子炉製造技術者の田中三彦は、福島第一原発一号機が、津波以前に既に地震によって一次冷却材喪失事故を起こしていた、という見解を示している。(4) 石橋はまた、中部電力の津波の想定についても、それが低すぎる可能性を指摘している。

ここから石橋は、東海地震のような大地震が原発に及ぼす影響として、原発において多数の故障が同時多発するという可能性を指摘する。

(2) 石橋克彦、「原発震災――破滅を避けるために」、『科学』第五七巻一〇号、岩波書店、一九九七年。
(3) 同前、七二三頁。
(4) 田中三彦、「原発で何が起きたのか」、石橋克彦編、『原発を終わらせる』、岩波新書、二〇一一年。

原発にとって大地震が恐ろしいのは、強烈な地震動による個別的な損傷もさることながら、平常時の事故と違って、無数の故障のいくつもが同時多発することだろう。とくに、ある事故とそのバックアップ機能の事故の同時発生、例えば外部電源が止まり、ディーゼル発電機が動かず、バッテリーも機能しないというような事態が起こりかねない。したがって想定外の対処を迫られるが、運転員も大地震で身体的・精神的影響を受けているだろうから、対処しきれなくて一挙に大事故に発展する恐れが強い。このことは、最悪の地震でなくても当てはまることである。(5)

大地震によって、さらには大地震と大津波によって、原発は無数の故障が多発するような大きなダメージを受ける可能性がある。とりわけ、「ある事故とそのバックアップ機能の事故の同時発生、たとえば外部電源が止まり、ディーゼル発電機が動かず、バッテリーも機能しないというような事態」(これは、まさしく二〇一一年三月一一日に福島第一原発で起こった事態そのものである)が起きれば、原発を大事故から守るとされる「多重防護」の機能がすべて失われてしまう。そのとき、原発が一気に過酷事故の方向へと突き進んでいくことは、私たちが二〇一一年三月に経験したことそのものである。また、大地震とその余震の下で、原発の運転員たちがこうした複合的な障害に対処できず、事故を拡大するに任せてしまうことも、私たちが二〇一一年三月に明白に知ったところである。福島第一原発事故では、外部電源とバックアップ電源の喪失によって、非常用冷却装置(ECCS)も機能しなくなり、炉心が冷却不可能になっただけでなく、原子炉の圧力を下げるベントさえ不可能な状態に陥った(ベント弁を開けるためには電源が必要であり、手動でベント弁を開ける作業は作業員の誰も経験したことのないものであったため、困難を極めた)(6)。原発においてこうした複合的な故障が起きる中で、過酷事故を経験したことのない作業員たちが適切な対応を取れず、事故の拡大を止められなかったことは、むしろ当然とさえ言える。さらに石橋は、冷却水の喪失と炉心溶融、さらには複数の原子炉における連鎖的な事故の可能性を指摘する。

原子炉が自動停止するというが、制御棒を下から押し込むBWR〔沸騰水型原子炉〕では大地震時に挿入できないかもしれず、もし蒸気圧が上がって冷却水の気泡がつぶれたりすれば、核暴走がおこる。そこは切り抜けても、冷却水が失われる多くの可能性があり（事故の実績は多い）、炉心溶融が生じる恐れは強い。そうなると、さらに水蒸気爆発や水素爆発がおこって格納容器や原子炉建屋が破壊される。二〇年前後を経過して老朽化している一、二号機がいちばん心配だが、四基すべてが同時に事故を起こすこともありうるし、どれか一基の大爆発が他の原子炉の大事故を誘発することも考えられる。その結果、膨大な放射能が外部に噴出される。さらに、爆発事故が使用済み燃料プールに波及すれば、ジルコニウム火災などを通じて放出放射能がいっそう莫大になるという推測もある。(7)

（5）「原発震災——破滅を避けるために」、『科学』第五七巻一〇号、七二三頁。
（6）例えば以下を参照。東京電力福島原子力発電所事故調査委員会、『国会事故調調査報告書』、二〇一二年、二五九頁。以下で閲覧可能。http://naiic.tempdomainname.com/pdf/naiic_honpen.pdf　なお、この事実を最初に明らかにしたのは、『ニューヨーク・タイムズ』の以下の記事である。Hiroko Tabuchi, Keith Bradsher, Matthew L. Wald, "In Japan Reactor Failings, Danger Signs for the U.S.", *New York Times*, May 17, 2011.
（7）「原発震災——破滅を避けるために」、『科学』第五七巻一〇号、七二三頁。

日本の多くの原発では、一つの発電所内に複数の原子炉が稼働している。これは、反対運動の激化によって新たな原発立地を探すことが困難になった一九七〇年代以降、電力会社が一つの発電所内に新たな原子炉を何機も増設してきた結果である。一つの原子炉で炉心溶融が起こり、大量の放射能が外部に放出されれば、付近の放射線量が上昇するために、隣接する原子炉、近隣の原発（福島第一原発、第二原発のケースのみならず、もんじゅを含めて一四基の原子炉が集中する福井県若狭湾のケースを想起せよ）[8]における事故対策も困難になる。そうした事態が複数の原子炉において連鎖的な事故を生起させるのである。また石橋は、原子炉に隣接する使用済み燃料プールに多量の燃料が保管されていることが引き起こす危険性（福島第一原発の場合であれば、四号機核燃料プールがそれに当たる）も、正確に指摘している。

石橋は、こうした大震災と原発事故の複合災害、すなわち「原発震災」[9]がもたらす甚大な被害の可能性を、瀬尾健（元京都大学原子炉実験所助手、いわゆる「熊取六人組」の一人）の著作に依拠しつつ、次のように指摘する。

> 瀬尾によると、出力一一〇万キロワットの浜岡三号炉が事故を起こした場合、風下側一七キロメートル以内で九〇%以上の人が急性死し、南西の風だと首都圏を中心に四三四万人が晩発性障害（ガン）で死ぬという［注：炉心が溶融して格納容器の床に落下し、水蒸気爆発が起こって格納容器が破壊した場合。気象条件は風速二メートル、大気安定度D型で、放射能雲は風下に向かって一五度の角度で広がると想定。ただし、この種の評価には大きな幅があり、これは最大級の見積もりかもしれない］。また、チェルノブイリ事故の際の白ロシア共和国の避難基準によれば、茨城県や兵庫県までが（風下の場合）長期間居住不可となる。[10]

瀬尾に依拠しつつ石橋が示す事故影響評価は、風下一七キロメートル以内で九〇%の人が急性死、首都圏を中心に四三四万人がガンで死去、茨城県から兵庫県までが長期居住不可、などまさにカタストロフィックなものであり、このような恐るべき規模の「事故」を私たちはうまく想像することができない(これはギュンター・アンダースの述べる「想像力の限界」の問題と関わっており、後に詳述する)。驚くべきことに、二〇一一年三月二五日、当時の首相、菅直人の要請によって原子力委員会委員長、近藤駿介が作成した事故の最悪シナリオは、一号機から三号機までの水素爆発と、一号機から四号機までの使用済み燃料プールからの放射性物質放出によって、半径一七〇キロメートル以上の範囲での住民の強制移転、半径二五〇キロメートル以上の範囲での希望者の移転の容認など、首都圏を含む広範囲で住民避難が必要になる可能性を示唆していた[11]。つまり、このような状況は決して絵空事ではなく、むしろ二〇一一年三月当時ありえた状況であり、今後もありうる状況なのである。

(8) 福島第一原発事故後の原発再稼働に当たって、原子力規制委員会はこうした複合災害を相変わらずまったく考慮していない。以下を参照。「高浜3・4号機　意見公募　答えず「適合」」、『東京新聞』、二〇一五年二月一三日。「高浜原発が立地する若狭湾周辺には、関電大飯、美浜、日本原子力発電敦賀の三原発、高速増殖原型炉「もんじゅ」もあわせ計十四基が立ち並ぶ。同時多発的に事故が起き、事故収束の要員が不足したり、他の原発から高濃度の放射性物質が飛来し、高浜での作業ができなくなったりする懸念の声も寄せられた。／規制委は、各原発で十分な要員や資材を準備しており、「それぞれの炉で独立して事故対応にあたれる」と回答。寄せられた疑問には直接答えなかった。／記者会見で、集中立地の問題を問われた田中俊一委員長は「同時多発的に起きても、それぞれのところできちっと対策が取れる」とかわした」。
(9) 瀬尾健、『原発事故……その時、あなたは!』、風媒社、一九九五年。
(10) 「原発震災――破滅を避けるために」、『科学』第五七巻一〇号、七二三頁。

ここから石橋は、震災と原発事故の複合的災害を「原発震災」と名付け、その特異な状況を、次のように予想している。

東海地震による〝通常震災〟は、静岡県を中心に阪神大震災より一桁大きい巨大災害になると予想されるが、原発災害が併発すれば被災地の救援・復旧は不可能になる。いっぽう震災時には、原発の事故処理や住民の放射能からの避難も、平時に比べて極度に困難だろう。つまり、大地震によって通常震災と原発災害が複合する〝原発震災〟が発生し、しかも地震動を感じなかった遠方にまで何世代にもわたって深刻な被害を及ぼすのである。膨大な人々が二度と自宅に戻れず、国土の片隅でガンと遺伝性障害におびえながら細々と暮らすという未来図も決して大げさではない[12]。

震災による被害に原発事故が重なれば、被災地は原発から漏れた放射性物質のために放射線量が高くなり、被害者の救援や被害の復旧が不可能になる。これはまさしく、二〇一一年三月の福島で起こった事態（原発事故による放射線量の上昇のために、津波や地震による被害者を捜索、救援することができなかった）であり、現在も続いている事態である。また、原発事故によって放出された放射性物質のために、ガンのような晩発性障害が多発する可能性があるだけでなく、放射線量が高い地域は長期間にわたって人が住めなくなる、という点も同じである。このように、石橋が「原発震災」と名付けて予告した状況は、二〇一一年三月以降、まさに私たちが置かれた状況に他ならない。「原発震災」の可能性を適切に予測した石橋は、「防災対策では原発震災をなくせないのは明らかだから、根本的には、原子力からの脱却に向かって努力すべきである[13]」と述べて本論文を締め括っている。このような結論は、先に示された

「原発震災」の過酷さを考えるなら完全に妥当なものだと考えられる。

では、「原発震災」の可能性を適切に予測した石橋の論文に対する原子力関係者の反応は、どのようなものだったのだろうか。以下で、石橋論文に対する原子力関係者のコメントを見てみよう（石橋論文に関連して、東海地震に伴う「原発震災」の可能性を検討した、静岡県議会資料による）(14)。

まず、班目春樹（元東京大学大学院工学系研究科教授、専門は原子力工学、事故当時、原子力安全委員長）の見解は、次のようなものである。

（一）「「外部電源が止まり、ディーゼル発電機が動かず、バッテリーも機能しなくなる」という可能性について」

原子力発電所は、二重三重の安全対策がなされており、安全にかつ問題なく停止させることができ

---

(11) 近藤駿介、「福島第一原子力発電所の不測事態シナリオの素描」、二〇一一年三月二五日。内閣府より情報開示を受けた文書が以下で公開されている。http://www.asahi-net.or.jp/~pn8r-fjsk/saiakusinario.pdf

(12) 「原発震災——破滅を避けるために」、『科学』第五七巻一〇号、七二三頁。

(13) 同前。

(14) 以下の発表資料の要約による。石橋克彦、「「福島原発震災」の彼方に」、緊急院内集会「「福島原発震災」後の日本の原子力政策を考える」、参議院議員会館、二〇一一年四月二六日。http://historical.seismology.jp/ishibashi/opinion/110426kinkyu_innai.pdf 全文は以下に掲載されている。「［静岡県議会資料より］石橋論文に関連して静岡県から科学技術庁／通商産業省への照会に対する回答、および静岡県原子力対策アドバイザーの見解」、『科学』第八一巻七号、岩波書店、二〇一一年。全文でも同様に、国と四人のアドバイザーによる石橋論文の否認が長々と続いている。

るよう設計されている。

（二）「爆発事故が使用済み燃料プールに波及すれば、ジルコニウム火災などを通じて放出放射能がいっそう莫大になる」という可能性について」

① なぜこのようなことが起こりうるのか、論拠がわからない。

② 指摘しているような事象は、原子力工学的には起こりえないと考える。

（三）津波は引き津波が問題であると考えているが、十分な対策を行っていると考えている。

（四）石橋氏は東海地震については著名な方のようであるが、原子力学会、特に原子力工学の分野では、聞いたことがない人である。

一点目から見てみよう。石橋論文が指摘する「外部電源が止まり、ディーゼル発電機が動かず、バッテリーも機能しなくなる」という可能性は、大地震（津波を含む）によって無数の故障が同時多発的に連鎖し、そのために「多重防護」という原発の設計思想そのものが無効化されるという危険を指摘したものだが、班目は「多重防護」という「安全」イデオロギーを繰り返し、このような可能性を否認している。

第二点の、石橋論文が指摘する「爆発事故が使用済み燃料プールに波及すれば、ジルコニウム火災などを通じて放出放射能がいっそう莫大になる」という可能性については、まさに福島第一原発事故直後に、四号機燃料プールについて最も懸念された可能性（その懸念に基づいてアメリカ合州国政府は、二〇一一年三月一六日付で、日本在住の自国民に対して発電所から半径八〇キロメートルからの退避を勧告した）であるが、ここでも班目は「論拠がわからない」、「原子力工学的には起こり得ない」と、（彼こそが）論拠を示さない否認を繰り返すのみである。

第三点の津波対策については、まさに福島第一原発が十分にその対策を行っておらず、発電所に致命傷を与えた要因であり、福島第一原発事故後、他の多くの原発でも同じように不十分な対策しか取られていなかったことが明らかになった点であるが、ここでも班目は単にその事実を否認するのみである。

第四点は、石橋を「原子力学会、特に原子力工学の分野では、聞いたことがない人」と形容して、「専門家」（すなわち原子力推進側の学者）の立場から石橋に「非専門家」というレッテルを貼り、石橋論文の価値を貶めようとするものである。

次に、小佐古敏荘（東京大学大学院工学系研究科教授、専門は原子力工学、事故直後より内閣参与）の反応を見るが、これも、「専門家」の立場から石橋論文の価値を否認する点で同様の反応を示している。

（一）［核暴走と炉心溶融という過酷事故が発生すると、炉心で大規模な水蒸気爆発や水素爆発や核的爆発を生じ、防護を破壊して大量の放射能を外界に撒き散らす危険性が著しく高まることについて］
① スリーマイルアイランドとチェルノブイリ原子力発電所の事故は、ほぼ同規模の事故と考えられるが、チェルノブイリ原子力発電所は原子炉格納容器を設けるなどの防護対策がなされていなかったので、多量の放射能が放出された。
② 国内の原子力発電所は、防護対策（格納容器など）がなされているので、チェルノブイリ原子力発電所の事故のような多量の放射能の外部放出はまったく起こりえないと考える。
（二）石橋論文は、書いてあることが相当本質をつくものであれば関連学会で取り上げられるはずだが、保健物理学会、放射線影響学会、原子力学会で取り上げられたことはない。

（三）学会誌の論文掲載は、通常三名程度の査読員で検証したうえで行っており、論文の論拠を明確にしつつ行うものであるが、岩波書店の『科学』は自由に意見を述べられる、いわゆる雑誌であって、このような形を取る学会誌ではない。

（四）論文掲載にあたって学者は、専門的でない項目については慎重になるのが普通である。石橋論文は、明らかに自分の専門外の事項についても根拠なく言及している。

第一点から見ていこう。まず小佐古はスリーマイル島原発事故とチェルノブイリ原発事故を同規模の事故としているが、前者は国際原子力事象評価尺度でレベル五、後者はレベル七と規模がまったく異なる点、また前者が炉心の四五％の溶融、後者が炉心溶融に伴う原子炉の爆発、と事故の進行状況がまったく異なる点を無視して、チェルノブイリ原発事故の規模を過小評価している。小佐古はスリーマイル島事故とチェルノブイリ事故の差異を、後者には「原子炉格納容器が設けられていなかった」点のみに矮小化し、日本の原発には格納容器が設けられているから防護対策がなされている、と強弁して、石橋論文が提唱した「原発震災」の可能性を否認している。しかし実際、福島第一原発事故では格納容器による放射性物質密閉の機能は破綻し、大量の放射性物質が外部に放出された(15)。

第二点、第三点、第四点はいずれも班目の第四点目の反応と同じタイプの論理であり、「専門家」の立場から石橋に「非専門家」のレッテルを貼り、石橋論文は「専門外の事柄について根拠なく言及する」論文であるとしてその価値を貶めようとするものである。

東日本大震災と福島第一原発事故という複合災害、すなわち「原発震災」が実際に起こったという事実に照らしてみれば、石橋論文は福島で起きることを、一九九七年の時点でかなり正確に予測していた。それに反して、班目、小佐古のような「専門家」の石橋論文に対する反応は、「安全」イデオロギー（いわゆる「安全神話」）の内部から、「原発震災」のような複合災害の可能性を完全に否認するものであった。

構造主義的マルクス主義哲学者、ルイ・アルチュセールは、論文「イデオロギーと国家のイデオロギー装置」の中で、イデオロギーの構造を精神分析的な意味での「再認／否認」という観点から定義していた。アルチュセールによれば、イデオロギーとは国家と資本の論理の内部にあるもののみを再認し、その論理に反する他の論理すべてを否認する、という構造を持っている[16]。アルチュセールのイデオロギー理論に従うなら、石橋論文に対する「専門家」たちの反応は、彼らが国家と資本に寄り添う仕方で支持する「安全」イデオロギーを再認し、それに反する「原発震災」の可能性を（単に「安全」イデオロギーを反復することによって）否認する、という意味において、まさしくイデオロギー的なものである。

彼ら「専門家」、すなわち原子力推進派の学者たちにとって、石橋論文が提唱するような「原発震災」の可能性を肯定することは絶対に不可能であった。なぜなら石橋論文は、大地震に対する既存原発の脆弱性と「原発震災」の可能性を指摘するだけでなく、地震国日本においては「防災対策では原発震災をなくせないのは明らかだから、根本的には、原子力からの脱却に向かって努力すべきである」と指摘し

（15）とりわけ福島第一原発二号機では、ベント以前に格納容器の圧力がゼロになったことが報告されており、格納容器は明らかに破損している。以下を参照。『国会事故調調査報告書』、一七四―一七八頁。

（16）Louis Althusser, « Idéologie et appareils idéologiques d'État », in *Sur la reproduction*, deuxième édition augmentée, PUF, 2011. 邦訳「イデオロギーと国家のイデオロギー諸装置」、『再生産について』下巻、西川長夫他訳、平凡社ライブラリー、二〇一〇年。

ているために、彼ら「専門家」たちの「原子力推進」という基本的立場に真っ向から対立するからである。従って彼らは、「安全」イデオロギーを反復するという所作を通じて、石橋論文の価値を否認することしかできなかったのである。そのようにしなければ、原発を推進し続けることは不可能になってしまうからだ。

1-2　津波による被害は「想定外」ではない

それでは次の論点として、発電所の運転主体である東京電力はこうした「原発震災」の可能性を知らなかったのか、それは本当に「想定外」だったのか、という点を検討してみよう。なぜならこの点は、東京電力のような私企業が、過酷事故対策に関してどのような「再認／否認」の論理に基づいて行為しているか、という問題と関わってくるからだ。

同じく地震学が専門である島崎邦彦（元東京大学地震研究所教授）の論文「予測されたにもかかわらず、被害想定から外された巨大津波」[17]を参照しよう。島崎は、政府の地震調査委員会委員として、二〇〇二年七月に公表された「三陸沖から房総沖にかけての地震活動の長期評価について」[18]の作成に関わった。この長期評価は、三陸沖から房総沖の地域において、三〇年間に二〇％の確率で、津波マグニチュード八・二前後の地震津波が来ると予測するものであった。

二〇〇六年九月に原子炉施設の耐震設計審査指針が改定され、津波に対する安全性の確保が明記されたことを受けて、東京電力は二〇〇八年三月、この長期評価に基づく試算を行った。その試算によれば、福島第一原発に押し寄せる津波の高さは一五・七メートルであった。これは、二〇一一年三月一一日に福島第一原発を実際に襲った津波とほぼ同じ高さである。二〇〇八年六月には、東京電力経営陣もこの試算結果を把握していた(19)。それまで想定されていた津波の高さは五・七メートルである。なお、東京電力は既に二〇〇六年に、一〇メートルを越える高さの津波が来れば非常用ディーゼル発電、外部電源すべてが使えなくなり、炉心冷却の機能が失われることを、シミュレーションによって予測していた(20)。

しかし東京電力は、この試算結果を「無理な仮定による試算」であり、「新たな対策が必要になるほど試算の信頼性はない」として、試算された高さの津波に対して何の対策も取らなかった(21)（なお、そのような判断を行った責任者の一人が、当時津波想定を担当していた吉田昌郎原子力管理部長である。福島第一原発事故の主要因となる津波への無対策を放置した吉田は、皮肉にもその後、福島第一原発に所長として赴任し、事故時の現場責任者となる(22)）。島崎はこれを「それぞれの海域で過去に発生した最も大きな津波を想定する」という従来の方針のせいであると考えている。例えば、土木学会が二〇〇二年に公表した、原発設計のための津波評価(23)は、そのような方針を採用している。その方針に従えば、三陸沖から房総沖にかけて存

---

(17) 島崎邦彦、「予測されたにもかかわらず、被害想定から外された巨大津波」、『科学』第八一巻一〇号、岩波書店、二〇一一年。
(18) 地震調査委員会、『三陸沖から房総沖にかけての地震活動の長期評価について』、二〇〇二年。以下で閲覧可能。http://www.jishin.go.jp/main/chousa/kaikou_pdf/sanriku_boso.pdf
(19) 添田孝史、『原発と大津波――警告を葬った人々』、岩波新書、二〇一四年、一〇〇頁。
(20) 同書、九五頁。
(21) 「10メートル超え大津波　08年に試算」、『東京新聞』、二〇一一年八月二五日。
(22) 『原発と大津波――警告を葬った人々』、一〇〇頁。

在する日本海溝については、海溝の北部で発生した一六一一年（慶長三陸地震）と一八九六年（明治三陸地震）の津波地震、海溝の南部で発生した一六七七年（延宝房総沖地震）の津波地震は考慮するが、津波地震の発生が知られていない福島県沖、茨城県沖では津波の発生を考慮しなくてもよい、ということになる。

しかし、二〇〇二年の政府の長期評価は、日本海溝で発生する津波地震は太平洋プレートの沈み込みによって発生するため、日本海溝のどこにおいても発生すると考えていた。島崎は、東京電力がこの長期評価に従って津波対策を取っていれば、事故は防げていたはずだと述べている。

東京電力は、二〇〇八年の時点で、福島第一原発を襲う津波の高さが一五・七メートルであると予測していたが、単にその対策工事にかかるコストを試算したのみで、実際に津波対策を行うことをしなかった（津波襲来時に原子炉の冷却機能を維持するための建屋の浸水防止工事には原子炉一機について二〇億円、防潮堤の建設は八〇億円の費用がかかると試算されていた）[24]。つまり電力会社は、事故対策のコストを削減して短期的利益を増大させるという経済的理由から、実際にはそのような高い津波は来ないだろうという予測のみを再認し、自らの利益にとって不利な一五・七メートルの津波予測を否認したのである。このような、安全性に対して経済性を優先させる私企業の論理は、まさしく私たちが先に述べたようなイデオロギー的再認／否認のメカニズムによって強化されているのである。

2　伊方原発訴訟と「想像力の限界」

次に私たちは、伊方原発訴訟第一審における原告住民側と被告国側のやりとりを通じて、こうしたイデオロギー的否認と「想像力の限界」の問題について扱ってみよう。

伊方原発は、四国最西端の佐多岬半島の、瀬戸内海に面する位置にある。現在三基の原子炉が設置されており、その一号機は一九七三年に着工、一九七七年に運転を開始した。伊方原発訴訟第一審とは、この発電所の建設の設置許可取り消しを求めた行政訴訟であり、一九七三年八月に提訴され、一九七七一一月の結審まで四年あまりにわたって争われた。原告側は、原発に批判的な科学者たちからなる「原子力技術研究会」と協力して、一二人の科学者を証人として出廷させ、伊方原発、あるいは原発そのものの技術的危険性を証明しようとした。原告側科学者の証言内容は、原発の危険性についてほぼ網羅的な展望を提示しており、その論点は証言順に以下の通りである。

（一）藤本陽一（早稲田大学理工学部）原子力発電所の危険性と発生する大事故
（二）柴田俊忍（京都大学工学部）原子炉圧力容器の欠陥
（三）海老沢徹（京都大学原子炉実験所）緊急炉心冷却装置（ＥＣＣＳ）は有効に作動しない
（四）川野眞治（京都大学原子炉実験所）蒸気発生器細管事故の重大性
（五）佐藤進（京都大学工学部）蒸気発生器細管の本質的欠陥

（23）原子力土木委員会津波評価部会、『原子力発電所の津波評価技術』、二〇〇二年。以下で閲覧可能。http://committees.jsce.or.jp/ceofnp/system/files/TA-MENU-J-00.pdf　http://committees.jsce.or.jp/ceofnp/system/files/TA-MENU-J-01.pdf　http://committees.jsce.or.jp/ceofnp/system/files/TA-MENU-J-02.pdf
（24）「東電、06年にも大津波想定　福島第一　対策の機会逃す」、『朝日新聞』、二〇一二年六月一三日。

（六）市川定夫（埼玉大学理学部）平常時被曝の危険性、とくに晩発性障害、微量放射線との関係
（七）荻野晃也（京都大学工学部）地震や地盤から見た立地選定の誤り
（八）槌田劭（京都大学工学部）燃料棒の本質的欠陥
（九）久米三四郎（大阪大学理学部）原子力発電所の本質的危険性
（一〇）星野芳郎（技術評論家）技術論的、経済的視点から見た原子力発電の問題点
（一一）大野淳（東京水産大学）温排水による環境破壊
（一二）生越忠（和光大学）地質、地盤の劣悪性(25)

原子力技術研究会メンバーの多くは、原告側証人のメンバーと一致している。証人以外のメンバーは、以下の通りである。なお、原子力技術研究会のメンバーには、京都大学原子炉実験所の批判的科学者集団、いわゆる「熊取六人組」のうち、まだ実験所に入所していなかった今中哲二以外の五人が揃っている。

市川克樹（京都大学工学部）、岸洋介（愛媛大学工学部）、小出裕章（京都大学原子炉実験所）、小林圭二（京都大学原子炉実験所）、瀬尾健（京都大学原子炉実験所）、吉田紘二（京都大学工学部）(26)

原告側証人は当時の最新の科学的知見を踏まえた証言内容によって、国側の証人（原子力推進側の科学者、技術者）の証言の根拠を掘り崩し、裁判を始終優位に展開した。しかし、奇妙なことに、証人たちの証言がほぼ終わりに近づいた一九七七年四月に突然裁判長が交代し、一九七八年四月に出された判決

では原告が敗訴した。判決の内容は、驚くほど国側の原発設置のための論理をなぞったものであった。伊方原発行政訴訟弁護団と原子力技術研究会が編纂し、判決直後に出版された『原子力と安全性論争——伊方原発訴訟の判決批判』によれば、判決は「国側の安全哲学」そのものの引き写しであり、以下のように要約できる。

（一）伊方原発は電力供給のために不可欠であり、そのためには少々の被害は辛抱すべきである。具体的には、放射線障害について「しきい値」の存否は不明であるが、急性障害が立証されていない線量の数十分の一程度の許容量〔国側が主張した二五レム、すなわち二五〇ミリシーベルト程度〕は違法ではない。また、原発の安全保護施設のすべてについて、危険がまったく存在しないとみられるに至った段階ではじめて原子炉の建設を認めることは望ましいが、法律的な手続きを経た行政の判断が安全と認めれば、その必要はない。

（二）原発が安全かどうかを判断するには、法律的に明確な基準は必要ではなく、行政が組織した多数の高度の専門家の判断に委ねればよい。

（三）安全審査や許可の手続きに関して、法令に明文化されていないときは、資料を公開したり、住民の疑問に答えたりする必要はない。(27)

（25）細見周、『熊取六人組——反原発を貫く研究者たち』、二〇一三年、岩波書店、六二頁。
（26）伊方原発行政訴訟弁護団・原子力技術研究会編、『原子力と安全性論争——伊方原発訴訟の判決批判』、技術と人間、一九七九年、一二一頁。

つまり、原発が「電力供給のために不可欠」である以上、原発が事故時のみならず平常時の被曝も含めて住民に様々な危険をもたらす可能性があるとしても、行政とその「専門家」が「安全」と認める限りは原発を設置することができるし、安全審査や許可の手続きも公開の下で行われる必要はない、というのである。この判決は、一九七〇年代に多くの公害訴訟が起こされ、その一つである、四日市コンビナートの大気汚染に対する津地方裁判所四日市支部の一九七二年の判決（日本初の本格的な大気汚染訴訟であり、原告住民側が全面勝訴して、その後の日本の環境政策拡充に大きな影響を与えた）が次のように述べていることと比較すれば、異様な判決であり、司法においても原子力ムラの論理が貫徹されていることがよくわかる。「少なくとも人間の生命、身体に危険のあることを知りうる汚染物質の排出については、企業は経済性を度外視して、世界最高の技術、知識を動員して防止設備を講ずるべきであり、そのような措置を怠れば過失は免れない」(28)。これとは反対に、原発においては安全性をめぐる多くの事柄が「経済性」や「電力供給の必要」のために切り捨てられており、さらには、周囲の環境に放射能汚染を引き起こしても、原因企業は一度として司法によって処罰されたことがないのである。

ここで、伊方原発訴訟において批判的科学者たちが扱った多数の論点から、二つの論点を取り出して論じてみよう。第一の論点は地震想定の過小評価の問題であり、第二の論点は、事故想定の過小評価の問題である。

2-1　地震想定の過小評価

第一点として、地震想定の過小評価の問題について考えてみよう。伊方原発のすぐ近くを、中央構造線という世界最大級の活断層が通っている。中央構造線は、関東から九州へと西日本を縦断する断層系であるが、近畿南部から四国に至る部分は活断層と見なされており、注意が必要であるとされている。にもかかわらず、伊方原発訴訟において明らかになったことは、国はこの中央構造線の危険性を安全審査時にまったく考慮していなかった、ということなのである。『原子力と安全性論争』は次のように述べている。

驚いたことに、この中央構造線については安全審査報告書では一言も触れられておらず、審査資料の中にもこれについて審査したことを示す記録は存在しなかった。訴訟の中でも国側は中央構造線は活断層だとは認めながら、四国の西部、特に伊方発電所の近くの海底では活断層ではないと様々な理由で言い続けた。〔……〕〔中央構造線が活断層であることを〕認めることは、中央構造線による巨大な地震を想定しなければならず、安全審査の根拠が崩されることを恐れたとしか思えないのである。敷地の近く（住民側の主張では一キロメートル、国側の主張でも五〜八キロメートル）でマグニチュード

(27) 同書、一七頁。
(28) 同書、一八一頁。なお、水俣病に関する一九七三年の熊本地方裁判所による判決も、同様の方向性を示している。「化学工場が排水を工場外に放流するにあたっては、常に最高の技術を用いて、排水中に危険物質混入の有無および動植物や人体に対する影響の如何につき調査研究を尽くして、その安全性を確認するとともに、万一有害であることが判明し、あるいは又、その安全性に疑問を生じた場合には、直ちに操業を中止するなどして必要最大限の防止措置を講じ、とくに地域住民の生命・健康に対する危害を未然に防止する高度の注意義務を有するものといわなければならない。〔……〕蓋し、如何なる工場といえども、その生産活動を通じて環境を汚染破壊してはならず、況んや地域住民の生命・健康を侵害し、これを犠牲に供することは許されないからである」（以下の引用による。原田正純、『水俣病は終わっていない』、岩波新書、一九八五年、一九頁）。

八・〇を超える巨大な地震が発生するのである。このような場所に原子力発電所の設置を認めた国側の考えは、「安全重視より建設優先」以外の何ものでもない。(29)

日本最大の活断層のすぐ近くの、しかもマグニチュード八・〇を超える巨大地震が起こる可能性のある場所に原発を作るという狂気じみた事態が、なぜ安全審査においてまったく問題にされることなく、そのまま容認されてしまったのだろうか。それは、当時の日本の主要な地震学者たちが活断層説を否定し、活断層による地震の可能性を過小評価していたからである。伊方原発訴訟において「地震や地盤から見た立地選定の誤り」について証言した荻野晃也は、後の二〇〇八年に京都大学原子炉実験所の原子力安全問題ゼミで「伊方原発訴訟と地震問題」という発表を行い、訴訟における原告側の主張のねらいを次のようにまとめている。

（一）地震の原因は活断層である

当時の日本の地震学会は「活断層説」を否定していた。一部の若手研究者は「活断層説」を支持していたが、大物の研究者たちはそうではなく、国や電力会社にとって有利で誤った方向に審査を誘導し、国と一体になって「地震力を過小評価すること」に協力していた。欧米では「活断層説」が確立しつつある時期だったが、地震国・日本の研究者の多くは「活断層説」を受け容れようとはしなかった。

（二）伊方原発の間近にある中央構造線は巨大な活断層である

原告が重視したのは、世界最大級の活断層である「中央構造線」の存在であった。安全審査では、日本の活断層研究の第一人者である松田時彦・東京大学助教授（当時）が「この中央構造線は心配ない」とお墨付きを与えた。こういった研究者は権力に迎合した研究者としか思えない。

（三）地震は過去に記録のない場所で起きている

活断層説に立てば、古い地震記録のない地帯は「地震の空白地域」に相当し、地震のエネルギーが蓄積している危険な場所ということになる。過去に発生した地震が同じ場所で同じ規模で再び起こると考えれば、地震の空白地帯に原発を建設する方が地震の力を小さく見積もることができ、その分だけ建設費も安く抑えることができる。このような方法で地震力を想定する安全審査では、地震の影響を過小評価することは明らかである。「日本のような地震多発地帯では、地震の空白地域こそ、これから地震の起こる可能性が高い地域である」と原告は主張した。ところが日本では、そのような「地震の空白地域」に原発が立ち並んでしまった。

（四）活断層は二〇〇万年間を考慮すべきであり、地震の記録では短すぎる

国側の主張は「日本は一三〇〇年間という世界でも珍しいほど古い地震の記録があり、その記録を利用することで過去の地震力を想定することができる」というものだった。それに対して原告側は「伊方周辺の記録は少なく、せいぜい数百年分しかない」、「活断層は第四紀の地質構造を意味しているのだから、二〇〇万年間の活動を問題にすべきだ」と主張したが、受け入れられなかった。そのように主張したのは、活動性がないと考えられていた断層が活断層だった、という事実が多く見つかっていたからである。

(29)『原子力と安全性論争』、二七―二八頁。

（五）伊方原発は想定最大地震力二〇〇ガルで設計されているが、あまりにも低すぎる

伊方原発の設計に際して、国と四国電力は、マグニチュード七、震源深さを三〇キロメートルと想定して、地震の最大加速度を一六五ガルと推定し、二〇〇ガルを想定最大地震力とした。これは、伊方周辺で発生しているマグニチュード六以上の地震の震源深さを、すべて三〇キロメートルより深いと評価したからである。しかしこの評価は、震源が三〇キロメートル以内であるような、活断層による内陸地震を想定していない。地震の震源深さを深くすることで、地震力を小さく見積もろうというのが国側の狙いであった。それに対して原告は、内陸型地震で震源深さが一〇キロメートル以内の地震も多いこと、活断層である中央構造線を原因とするマグニチュード八・二の地震が発生すれば、震央距離五キロで四〇〇〇ガルを越える可能性があることを主張した[30]。

こうして国と電力会社は、当時の学会では活断層説が主流でなかったがゆえに、直近に活断層が存在するような、本来であれば原発を建設できない場所にも原発を建設し、さらには、過去の地震歴のみを参考にして地震力を過小評価し、建設費を安く抑えてきた。その結果として、地震に対して脆弱で危険な原発が日本各地に建設されてきたのである。なお、こうした地震力の過小評価の傾向は、福島第一原発事故以後の原発再稼働のための原子力規制委員会による審査でもまったく変わっていない。原子力規制委員会は伊方原発の地震想定を最大六五〇ガルまで引き上げたが[31]、これは東日本大震災級の巨大地震はもちろん、柏崎刈羽原発に火災を引き起こした新潟県中越沖地震（発電所の地震計で最大二〇五八ガルを記録した[32]）にも対応していないのである。

このように地震力が過小評価されてきた背景として、同じく地震学者の鈴木康弘は、別の観点から興

味深い指摘を行っている。鈴木によれば、原発建設のための活断層調査は、原発の立地場所を決めるための立地審査の段階では行われず、立地場所が決定されてから、施設の詳細な配置や強度を決める耐震審査の段階ではじめて行われる。この時点では立地場所は既に決まっている（多くの場合、立地場所は政治的な理由で決まる）ので、活断層調査を行っても立地場所の選定に調査結果を生かすことができないばかりか、活断層があってもそれをできるだけ過小評価して、活断層でないと評価しようとするようなメカニズムが働く、というのである。さらに、調査は電力会社が行うので、第三者による検証が行われず、また、審査においても、電力会社が作成した報告書を原子力保安院や原子力安全委員会のような審査機関がチェックするのみで、審査委員がデータを検証する形ではなかったという（従って、報告書が地震力を過小評価していても、審査機関はそれをチェックできない）[33]。これらの点から私たちは、なぜ最近になって多くの原発の直下に活断層が存在することが指摘され、しかもそれが原発の建設後長期間が経った時点で問題化されるのかを理解することができる[34]。このようにして、地震国である日本の原発建設において、原発にとって致命傷ともなりうる地震の想定が過小に評価され、地震に伴う原発事故の可能性は政治的かつ経済的理由から否認されてきたのである。

（30）荻野晃也、「伊方原発訴訟と地震問題」、原子力安全問題ゼミ、京都大学原子炉実験所、二〇〇八年七月二二日（私たちによる要約）。http://www.rri.kyoto-u.ac.jp/NSRG/seminar/No105/ogino.pdf

（31）「伊方の地震想定を了承　数値引き上げ、主要項目クリア　規制委員会」、『朝日新聞』、二〇一四年一二月一三日。

（32）「原発で最大揺れ２０５８ガル　柏崎刈羽３号機」、『朝日新聞』、二〇〇七年七月三一日。

（33）鈴木康弘、『原発と活断層――「想定外」は許されない』、岩波書店、二〇一三年、一九―三一頁

2-2　事故想定の過小評価

伊方原発訴訟では、国と電力会社が地震力のみではなく、起こりうる事故の想定についても、特異な方法で大幅な過小評価を行っていたことが明らかになった。『原子力と安全性論争――伊方原発訴訟の判決批判』は、その点を次のように明らかにしている。

伊方原発の中に蓄えられている放射性ヨウ素の量は、大体二千万キュリーという膨大なものである。アメリカの原子力委員会が発表した事故解析の論文である「ラスムッセン報告」によれば、LOCA〔一次冷却材喪失事故〕で炉心が溶融した場合、外部に放出されるヨウ素の量は、全体の数十%に及ぶこともあるとされている。そうすると少なくとも伊方原発の場合には、二〇〇万キュリーを越す要素が環境に放出されることになる。

ところがである。日本の原子力委員会の伊方原発の安全審査では、一〇〇万キュリーのオーダーのヨウ素が環境中に排出される災害をまったく予定していないどころか、さらに一〇〇分の一をも予定していない。日本の原子力委員会がLOCAで最悪の場合に想定しているヨウ素の外部への放出量は、わずか九九四キュリーにすぎない。これは伊方原発の内蔵するヨウ素の実に数万分の一にすぎない、惹起する事態の驚くべき過小評価である。〔……〕

過小評価の原因は、日本の原子力委員会では万一の最悪事故としてのLOCAを想定しながら、しかし炉心が溶けることはないことにしているからである。従って、炉心が溶けないから圧力容器は壊れないし、格納容器も壊れないので、LOCA時の最悪の場合でも、九九四キュリーのヨウ素しか外部に漏れないという論法である。(35)

一次冷却材喪失事故が起これば、一般には炉心が溶融して、圧力容器と格納容器が破壊され、原発に蓄積されている放射性物質の相当量が外部に放出されるとされている。それにもかかわらず、伊方原発の安全審査では、原発に蓄積されているヨウ素の一万分の一以下しか外部に放出されないと想定されている。これは、例えばチェルノブイリ原発事故では炉心内のヨウ素の五〇—六〇%が、福島第一原発事故でも炉心内のヨウ素の二・六%程度が放出されたと試算されていることを考慮すれば、極端な過小評価と言わざるをえない。では、なぜこのような過小評価が可能になるのだろうか。それは、安全審査において、一次冷却材喪失事故のような過酷事故が起こっても炉心は溶融せず、従って圧力容器も格納容器も健全性を保つ、という不可能な仮定がなされているからなのである。

安全審査において、事故の想定は、二つの奇妙な概念に依拠してなされている。すなわち、「重大事故」と「仮想事故」という二つの事故概念である。「重大事故」とは、「技術的見地から見て、最悪の場合に起きるかもしれないと考えられる重大な事故」と定義され、炉心を冷却するための一次冷却系のパイプのうち、大口径のパイプが瞬時に破断して一次冷却材喪失事故が起きると想定されている。しかし、緊急炉心冷却装置（ＥＣＣＳ）によって炉心が効果的に冷却されるため、炉心にある燃料棒の健全性は大きく損なわれず、この場合、環境に放出されるヨウ素は約二〇キュリーにとどまるとされる[36]。

(34) 原子力規制委員会は、福島第一原発事故後の調査によって、敦賀原発、東通原発、志賀原発の敷地内に活断層が存在すると評価している。それ以外にも、多くの原発の直下や周辺に活断層の存在する可能性が指摘されている。例えば以下を参照。同書、第三章「活断層過小評価の実例」。

(35) 『原子力と安全性論争』、一〇四—一〇五頁。

それに対して「仮想事故」とは、「技術的見地からは起るとは考えられない事故」と定義される。まず過酷事故が「技術的見地からは起るとは考えられない」と定義するところが既に事故可能性の否認に当たるのだが、そこで「仮想」された事故の内容そのものがさらなる否認の論理（あるいは論理とは言えない「論理」）に基づいている。伊方原発安全審査報告書によれば、「仮想事故」とは、「重大事故と同じ事故について、安全注入設備〔ＥＣＣＳのこと〕の炉心の冷却効果を無視して、炉心内の全燃料が溶融したと考えた場合に相当する核分裂生成物〔放射性物質〕の放出があると仮想する」場合のことである。しかし、なぜ「安全注入設備の炉心の冷却効果を無視して、炉心内の全燃料が溶融したと考えた場合に相当する核分裂生成物の放出がある」などと回りくどい言い方をしているのだろうか。実はこの場合、「重大事故」とほぼ同じようにＥＣＣＳがある程度動作するために（実際には、これまでの過酷事故は、すべてＥＣＣＳが適切に作動しなかったために起こっている）[37]、炉心は溶融することなく、格納容器、圧力容器共に健全性を保つが、にもかかわらず炉心が溶融した場合に相当する核分裂生成物の放出がある、という奇妙な「仮想」が行われているのである。この場合、炉心は溶融しないとされるため、環境に放出されるヨウ素は九九四キュリーにとどまるとされる[38]。

この点について、伊方原発訴訟における、原告住民側による、伊方原発の安全専門審査会長、内田秀雄（当時、東京大学工学部教授、原子力安全委員）への反対尋問が興味深いので、以下に引用しよう。内田は、「仮想事故」においても、ＥＣＣＳの機能を無視するにもかかわらず、あくまで炉心溶融は想定していない、と執拗に繰り返している。

住民側　仮想事故の場合はＥＣＣＳの機能が発揮せられないということを前提としているわけです

ね。

内田証人［……］仮想事故判断のときには、冷却材喪失事故が起こったときにＥＣＣＳは働くわけです。ただしその性能を無視して危険側のほうの評価をしているということです。

住民側　その点がよくわからんのですけれども、働いて、性能を無視するというのは、性能はある程度でてくるということなんですが。まったく性能がないということですか。

内田証人　重大事故の場合には、普通考えられますＥＣＣＳの性能を検討評価しているわけです。それからワンステップ上がるということで、仮想事故になるわけです。［……］重大事故から仮想事故へのステップを上げるときの一つの考え方として安全上重要な性能を無視することが一つの方法であります。でありますので、ＥＣＣＳの性能を全く無視して放出されると仮定する放出量を決めているわけです。それが仮想事故の基であります。ですから仮想事故の場合でもＥＣＣＳは実際に働くという評価をしているわけです。

住民側　そうすると機能としては、まったく無視すると言われましたね。

---

(36) 同書、一〇五頁。

(37) この点については、伊方原発訴訟において海老沢徹が、ＥＣＣＳの有効性はシミュレーションによってしか確認されておらず、実際には国側が言うようには適切には機能せず、事故時に炉心冷却の効果を確保できない、という証言を行っている。以下を参照。同書、一〇九―一一五頁。海老沢徹・小出裕章、「緊急炉心冷却装置（ＥＣＣＳ）の欠陥」、原子力技術研究会編、『原発の安全上欠陥』、第三書館、一九七九年。

(38) 『原子力と安全性論争』、一〇五―一〇八頁。

内田証人　私は機能と性能を分けておりまして、要するにメカニズムとしては働くわけですから、若干の性能はもちろんあるわけです。ただそれを評価する場合に、性能を全く無視して、放射線の放出量の基準を決めておるわけです。

住民側　そうすると性能を全く無視したと考えるんだから、動かないと考えてもいいわけですね。

内田証人　多少違いますけれども、結果としては同じに考えてよいと思います。

住民側　だから一次冷却材が喪失した場合に水が入らんと考えていいんですか。

内田証人　そう考えているわけじゃないんです。けれども、要するに立地評価の場合の事故の想定の基として、放射能が格納容器にどの程度出るかという仮定をしなければならんわけですよ。その仮定に当たって非常に厳しい考え方としてＥＣＣＳの性能を無視するということで、炉心の溶融したのに相当する放射性物質の放出を仮定するわけです。

住人側　炉心が溶融するわけですか。

内田証人　溶融したと考えたときの放射能の放出を立地評価の基にするわけです。

住民側　炉心が全部溶融するということですか。

内田証人　溶融するんじゃないんです。溶融はしません。想定事故だと溶融はしませんけれども、どの程度溶融するかということが、性能を無視するときにどの程度溶融するかということがゼロか一〇〇パーセントかということでいえるわけじゃありませんので、放出量の評価の基として、一〇〇パーセントの溶融に相当する放出量を決めるわけです。

住民側　だから炉心が全部溶融するという仮定をされるわけですか。

内田証人　いやそうじゃありません。放射能の放出量の計画の基にそれを仮定しているわけです。(39)

不可解なやりとりである。普通に考えれば、ＥＣＣＳの性能を無視するということはＥＣＣＳが機能しないということであり、ＥＣＣＳが機能しなければ炉心を冷却することはできないので、必然的に炉心は溶融して、圧力容器と格納容器が損傷し、大量の放射性物質が外部に放出されることになる。しかしここで内田は、ＥＣＣＳの性能を無視することはＥＣＣＳが働かないという意味ではなく、ＥＣＣＳはある程度は働くので炉心は溶融せず、ここではただ「炉心が溶融したのに相当する放射性物質の放出を仮定」しただけである、と述べて、「仮想事故」においても炉心溶融は起こらないと強弁している。原子力安全委員会はなぜこのような意味不明な仮定を行うのだろうか。答えは簡単である。炉心が溶融するような過酷事故においては、圧力容器、格納容器がともに破壊され、大量の放射性物質が環境中に放出される。もしそのような過酷事故が想定されるとすれば、それは「原子炉立地審査指針」に反してしまい、伊方に原発を設置することは不可能になってしまう、いや日本のどこにおいても原発を設置することが不可能になってしまうからなのである。[40]「原子炉立地審査指針」の基本的目標は、以下のようなものである。

(39) 同書、一〇六―一〇七頁。

(40) 同書、一〇八頁。なお、細見周によれば、このような不可能な仮定は、一九六四年ごろまでは、燃料が溶融したとしても圧力容器と格納容器の健全性が保たれる、と考えられていたことの名残である。しかしその後、発電用原子炉は急速に大型化され、一九七〇年代には、アメリカ合州国での実験の結果などから、燃料が溶融すれば圧力容器と格納容器も破壊される、ということが既に明らかになっていたがゆえに、原子力委員会はこのような不可解な仮定を取らざるをえなくなったという。以下を参照。『熊取六人組――反原発を貫く研究者』、七一頁。

a　敷地周辺の事象、原子炉の特性、安全防護施設等を考慮し、技術的見地からみて、最悪の場合には起るかもしれないと考えられる重大な事故（以下「重大事故」という。）の発生を仮定しても、周辺の公衆に放射線障害を与えないこと。

b　重大事故を超えるような技術的見地からは起るとは考えられない事故（以下「仮想事故」という。）（例えば、重大事故を想定する際には効果を期待した安全防護施設のうちのいくつかが動作しないと仮想し、それに相当する放射性物質の拡散を仮想するもの）の発生を仮想しても、周辺の公衆に著しい放射線災害を与えないこと。[41]

「原子炉立地審査指針」においては、「重大事故」と「仮想事故」が定義され、「仮想事故」では、「重大事故を想定する際には効果を期待した安全防護施設のうちのいくつかが動作しないと仮想」するよう指示されている。その上で、「技術的見地からは起るとは考えられない」仮想事故が発生したとしても、「周辺の公衆に著しい放射線災害を与えないこと」が求められている。従って、安全審査では、仮想事故が起こった場合はECCSがあたかも動作しないかのように記述したうえで（「安全注入設備の炉心の冷却効果を無視して」）、実際にはECCSがある程度動作し、炉心は溶融せず、圧力容器も格納容器も健全性を保つと仮定して、放射性物質の放出量を「重大事故」の場合の五〇倍程度に増やしているだけなのである。[42]これはまさしく、過酷事故の可能性を「技術的見地からは起るとは考えられない」と否認した上で、過酷事故の帰結としての炉心溶融と、圧力容器、格納容器の破壊の可能性まで否認するという、二重の否認のメカニズムである。

こうした否認のメカニズムを明瞭に示す表現がある。伊方原発の安全専門審査会長である内田秀雄は、炉心が溶融して、圧力容器と格納容器が破壊されるような過酷事故を、裁判において「想定不適当事故」と呼んでいる(43)。無論そのような過酷事故は、当時から、原発事故のシミュレーションにおいて実際に想定されてきた。しかも、過酷事故は想定されるだけでなく、現在までに複数回にわたって実際に起こってきた。しかしながら国側は、過酷事故の可能性を、「想定不適当事故」という名称によって、ありえないし、そもそも想定することが不適当だとして否認しているのである。原発の安全審査はこのように、過酷事故の可能性の根本的な否認のメカニズムに則って行われてきたのである。

2-3 原発事故の被害予測と「想像力の限界」

最後に私たちは、伊方原発訴訟の原告側が示した、伊方原発事故の事故被害の予測を紹介し、そこから、ギュンター・アンダースが「想像力の限界」と名付けた事態について考察してみよう。『原子力と安全性論争』は、アメリカ合州国原子力委員会が一九七五年に公表した「ラスムッセン報告」の手法を用いて、炉心が溶融し、格納容器、圧力容器が破壊されて大量の放射性物質が放出される場合の被害の大きさを、次のように予測している。

(41) 原子力委員会、「原子炉立地審査指針及びその適用に関する判断の目安について」、一九六四年。以下で閲覧可能。http://www.mext.go.jp/b_menu/hakusho/nc/t19640527001/t19640527001.html
(42) 『原子力と安全性論争』、一〇八頁。『原発事故……その時、あなたは!』、九七頁。
(43) 『原子力と安全性論争』、一〇八頁。

原告側の支援科学者グループは、先に述べたラスムッセン報告の計算手法を用いて、伊方原発が大事故を起こしたときに周辺住民が被る災害について、その範囲、障害の内容などを具体的に計算した。その資料の中から、急性放射線障害の発生状況を例に取ると、伊方原発の大事故［の場合］には伊方原発から風下方向一〇キロメートル以内の範囲の者はすべて死亡する。事故時の風向きはあらかじめ予想できないから、半径一〇キロメートル以内に住む住民はその危険にさらされている。この一〇キロメートルの範囲内には、約二万人の住民が居住している。

次に半径一〇キロメートルから一五キロメートルの範囲に居住する五万人の人たちは、半数は死亡する被害と、全員に急性放射性傷害が現れることを覚悟しなければならない。

半径一五キロメートルから二〇キロメートルの範囲の住民については、死の灰の雲が通過すれば半数に急性放射線障害が発現する。

伊方原発の半径二〇キロメートルから二五〇キロメートルの範囲に住む人々は、風下に当たった場合、全員がそこから立ち退かなければならない。立ち退かなければ急性放射線障害を受ける地域である。この範囲には四国、九州、中国地方の大部分が入り、被害を被る人々はおびただしい人数に至る。またこれらの範囲には、松山、高知、高松、徳島、広島、岡山、松江、山口、福岡、佐賀、長崎、熊本、宮崎、大分等の都市も含まれている。これらの急性障害にガンなどの晩発性障害、遺伝的障害が加わるのであるから、災害はまさにカタストロフィ（破滅的）の一語に尽きる。(44)

この事故被害予想は、急性放射性障害による膨大な死者と、四国、中国、九州地方の大多数の地域からの退避を予測しており、まさしく「カタストロフィック」なものである。この被害予測は、瀬尾健がラスムッセン報告における被害予測モデルの評価方法を伊方原発に当てはめて作成したものである(45)。後に瀬尾は、過小評価とされるラスムッセン報告(46)の方法に独自の修正を加えつつ、伊方原発三号機が過酷事故を起こした場合の被害評価を行っている。それによれば、急性放射線障害による死者は風向きによって一万人から四万七千人、晩発性障害（ガン）による死者は最大で二二四万人（近畿地方の死者数十万人を含む）とされている(47)。こうした膨大な事故被害はもはや従来の「事故」概念を大幅に超えており、このようなカタストロフィと比較可能なのは、唯一「戦争」のみである。

ギュンター・アンダースは『時代おくれの人間』の中で、核兵器による大量破壊の非倫理性について考察している。彼によれば、カントが理性の限界について述べたのと同じ意味で、人間の想像力には本性的な限界があり、それゆえ人間は、核戦争の帰結として人類が滅亡するといった破滅的事態を正しく想像することができない(48)。同じ意味において、原発事故による被害は従来の「事故」概念を大幅に超え

---

(44) 同書、一一六―一一七頁。

(45) 海老沢徹・瀬尾健、「炉心溶融時の災害評価」、『原発の安全上欠陥』。

(46) ラスムッセン報告の事故予測が過小評価であるという批判として、とりわけ以下を参照。Henry B. Hubbard, study director, Richard B. Hubbard, Gregory C. Minor, eds., *The Risks of Nuclear Power Reactors : A Review of the NRC Reactor Safety Study WASH-1400* (*NUREG-75/014*), Union of Concerned Scientists, 1977. 邦訳『原発の安全性への疑問――ラスムッセン報告批判』、憂慮する科学者同盟編、日本科学者会議原子力問題研究委員会訳、水曜社、一九七九年。小出裕章、「欺瞞にみちた安全宣伝の根拠――ラスムッセン報告をめぐって」、『原子力と安全性論争』。なお、この点については第二部第三章において論じる。

(47) 『原発事故……その時、あなたは!』、二一六―二一七頁。

ており、その被害は核戦争のもたらす被害と同じ程度に膨大でありうるがゆえに、私たちの「想像力の限界」を超えている。従って、私たちはその帰結をうまく想像することができず、「そのような巨大な事故は起こらないだろう」と事故の可能性を精神分析的な意味で否認してしまうのである。

そのような意味で、アンダースの言う「想像力の限界」とは、精神分析的な意味での否認のメカニズムと深く結びついている。「事故」(繰り返すが、それは従来の「事故」概念を大幅に超えており、それと比較可能なのは唯一「戦争」のみである)の規模が余りにも大規模でカタストロフィックであるがゆえに、私たちはその可能性を「ありえないこと」として否認し、そこから目を背けてしまうのである。しかし、スリーマイル島原発事故、チェルノブイリ原発事故、福島第一原発事故と三つの核カタストロフィを経てきた人類の歴史を考えるなら、それが十分に「ありうること」であることは理解できるはずである。

私たちは、原発事故のカタストロフィックな帰結をうまく想像できないために事故の可能性を「なかったことにする」、という心的メカニズムを、精神分析的な否認のメカニズムとして定式化した。そしてそのメカニズムは、原発推進側が自らのイデオロギーに従って事故の可能性を「なかったことにする」、というイデオロギー的否認のメカニズムと、本質的に同じである。原発を推進する国や推進派科学者は原発の生み出す巨大エネルギーを使い続けるために、そして電力会社は事故対策のコストをできる限り下げるために、「安全」イデオロギーに従って巨大事故の可能性を否認し、自らの「安全」イデオロギーにかなう要素のみを再認する。彼らが、事故の危険性に関する様々な指摘をイデオロギー的に再認/否認するのは、そのような危険性を否認しなければ、内部に巨大なエネルギーと膨大な放射性物質を内包する点において極めて危険な、原発というシステムを運用することが不可能になってしまうからだ。そして、こうしたイデオロギー的再認/否認のメカニズムは、私たちの「原発事故はあってほしくない」という否認のメカニズムと共振して、互いに強化し合う。従って、イデオロギー的再認／否認の悪循環から抜け出すためには、過酷事故の可能性を直視して、原発を廃止するという決断を下す以外に方法はないのである。

(48) Günther Anders, *Die Antiquiertheit des Menschen, Bd. I: Über die Seele im Zeitalter der zweiten industriellen Revolution*, C. H. Beck, 1956, S. 267-271. 邦訳『時代おくれの人間（上巻）——第二次産業革命時代における人間の魂』、青木隆嘉訳、法政大学出版局、一九九四年、二八〇—二八四頁。

第三章　ノーマル・アクシデントとしての原発事故

――「安全」イデオロギー批判Ⅱ

私たちは前章において、地震と津波という福島第一原発事故の原因は既に「予告されていた」と考え、地震と津波に関する原発の安全対策の不備と、それを隠蔽するイデオロギー的構造について分析した。しかし、地震と津波について何らかの対策を行ったとしても（無論それが必ずしも十分なものであるという保証はない）、やはり事故は起きるだろう。なぜなら、事故とは原理的に、予測不可能な仕方でシステムの破れ目をつく、という形で生起するものだからだ。その意味で、事故は「予告されている」と同時に、常に「予測不可能なもの」（それを「想定外のもの」と言い換えてもよい）でしかありえない(1)。

高木仁三郎は『巨大事故の時代』の中で、原発事故のような巨大事故のそうした逆説的性格を明確にしている。そこで彼は、現代の巨大事故の特徴を、次の一〇点に要約している。

（1）本章は、渡名喜庸哲による口頭発表「リスク社会からカタストロフィ社会へ――フランス現代思想と原子力工学のあいだ」（ワークショップ「カタストロフィと哲学」、香港中文大学、二〇一三年一二月一二日）と、その後の私たちとのディスカッションから大きな示唆を受けている。記して感謝したい。

(一) 事故はまぎれもなく現代的な事故である。
(二) 事故は同時にすぐれて古典的である。
(三) 事故には複合的な因子、特に機械と人の両面のミスが関与する。
(四) 事故は予告されていた。
(五) 事故は解明し尽くされない。
(六) 運転者は事故に十分備えていない。
(七) 住民は事故にまったく備えがない。
(八) 事故の巨大さは軍事技術に根を持つ。
(九) 被害が目に見えない。
(一〇) 事故の完全な後始末はできない[2]。

これらの特徴はすべて、スリーマイル島、チェルノブイリ、福島のような巨大な原発事故に当てはまる。これらの特徴を三つの原発事故に即して詳細に論じることもできるが、ここでは一点のみに注目しておこう。それは、(一)と(二)、(三)と(四)の特徴が、それぞれ正反対の特徴を有している、という点である。

順に見ていこう。まず(一)事故はまぎれもなく現代的な事故である、という命題が述べるように、事故を巨大事故たらしめているのは、その技術の現代的性格、すなわち巨大さ、極限性である。原発における過酷事故は、核という現代技術の持つ巨大なエネルギー、放射性物質の極限的な毒性ゆえに、広範囲の地域に、長期的で深刻な汚染を引き起こす。それは、核技術という現代的な技術の、極限的なまでに巨大なエネルギーを原因とするものである。しかしまた、（二）事故は同時にすぐれて古典的である、という命題が示すように、事故そのものの原因は極めて古典的である。単純な操作ミス、弁が開かない、安全装置が作動しない、温度の過剰な上昇、計器の読み違いなど、巨大事故がたどる経過は極めて古典的なものである。実際、スリーマイル島原発事故、福島第一原発事故を考えれば、その事故経過はいずれも冷却水の不足による温度上昇、圧力上昇、外部への放射性物質の噴出、といった「高校の物理」のような典型的な因果連鎖をたどっている。ここから彼は次のような帰結を導いている。「明らかなことは、事故の規模とか関係する物質の量や質、したがってその影響においては、極めて強大で先端技術的な大事故も、その経過の本質、したがって事故の原因は、どうやら極めてありふれていて古典的、あるいは教科書的とすら言えるようだ。つまり、その根本は、古来人間が大小の事故において経験してきた、ごくあたりまえの物理現象・科学現象なのである」[3]。そのような意味で、巨大事故とは現代的な事故であると同時に、極めて古典的な事故でしかありえない。

（三）と（四）についても同じである。（三）事故には複合的な因子、特に機械と人の両面のミスが関与する、という命題は、原発のような巨大システムが、事故を防ぐためにいかに「多重防護」という設計思想を取っている（つまり、一つの単純なミスや故障が大事故へと発展しないように、冗長性や複数のシステムの安全装置を設計の中に取り入れている）としても、事故は機械の複数の故障や人間の複数のミスの予測不可能な複合作用によって引き起こされる、ということを意味している。例えば、福島第一原発事故で

（2）高木仁三郎、『巨大事故の時代』、弘文堂、一九八九年、四八―四九頁。
（3）同書、四九―五四頁。

あれば、地震と津波によってすべての外部電源と非常用電源が失われた（複数の電源がすべて失われた）、電源が失われたためにベントをスムーズに行うことができなかった、非常用炉心冷却装置（ECCS）のような安全装置が故意に止められたり、うまく働かなかったりした、などの、機械の故障と人的ミスの複合作用によって起こっている。また、スリーマイル島原発事故、チェルノブイリ原発事故においても、事故は人的ミスと機械の故障の予測不可能な複合作用によって起こっている[4]。しかし同時に、（四）事故は予告されていた。例えば福島第一原発事故では、地震や津波が原発に与えるダメージは、第二部第二章において詳細に述べたように、様々な形で警告されていた。また、スリーマイル島原発事故については、ほぼ同じような事故が二年前の一九七七年にアメリカ合州国・デービスベッセ原発一号機で起こり、その事故が示した同型の原発の問題点は、原発技術者カール・マイケルソンの書いた報告書によって的確に指摘されていた[5]。

このように、原発事故のような巨大事故は、現代的な事故であると同時に古典的な事故である、予告されているにもかかわらず予測不可能な複合作用によって起こる、といった矛盾した性格を持っている。ここから高木は、現代の巨大事故が持つこうした矛盾した性格は、事故の原因が現代の巨大システムに「正常」なものとして常に内包されている、という点に起因すると考え、次のように述べる。

〔事故の〕単純な因果がすぐれて現代的な、巨大さと強力さをもって出現せざるをえない、――それが現代の巨大システムである。そうだとすると、巨大事故を完全に防止することは、ほとんど不可能に近い。アメリカの社会学者チャールズ・ペローは、現代の巨大事故を分析して、それは現代の巨大システムのなかに、日常的なこととして潜在していると結論づけ、この状況を「正常事故〔ノーマル・アクシデント」」と呼んだ。事故とは本来「異常」なことなのだが、それが「正常（通常）なシステム」の中に仕組まれている、という意味である。(6)

ここで高木が参照しているのは、社会学者チャールズ・ペローがスリーマイル島原発事故に触発されて著した大著『ノーマル・アクシデント』（一九八四年）である。ペローは同書において、「ノーマル・アクシデント」という言葉の意味を次のように定義している。

もし複雑な相互作用と緊密な結合――システムの特徴――が不可避的に事故を生み出すとすれば、私の考えでは、それを「ノーマル・アクシデント」あるいは「システム・アクシデント」と呼ぶことは正当化される。「ノーマル・アクシデント」という奇妙な言葉は、システムの特徴を考えれば、多様で予期しない故障の相互作用は不可欠である、ということを示すためのものである。これはシステムの全体的な特徴を表現したものであり、事故の頻度について述べたものではない。私たちが死ぬことは普通だが、私たちは一度しか死なない。システム・アクシデントは稀なものであり、めったに起こらないとさえ言える。しかし、もしそれがカタストロフィを引き起こしうるとすれば、これはそれ

（4）スリーマイル島原発事故、チェルノブイリ原発事故の詳細については、例えば以下を参照。同書、一三―三六、九〇―一一五頁。
（5）同書、五六―五九頁。
（6）同書、五五頁。同書で高木は「チャールズ・ペロウ」と表記しているが、表記の統一のために「チャールズ・ペロー」に変更した。

ほど安心できることではない[7]。

従って、「ノーマル・アクシデント」という用語は、現代の巨大システムが持つ「複雑な相互作用と緊密な結合」というシステムの性格が、不可避的にカタストロフィックな事故を引き起こしてしまう、という仮説を含意している。私たちが本章で論じるのは、原発のような現代の巨大システムが持つ、こうした本質的な危険性についてである。

1　「確率論的安全評価」批判

アメリカ合州国原子力規制委員会が一九七五年に公表した「ラスムッセン報告」(「原子炉安全性研究」)は、大量死をもたらす原子力＝核事故が起きる可能性を、一〇万―一〇〇万年に一回の確率と評価していた。この確率は、「ニューヨークのヤンキースタジアムに隕石が落ちるようなもの」という表現で一般に伝えられ、その後長年にわたって、原発の安全性を「証明」するための論拠として利用されることになる。そして、福島第一原発事故後の現在でも、確率論的評価という方法は相変わらず強い影響力を持っている。

しかしながら、実際のところ、ラスムッセン報告はその公表後に多くの批判に曝され、それが公表された四年後の一九七九年一月、アメリカ合州国原子力規制委員会は、ラスムッセン報告が示した確率論的評価を信頼すべきではないとする声明を出すことを余儀なくされた。そして、その二ヶ月後の一九七九年一月にスリーマイル島原発事故が、さらに一九八六年にはチェルノブイリ原発事故が起こったことを考えるなら、このような「安全評価」（私たちは「リスク評価」という語が適切だと考えるが、原子力分野では「安全」を強調するためにしばしば「安全評価」という語に言い換えられている。従って私たちは、この「安全評価」という用語を一貫してカッコ付きで用いる）の方法が信頼に値しないものであることは明白である。本節では、ラスムッセン報告を批判しつつ、なぜこのような確率論的評価という方法が信頼に値しないものであるのかを論じてみたい。

日本の原発の安全審査は「重大事故」、「仮想事故」という形で起きる事故のパターンをあらかじめ決めておき、それがどの程度の影響を環境にもたらすかを評価する、という方法を取ってきた(8)。このような方法は「決定論的安全評価（DSA：Deterministic Safety Assessment）」と呼ばれる。「決定論的安全評価」は、「重大事故」、「仮想事故」のいずれにおいても絶対に格納容器は壊れない、という仮定を取っており、従って、それらの事故による環境への影響は極めて小さいものだと評価していた。しかし実際には、格納容器が壊れるような大事故の可能性を否定することはできない。そこから、格納容器が壊れるような大事故の可能性を確率論的に求めるという「確率論的安全評価（PSA：Probabilistic Safety Assessment）」が要請されることになった。ラスムッセン報告は、この方法を最初に用いた「安全評価」である(9)。

しかし、ラスムッセン報告は、それが公表されるや否や、多くの批判に曝されることになる。その批判の代表的なものとして、憂慮する科学者同盟が編纂した『原発の安全性への疑問——ラスムッセン報

（7） Charles Perrow, *Normal Accidents: Living with High-Risk Technologies*, Basic Books, 1984; Princeton University Press, 1999, p. 5

（8） この点については、第二部第二章において論じた。

告批判』（一九七七年）を参照しよう。同書は、ラスムッセン報告への批判点として、次の六点を挙げている。

「原子炉安全性研究」が用いた」方法論は、予想される危険の相対的な比較研究には有効であるが、事故確率の絶対値を与えるものではないのである。原子力発電所の場合、こうした事故確率を求める際の障害は、次のような点である。

（一）あらゆる重要な事故発生経路が本当に同定されているという保証がないこと
（二）各構成要素の信頼性に関するデータの根拠が不完全で不確実であること
（三）設計上の誤りがもたらす結果をすべて同定し適切に評価することができないこと
（四）共通原因故障［common-cause failure］のモードを完全に満足な仕方で取り扱うことが困難であること
（五）ヒューマン・エラーの不確実な役割は、リスク分析において扱いにくく気まぐれな要素であること
（六）サボタージュ［意図的な事故誘発行為］のリスク評価を行えないこと(10)

これら六つの批判は、ラスムッセン報告が「フォールト・ツリー解析(11)」という方法論を用いているという点にその根拠を持つ。私たちの考えでは、これら六つの問題点は、さらに次の二点に要約することができる。

（一）フォールト・ツリー解析はシステムの安全性を定量的に示すことはできない（先の引用の（一）、（二）、（三）による）。

（二）フォールト・ツリー解析は共通原因故障を考慮することができない（先の引用の（四）、（五）、（六）による）。

（9）小出裕章、「原子力発電所の災害評価」、原子力問題安全ゼミ、京都大学原子炉実験所、二〇〇四年六月九日。http://www.rri.kyoto-u.ac.jp/NSRG/seminar/No97/koide_ppt.pdf　http://www.rri.kyoto-u.ac.jp/NSRG/seminar/No97/koide_doc.pdf　小出裕章、「スリーマイル島の事故は2億年に1回の確率だった」、二〇一三年六月二七日。http://www.kaze-to-hikari.com/2013/06/2.html
なお小出は、日本の原子力規制委員会は今後の原発の安全性審査において、既存原発が「絶対に安全である」と断定することはできなくなったが、例えば非常用電源は高台に置いたから故障する確率は低くなった、といった仕方で相変わらずこの「確率論的安全評価」に依拠し続けるであろう、と述べている。実際、原発再稼働に際しての原子力規制委員会の審査基準は、「福島の一〇〇分の一の放射性物質が放出されるような事故が起きる頻度を一基当たり一〇〇万年に一回以下に抑えること」（『朝日新聞』、二〇一四年七月一七日）である。以下を参照。小出裕章、「日本は地震大国、地震を切り落として議論できない」、二〇一三年六月二七日。http://www.kaze-to-hikari.com/2013/06/post-38.html

（10）Henry B. Hubbard, dir., Richard B. Hubbard, Gregory C. Minor, eds., *The Risks of Nuclear Power Reactors: A Review of the NRC Reactor Safety Study WASH-1400* (*NUREG-75/014*), Union of Concerned Scientists, 1977, p. 9. 邦訳『原発の安全性への疑問――ラスムッセン報告批判』、憂慮する科学者同盟編、日本科学者会議原子力問題研究委員会訳、水曜社、一九七九年、七一―七二頁。

（11）「フォールト・ツリー解析」が事故を頂点に置き、それが起きる条件や要因をツリー状に配してその確率を分析するものであるのに対して、近年の原子力分野でよく用いられる「イベント・ツリー解析」とは、事故の発生を起点として、その進展過程をツリー状に配してその確率を分析するものであり、両者は「シナリオ分析法」というまったく同じ方法に依拠している。

これら二つの問題点について、順に検討してみよう。

1・1　フォールト・ツリー解析の欠陥

まず、第一点から見ていこう。フォールト・ツリー解析とは、アメリカ合州国の航空宇宙および弾道ミサイル計画において、その事故可能性を評価するために開発された評価法である。フォールト・ツリー解析は、危険な事故発生経路をすべて網羅的に同定してツリー上に配置し、その発生確率をそれぞれ具体的な数値として求め、異なる事故発生経路による事故発生確率を比較するという方法である。こうした解析を行うためには、「解析の対象とされる設備とシステム、可能な故障モード［failure modes］、故障発生経路中の各々の事象［event］が発生する確率などを詳細に知っている必要がある」[12]。つまり、フォールト・ツリー解析が有効に機能するためには、すべての故障可能性とその確率を網羅的かつ詳細に確定する必要がある。しかし、そのようなことは果たして可能なのだろうか。この点について、『原発の安全性への疑問』は次のように述べている。

> ここで明らかに二つの問題が存在する。第一は、可能な故障をすべて同定しなければならない点である。この仕事の困難さは、解析すべきシステムの複雑さに直接関係している。非常に複雑なシステムでは、可能な故障を数え上げれば、膨大な数となろう。解析者はいつも自分たちが「想定可能」と判断した事象を同定することで満足しなければならなかった。［……］そのような判定は、極めて推論的な性格のもので、非常に大きな誤りに導きうるものなのである。第二の解析上の問題は、限られた時間内に、現在の原子炉のような複雑なシステムで起こりうる事故の発生経路やシステムの相互作

用、さらには故障モードの経路についてそのすべてを記述する数学的モデルを開発することは、とても不可能だという事実である。端的に言うなら、解析者は、自分が解析すべき実際のシステムを、自分なりの極めてくせのある方法で記述し、解析結果を色付けできるのである。それは、重大な結果をもたらす弱点である[13]。

つまり、フォールト・ツリー解析は、「可能な故障をすべて同定し」、「事故の発生経路やシステムの相互作用、さらには故障のモードの経路についてそのすべてを記述する」ことを目指すが、実際には、原発のような巨大システムの複雑さゆえに、そのような試みは必然的に挫折せざるをえない。従って、フォールト・ツリー解析は、解析者にとって「想定可能」な範囲、すなわち主観的な範囲でしか事故の可能性を評価することができない。ところが、先にも述べたように、事故とは原理的に、「予測不可能な」あるいは「想定外の」仕方でシステムの破れ目をつくものなのである。従って、フォールト・ツリー解析という方法は、原発のような巨大システムの安全性を評価するには、常に既に不十分なものでしかありえない、ということになる。

『原発の安全性への疑問』によれば、フォールト・ツリー解析の開発者たちが意図したことは、以下のような解析を、事故に対して事後的にではなく、事前に行いうるような方法を作ることであった。

（12）Ibid., p. 10. 邦訳同書、七二―七三頁。
（13）Ibid., p. 11. 邦訳同書、七四頁。

（一）システムにどのような変化があった場合でも、その安全性への影響を評価しうる方法

（二）事故の徴候やその結果を解析することによって、特定の故障や事象の位置を明らかにし、確認するための診断に役立つ評価法

（三）システムの安全性を定量的に計算する方法

（四）完全な安全性解析がなされたと立証すること(14)

しかしながら、航空宇宙および弾道ミサイル計画における現実の経験において、フォールト・ツリー解析は、（一）、（二）の役割に対しては有効であることを示したが、（三）、（四）の役割を果たすことはできなかった。とりわけその過程において、フォールト・ツリー解析は、システムの安全性について信頼に値する定量的な予想をすることができなかっただけでなく、その解析結果が完全なものであることを立証できない、ということが明らかになったのである。このため、航空宇宙産業はこれら二つの役割についてフォールト・ツリー解析を用いることを断念した。それにもかかわらず、ラスムッセン報告は、これら二つの役割についてもフォールト・ツリー解析を用いている(15)。これは、ラスムッセン報告における原発の「安全評価」が信頼性を欠いている、という事実を示している。

以上で述べたフォールト・ツリー解析の問題点を要約すれば、次のようになる。フォールト・ツリー解析は可能な故障すべてを網羅的に同定することができない。また、フォールト・ツリー解析は、事故のすべての発生経路を記述することができない。従って、フォールト・ツリー解析の結果は、解析者の主観的な仮定に依存するのである。この点は、「リスク」そのものが、客観的なものではなく、解析者の想定に依拠した主観的なものであることを示唆している。

しかし、さらに重大な問題が残っている。それは、フォールト・ツリー解析が「共通原因故障」を考慮することができない、という問題である。

1-2　共通原因故障

フォールト・ツリー解析は、事故に際して出来事A、B、C、D……（Aのポンプが故障し、その状況で働くべきBの弁が働かず、さらにCに故障があって、さらにDの安全装置も働かない……）がそれぞれ独立に、すなわち他に無関係に起きると考える。すると、原発を保護している多重防護が無化されて大事故に至る確率は、これらの出来事の発生確率の掛け合わせで決まることになる。従って、確率Pは次のように求められる。

$$P=P_A \times P_B \times P_C \times P_D \times \cdots\cdots$$

P_A、P_B、P_C、P_D……がそれぞれ十分の一より小さければ、それらを掛け合わせて導かれた確率は、たちまち数万分の一、数十万分の一、数百万分の一になってしまう。そこから、ラスムッセン報告のような、「原子力発電所が大規模な事故を起こした結果、何千、何万という人々が死に至るほどの事態は、一原子炉当たり年間一〇億分の一」といった極めて低い事故確率が導かれるのである。[16] しかし、ここで

（14）Ibid., p. 10. 邦訳同書、七三頁。
（15）Ibid., p. 11. 邦訳同書、七三―七四頁。

さらに問題なのは次の点である。フォールト・ツリー解析は、事故に至る過程の各事象を独立したものとして扱うため、地震や火災などの要因によって複数の装置が同時に故障する、といった事態を想定することができないのである。こうした事態は「共通原因故障」と呼ばれる。共通原因故障は次のようなものから起こりうるとされる。

（一）環境による影響（火災、湿度、圧力、汚染など）
（二）部品あるいは材質の老朽化
（三）重要なパラメーターのずれ
（四）（単発的あるいは一連の）ヒューマン・エラー
（五）（地震のような）物理的破壊
（六）サボタージュ［故意の事故誘発行為］あるいはテロリズム(17)

（一）から（四）は、「共通モード故障［common-mode failure］」（共通の原因によって、冗長機器が同じモード＝様態で同時に故障すること）と、（五）、（六）は「共通事象故障［common-event failure］」（共通事象の結果として起きる故障）と呼ばれる。(18)『原発の安全性への疑問』によれば、共通原因故障の定義は以下の通りである。

一つの出来事あるいは周囲の条件の変化が、いくつかの機器の故障の共通原因となるとき、その結果として起こる事故を共通原因故障と定義する（注：共通原因故障は、冗長機器の様々な部分に同様のモードの故障を生じさせる。［……］あるいはまた、地震のような一つの事象の結果として、多くの冗長システムあるいは多様システムが共通事象故障を引き起こす(19)。

原発においては、原子炉を保護する安全機能は、装置を多重に配置し、システムを多様化することによって、確保されているとされる（いわゆる「多重防護」）。装置の「冗長性［redundancy］」あるいは「多重性［multiplicity］」とは、一つのユニットが故障した場合に別のユニットがそれに取って代われるように、ある機能を果たす装置を複数個用意しておくことである。例えば、外部電源喪失に備えて複数の非常用発電機を用意しておく、といった対策がそれに当たる。また、システムの「多様性［diversity］」とは、一つの機能を果たすために、異なるシステムを複数個用意しておくことである。例えば、原子炉が緊急停止した際に原子炉を冷却するための非常用炉心冷却装置（ＥＣＣＳ）を、それぞれ独立した複数のシステムから構成しておく、という対策がそれにあたる。しかしながら、地震や火災によって共通原因故障が起きて、これらの多重化、多様化された安全装置が同時に作動不可能になってしまえば、原発はたちまち危機的な状況に陥ってしまうのである(20)。

福島第一原発事故においては、地震と津波によって、外部電源と多重化された非常用発電機が一気に

(16)『巨大事故の時代』、八六、一六六頁。
(17) *The Risks of Nuclear Power Reactors*, p. 28. 邦訳『原発の安全性への疑問』、九七頁。
(18) Ibid., p. 28. 邦訳同書、九七頁。
(19) Ibid., p. 27. 邦訳同書、九五頁。
(20) Ibid., p. 28. 邦訳同書、九七頁。

失われて全電源喪失という事態に陥り、電源によって機能する多様化された安全装置（ＥＣＣＳの複数の系統）がすべて稼働不可能になった。これは、共通原因故障の典型的かつ最悪の実例である。また、一九七五年のアメリカ合州国・ブラウンズフェリー原発の火災事故では、ケーブル周囲の空気の漏れを調べるために使われた小さなローソクの火が発端となった火災で一六〇〇本のケーブルが燃え、一号機の非常用炉心冷却系が作動不能になり、炉心溶融寸前の状態にまで達した。ラスムッセン報告はこの事故を事後的に、事故局面の一部分のみを取り出して解析し、その危険性を過小評価している[21]。

これらの事故から理解できるように、共通原因故障は、原発の多重化、多様化されたシステムを、地震や火災のような共通の原因によって無化し、巨大事故を引き起こしてしまう。しかしながら、事故に至る各事象をそれぞれ独立したものとして捉えるフォールト・ツリー解析は、多重化、多様化されたシステムすべてを同時に無化してしまうような共通原因故障の可能性を、適切に評価することができないのである。とりわけ地震多発国である日本の原発のリスク評価にとって、大地震のような外部要因が引き起こしうる共通原因故障の可能性を適切に評価できないフォールト・ツリー解析は、致命的な欠陥を持っていると言うことができる。

このように、原発のような巨大システムの完全な「安全評価」、すなわちリスク評価は、決定論的な仕方によっても、確率論的な仕方によっても不可能である。言い換えるなら、原発のような巨大システムは、その内部に常に、予測不可能なシステムの破れ目を内包しているのである。

2　ノーマル・アクシデントとしての原発事故

本章の冒頭で扱った、「ノーマル・アクシデント」の問題に戻ろう。どのようなシステムが、ノーマル・アクシデントあるいはシステム・アクシデントに陥りやすいのだろうか。そして、それは原発という巨大システムの持ついかなる性格と関係しているのだろうか。ペローによれば、現代的な巨大システムは、（一）複雑な相互作用、（二）偶発的事態からの迅速な回復を妨げる緊密な結合、という二つの性質を持つ傾向があり、従ってノーマル・アクシデントの危険を常に内包している。

ここからは、ペロー『ノーマル・アクシデント』と、ペローを読解しつつ原発における「ノーマル・アクシデント」の問題を考察した高木仁三郎『巨大事故の時代』を参照しながら、これら二つの特徴について順に見ていくことにしよう。

2-1　複雑な相互作用

ペローは『ノーマル・アクシデント』において、システムの構成要素間の相互作用を、「線形的な相互作用」と「複雑な相互作用」に分けている。まず前者から見てみよう。彼は線形的な相互作用を次のように定義している。

(21) Ibid., pp. 33-34, 188-191. 邦訳同書、一〇三―一〇五頁、二五六―二六一頁。

線形的な相互作用とは、予期された既知の生産あるいは保守シークエンスにおける相互作用であり、計画外のシークエンスにおいても極めて可視的な相互作用のことである。[22]

高木仁三郎は、線形的な相互作用の例として、自転車の運転を挙げている。「自転車の操縦（運転）とは、足とタイヤの相互作用（これでスピードが決まる）、手と地面の相互作用（これで方向が決まる）をうまく制御して、適当なスピードで安全な方向に舵を取りながら、そのバランスで運転を維持することである。自転車にも相互作用はあるが、その相互作用はおおむねペローが言う〝直線的な（linear）〟ものである。〝直線的〟というのは、関係が単純で、一対一の対応がつき、容易に把握できる、ということである」[23]。つまり、線形的な相互作用とは、自転車の運転のように、関係が単純で一対一対応しているものであり、そのメカニズムが外部から見ても極めてわかりやすいような相互作用のことである。

それに対して、複雑な相互作用は次のように定義される。

複雑な相互作用とは、未知の複数のシークエンスの相互作用、あるいは計画も予期もされていない複数のシークエンスの相互作用であり、可視的ではない、あるいは即座に理解可能でないような相互作用のことである。[24]

高木は、こうした複雑な相互作用を説明するために、自転車の運転中にいつもの経験と異なる相互作用によって事故が起きてしまう、という例を挙げる。「自転車でも、時に運転を誤ってころんだりする。それは、たとえば道に思いもよらぬ穴があったり、氷がはっていたりして、いつもの経験と違う相互作用をタイヤやハンドルがしてしまうときである。そういう複雑な、なかなか単純に想定できない相互作用を〝複雑な（complex）〟相互作用とペローは呼んでいる[25]」。つまり、複雑な相互作用とは、普段の運転経験とは異なっているために即座に理解できないような相互作用が、複数のシークエンス間で起こってしまうことである。そうした複雑な相互作用は、高木の出している例とは異なるが、システムが複雑であるがゆえに外からは直接には観察できない場合が多い（例えば、原子炉の内部は放射線量が高く、容易に近づくことができないため、その挙動は計器によってしか観察できない）。

複雑な相互作用を引き起こしうる「複雑なシステム」の特徴は、ペローによれば以下のように要約される。

（一）生産シークエンスにはない諸部分や諸ユニットが近接している

（二）生産シークエンスにはない複数の構成要素（諸部分、諸ユニット、諸サブシステム）間に多くの共通モード接続が存在する

（三）未知のあるいは意図せざるフィードバック・ループ［フィードバックを繰り返すことで結果が増幅されていくこと］が存在する

（22）*Normal Accidents*, p. 78.

（23）『巨大事故の時代』、一七九頁。

（24）*Normal Accidents*, p. 78.

（25）『巨大事故の時代』、一七九頁。

（四）多くの制御パラメーターが潜在的に相互作用しうる
（五）情報源が間接的あるいは推定的である
（六）いくつかのプロセスの理解が限定されている(26)

ペローは、複雑な相互作用について、この中から二つの重要な特徴を挙げている。第一の特徴は、「多重機能（共通モード機能）」（要約の（二））である。多重機能とは、「ある構成要素が他の複数の構成要素を補助しており、それが故障すれば複数の「モード」が故障してしまう」ような機能である(27)。一つの多重機能の喪失は、それが複数の機能を持つがゆえに、システム全体に波及するような大きな破綻を引き起こすことがある。この多重機能について説明するために、高木は原発における水を例に挙げている。

沸騰水型の原発では冷却水は何重にも重要な役割を持っている。もちろん第一に冷却水としての役目であり、炉心を冷却して加熱を避ける役目である。と同時に水は熱によって蒸気となって発電をする、いわばエネルギーの媒体の役をする。さらに水は減速材と呼ばれ中性子のエネルギーを落とすことで核分裂反応を起こしやすくしている。つまり、原子炉の制御にとって基本的に重要な機能――反応の制御と熱の制御の両方に水は深く関係している。

そこで、水量が変化するようなことがあると様々な影響が出る。一般に水の流量が減れば過熱状態となり温度は上がり蒸気泡は増えるが、その状態では減速効果が落ちて反応は下がって温度も下がる。逆に水の流量が増えると、冷却効果は上がるが反応は一般に増える。これは全体的に見た場合だが、原子炉内の各部ではもっと局所的な反応の変化が起こり、その影響の出方は複雑である。

このように水ひとつとっても相互作用は複雑であり、たとえば水が失われるというひとつの原因でいくつかの機能がマヒする、一種の共倒れ（共通原因故障）となる。[28]

原発において水の果たす役割がいかに重要かを、私たちは福島第一原発事故によって嫌というほど思い知らされた。原子炉を冷却する水が何らかの理由で失われれば（LOCA：一次冷却材喪失事故）、原子炉の反応の制御と熱の制御ができなくなり、原子炉はたちまち危機的な状況に陥ってしまう。さらに、原子炉を無事に停止できたとしても、水がなければ燃料棒の持つ余熱を冷却することができず、炉心溶融の危機に瀕することになる。

複雑な相互作用の第二の重要な特徴は、「隣接性」である（要約の（一））。ペローによれば、隣接性とは、「偶然にも極めて隣接している、複数の独立した無関係なサブシステム間の予期しない接続によって、計画も予期もされておらず線形的でもないような相互作用が引き起こされる」ことである。[29]つまり隣接性とは、近接して配置されている複数の独立した構成要素が、予期しない相互作用を起こしてしまうことである。隣接性の例として、高木は火災、放射能漏れによる、隣接した構成要素間の相互作用を

（26）*Normal Accidents*, pp. 85-86.

（27）Ibid., pp. 72-73.

（28）『巨大事故の時代』、一八〇頁。なお、高木の原文中の「共通要因故障」は、本章の他の箇所との統一のため、「共通原因故障」に変更した。

（29）*Normal Accidents*, p. 74.

挙げている。

現代の巨大プラントでは、機能性と空間の有効利用を考え、諸機能を空間的にきわめて近接してコンパクトに作るように配置する。ところがそんなシステムの一カ所で爆発があるとすぐに他の部分も損傷する。火災も同様で、ラアーグ再処理工場の火災のケースがまさにそうだった。この〝近接性〟も、本来設計者が予期しなかったような相互作用の原因となり、共倒れや将棋倒しにもつながることは容易に理解できよう。

私がさらに付け加えれば、原発事故では放射能が、化学工場の事故では化学毒物が、事故の初期に漏れ始めると、これが制御室を襲ってくることがある（実際スリーマイル島事故でもチェルノブイリの事故でも制御室は危機になった）。これもひとつの〝複雑な相互作用〟で、そうなったら混乱は増幅される。[30]

実際、福島第一原発事故時には、全電源喪失（地震、津波による共通原因故障）によって暗闇となった中央制御室では、放射線量も上昇した。また、ベントを試みようとしても、電源がない状況では手動でバルブを開く以外になく、しかも極めて高い放射線量の中、手動でバルブを開く作業は困難を極めた。全電源喪失（共通原因故障）と放射線量の上昇（隣接した構成要素間の相互作用）という危機的な状況の中で原子炉を制御することは、絶望的に困難な作業であったと言ってよい。

2-2　緊密な結合

次に「緊密な結合」について見てみよう。ペローによれば、「緊密な結合とは、二つのものの間に遊び、バッファ、柔軟さが存在しないことを意味する技術用語である。一方に起こることが直接、他方に起こることに影響する」[31]。彼は、緊密な結合の具体的な特徴を次のように要約している。

（一）進行の遅れは不可能である
（二）シークエンスは不変である
（三）目標に到達するためには唯一の方法しかない
（四）物資供給、装置、職員における遊びはほとんど許容されない
（五）バッファや冗長性は意図的に内部に設計されている
（六）物資供給、装置、職員の代理は限定されており、内部に設計されている[32]

つまり、緊密な結合を持つシステムは、構成要素間の関係が極めて厳密に構築されており、ほんの少しの手順のミスがシステム全体を破綻させるほど大きな障害をもたらすことがある。緊密な結合のこれらの特徴を、高木は次のように具体的に説明している。

（30）『巨大事故の時代』、一八一―一八二頁。
（31）*Normal Accidents*, pp. 89–90.
（32）Ibid., p. 96.

現代の先端的システムはどれも非常に緊密（tight）につくられていて遊びがない。ある圧力とか温度とか定められた範囲にきわめて近いところで運転され、それを少し外れるとたんに事故になるように作られている。［……］

もちろんある程度の余裕ということは安全上から現代のシステムでも必要とされるが、その幅はきわめて小さい。たとえば、原発で制御棒を誤って引き抜いてもよい本数はたかだか一本である。

化学プラントなどの圧力や温度もきちんと定められた値に制御されていて、たとえば圧力がそれをある定められたわずかな値だけ超えると減圧弁等が自動作動して圧力を逃がす。そのような場合、一般にシステムは精巧にできているとみなされるが、遊びがない分だけもろい。減圧弁の設定値が少しずれただけで、事故になりうる。またこの種のシステムは、時間的にもきわめて応答が早い。それだけに時間的にもゆとりがなく、操作が遅れたりすると取り返しのつかないことになる[33]。

先にも述べたように、原発では、緊急事態が起きた場合、原子炉の停止に成功したとしても、内部に残された燃料棒は熱崩壊を続ける。従って、原子炉の停止後も燃料棒を冷却し続けなければ、数時間で炉心溶融を起こしてしまう。そのような意味で、原発というシステムには遊びがない。これは、燃料の燃焼を止めれば安全性が確保される火力発電とはまったく異なっている。こうした遊び、バッファの問題についてペローは次のように述べる。「緊密に結合されたシステムにおいては、バッファ、冗長性、代理は内部に設計されていなければならず、あらかじめ考慮されていなければならない。柔軟に結合されたシステムにおいては、たとえあらかじめ計画されていなくても、応急的で瞬間的なバッファ、冗長性、代理が見つかるチャンスはより大きい[34]」。

実際、バッファ、冗長性、代理は、原発においては、例えば複数の系統の緊急炉心冷却装置（ＥＣＣＳ）のような形で設計されている。しかし実際は、事故時に緊急炉心冷却装置が適切に機能するとは限らない（また、それまで一度も作動したことがないような安全装置の操作法を、操作員が熟知しているとは限らない）。むしろ、大事故が発生するのは、意図的に設計されたバッファ、冗長性、代理がすべて無化されてしまうときなのである。このように、緊密に結合されたシステムにおいては、あらかじめ内部に設計された分だけしか遊び、冗長性、代理がなく、それらが無化されればシステムは完全に破綻してしまう。それは、線形的なシステムにおいて、意図的に設計されていなくてもバッファ、冗長性、代理が見つかる可能性があるのとは正反対である。そのような意味で、原発のような現代的な巨大システムは、その内部に極めて深刻な「ノーマル・アクシデント」のリスクを内包しているのである。

2-3　どの技術を廃棄するか

ここまで私たちは、ペローと高木に従って、ノーマル・アクシデントを引き起こしうる二つの要因、すなわち（一）複雑な相互作用、（二）緊密な結合について詳細に分析してきた。そこから得られた結果を受けて、ペローは、（一）相互作用を横軸に、（二）結合の緊密さを縦軸に取って、四象限のマトリックスを作成している（図1）。このマトリックスの第二象限に位置するのが、相互作用が複雑で結合が緊密なシステムであるが、とりわけ核兵器と原発が第二象限の右上にプロットされている点に注意

（33）『巨大事故の時代』、一八二―一八三頁。
（34）*Normal Accidents*, pp. 94-95.

しなければならない。つまり、これらのシステムは、最も現代的な巨大システムであると同時に、最も「ノーマル・アクシデント」の可能性を内包した、危険度の高いシステムなのである。

ここからペローは、さらに分析を進めて、社会的にどのようなシステムを受容し、どのようなシステムを廃棄するべきかを提案する。まず彼は、システムがカタストロフィックな事故を生む潜在的可能性を、カタストロフィック・ポテンシャルと定義する。カタストロフィック・ポテンシャルは、一つの事故が多くの犠牲者を出し、環境に大きな影響を与えるほど高くなる。そして、各システムの「ノーマル・アクシデント」、すなわちシステム・アクシデントの潜在的可能性と、カタストロフィックな事故の潜在的可能性を加えて、各システムの危険度を評価する。他方で彼は、そのシステムを他の技術で置き換えた場合にどの程度のコストがかかるかを評価する。そこから、縦軸にコストの代替性、横軸にシステムの危険度を取った図表を提示するのである（図2）。ペローはこの図表に基づいて、危険度が極めて高く、代替コストが極めて小さいシステム、すなわち核兵器と原発を放棄することを提案している。

私たちはこのペローの提案に完全に賛成する。その理由として、次の二点を挙げておく。第一に、私たちが本章で見てきたように、システムのリスク評価は、一見客観的なものに見えながらも、実際は評価者の想定に依拠した主観的なものでしかなく、完全に客観的なリスク評価を行うことは不可能である。その意味で、いくらリスク評価の結果（すなわち事故の確率）が低くても、カタストロフィックな事故が起きないということはありえないのである。第二に、客観的なリスク評価が事実上不可能であり、現代の巨大システムがその内部に常に「ノーマル・アクシデント」の潜在的可能性を内包している以上、私たちは、それがもたらしうるカタストロフィの潜在的可能性に従ってその技術を評価するべきで

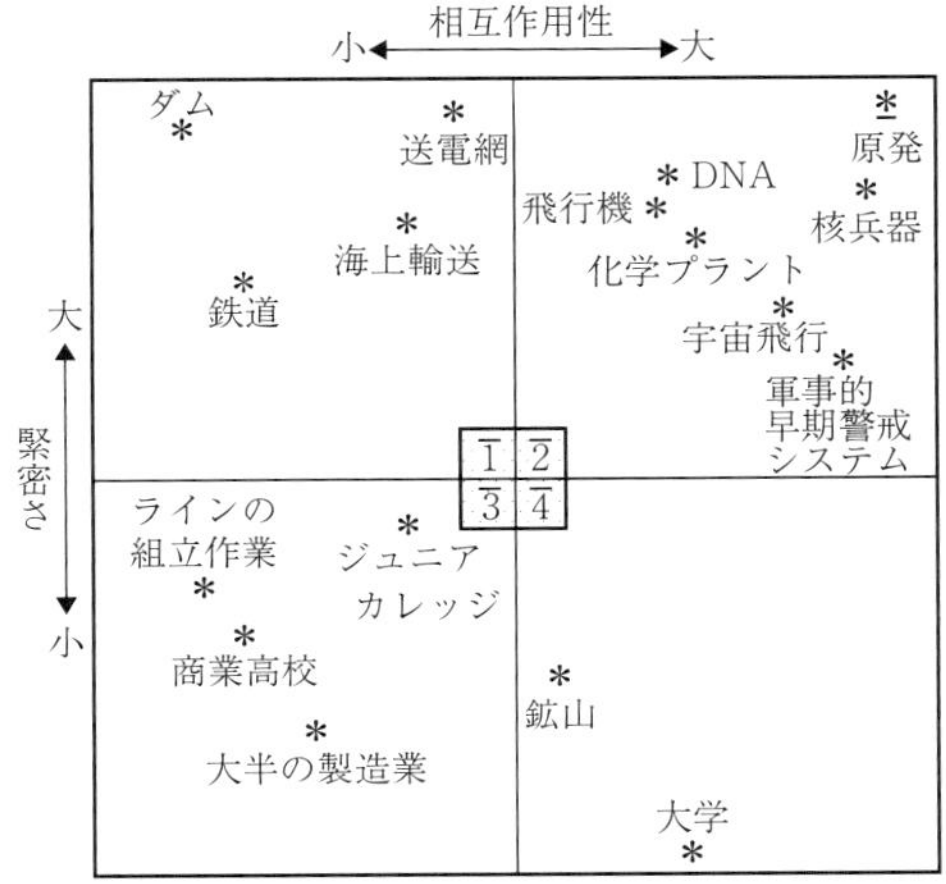

［図１］諸システムの性格分析（*Normal Accidents*, p. 97.『巨大事故の時代』185頁）

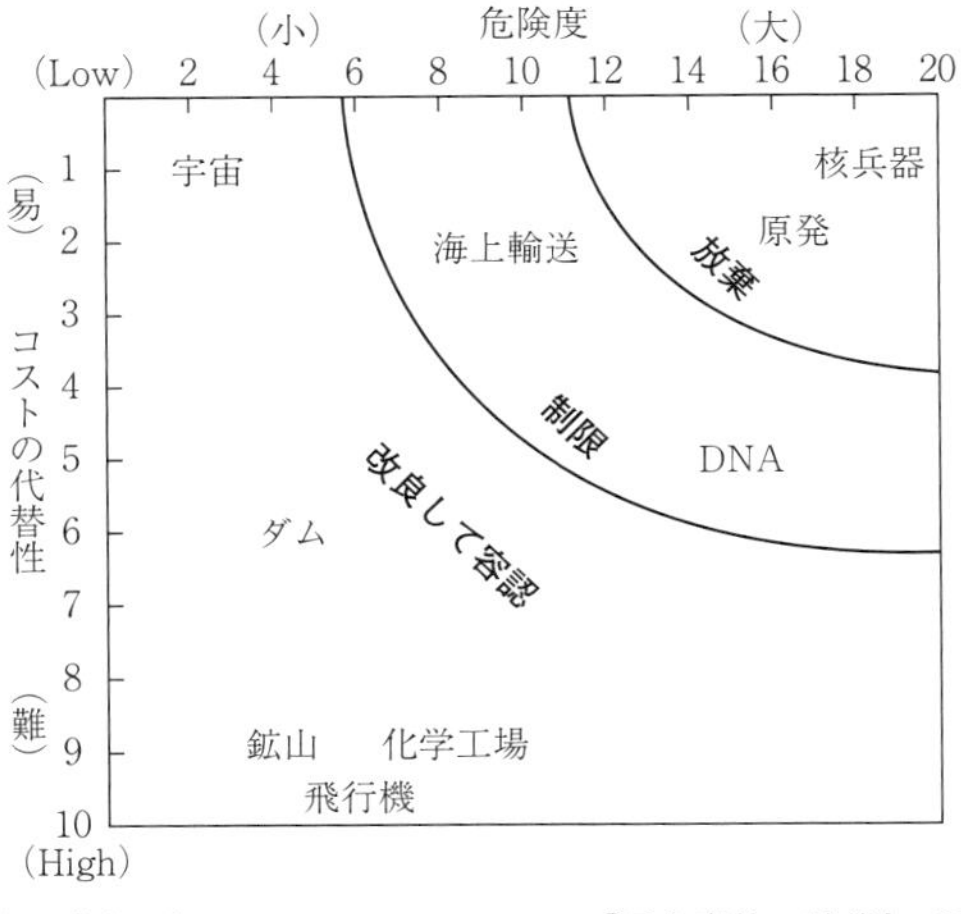

［図２］技術選択の指標（*Normal Accidents*, p. 349.『巨大事故の時代』、212頁）

ある。

ここで私たちは、ジャン゠ピエール・デュピュイによるカタストロフィの哲学[35]とジャック・デリダによる脱構築の哲学[36]を念頭に置きつつ、リスクを計算可能なものの領域において、そしてカタストロフィを計算不可能なものの領域において把握することを提案する。リスクは常に、リスク解析を経て「計算可能なもの」として私たちに提示される。そのようにして導出されたリスクは、決して客観的なものではなく、解析者の想定に依拠する主観的なものでしかない。他方で、核兵器や原発事故がもたらすカタストロフィは、人間と環境に対して計算可能性の限度を超えた膨大な影響を与えうるのであり、私たちはそれを「計算不可能なもの」の領域において把握しなければならない。従ってカタストロフィを、リスク解析やコスト゠ベネフィット計算のような計量的アプローチによって把握するべきではないのである[37]。

ここで、原発事故と戦争の等価性、原発と核兵器の等価性、という私たちのテーゼを想起すべきであろう[38]。原発は、いったんそれが過酷事故を起こせば、人間と環境に対して、戦争に匹敵する膨大な影響を及ぼすことになる。また、原発が事故を起こした場合に人間と環境に対して膨大な影響を与えるのは、原子力発電のメカニズムが、核兵器のメカニズムそのものである核分裂連鎖反応に依拠するからである。核兵器や原発事故がもたらしうるカタストロフィが、人間と環境に「計算不可能な」ほど膨大な影響を与えるものである以上、私たちはカタストロフィの可能性を根本から断ち切る必要がある。そして、その方法は、核兵器と原発を完全に廃棄すること以外には存在しないのである。

（35）Jean-Pierre Dupuy, *Pour un catastrophisme éclairé : Quand l'impossible est certain*, Seuil, 2002. 邦訳『ありえないことが現実になるとき——賢明な破局論に向けて』、桑田光平・本田貴久訳、筑摩書房、二〇一二年。

（36）Jacques Derrida, *Force de loi*, Galilée, 1994. 邦訳『法の力』、堅田研一訳、法政大学出版局、一九九九年。なお、デリダは『法の力』において、法を「計算可能なもの」の領域において、そして正義を「計算不可能なもの」の領域において定義しているが、リスクとカタストロフィについては論じていない。私たちはここで、デリダにおける「計算可能なもの」と「計算不可能なもの」という対立概念を参照している。

（37）原発事故の被害へのコスト＝ベネフィット計算の適用については、第二部第一章において詳述した。

（38）前者については第一部第一章、後者については第一部第二章において詳述した。

第三部　構造的差別のシステムとしての原発

第一章　電源三法と地方の服従化

原発はこれまで、様々な抑圧、差別と切り離し難い形で設置され、運転されてきた。例えば、原発は巨大事故のリスクを常にかかえるがゆえに、都会に設置することはできず、過疎で経済的に貧困な地方に設置される傾向がある。また、原発で働く労働者は電力会社の社員と下請け会社の労働者の二種類に大別できるが、多くの論者によって、下請け会社の労働者の被曝量は電力会社の社員の被曝量よりも大幅に多いという事実が指摘されている[1]。これらの事実は、原発がある種の権力関係に依拠して設置され、運転されている、という事実を物語っている。では、なぜそのような事態が生じるのだろうか。それは、原子力発電の用いる核エネルギーが、平常時、事故時にかかわらず人間にとって極めて危険な性質を持っており、そうした危険な技術がもたらすリスクは、しばしば差別に依拠して不平等な形で分配されるからである。私たちは、このような逆転不可能な権力関係に依拠した差別を、個々人の主観的な

(1) 例えば以下を参照。堀江邦夫、『原発ジプシー　増補改訂版——被曝下請け労働者の記録』、現代書館、二〇一一年（初版、一九七九年）、三四〇—三四一頁。この点については、第三部第二章において詳細に論じる。

差別と区別するために、構造的差別のシステムと名付けることにする。第三部において私たちは、原発を構造的差別のシステムとして位置付ける。

本章では、電源三法交付金のシステムの差別的本質について考察し、そのシステムを用いた過疎で貧困な地方への原発の設置、そしてそれがもたらすリスクの偏在、といった構造を明らかにする。私たちはこうした構造を、国家の核エネルギー政策への地方の服従化、という観点から分析し、結論として、その構造に対する脱服従化の可能性を模索する。

1 電源三法とは何か

電源三法とは、一九七四年六月に成立した「電源開発促進税法」、「発電用施設周辺地域整備法」、「電源開発促進対策特別会計法」の三法を総称したものである。これらの法律は、前年の第一次オイルショックを受けて、エネルギー供給を原子力＝核エネルギーへとシフトさせるために、第三次田中角栄内閣が立案したものである。本節では主として、財政学を専門とする経済学者、清水修二の『原発にお地域の未来を託せるか』に依拠して、電源三法という制度の差別的本質について考察する。

電源三法のシステムは以下のようなものである。まず、「電源開発促進法」によって、「電源開発促進税」という税金を、電力消費量に比例する形で電力会社に課税する。電力会社はそれを電気料金に転嫁するため、実際に税を負担するのは、電力を消費する世帯や企業となる。

電源開発促進税は、「電源開発促進対策特別会計法」によって設けられた特別会計に移行され、「発電用施設周辺地域整備法」に基づいて、発電所が立地している県や市町村に交付金として支給される。この法律は水力発電、火力発電、原子力発電を対象としているが、原子力発電において最も支給額が大きくなっている(2)。

このシステムは一体何を目的としているのだろうか。成立当時の通産大臣である中曽根康弘は、電源三法の目的を、一九七四年五月一五日の国会答弁で次のように説明している。

電源開発を促進して国民の要求する電力の需要に合うように供給体系をつくっておくということは通産省の責任でございますが、いまの情勢を見ますと、電源をつくるという場合に、ダムをつくるとか、あるいは原子力発電所をつくるとか、そういうところの住民の皆さんは、かなりの迷惑を実は受けておるところでございます。家を移転させるとか、あるいは公害の危険性が出てくるとか、そういうようないろいろな非難がございます。しかしそれで迷惑を受けて発電所がつくられても、電気代が別に安いというわけではない。そういうような面から住民の皆さんに非常に迷惑をかけておるところであるので、そこで住民の皆さま方にある程度福祉を還元しなければバランスが取れない。また電源の開発も促進されない。そういうバランスの意味もありまして、今度の周辺整備法［＝発電用施設周辺地域整備法］の上程にもなってきているわけでございます(3)。

つまり、原発を建設すると、立地自治体に「公害の危険性」のような「迷惑」をかけることになるの

（2）清水修二、『原発になお地域の未来を託せるか』、自治体研究社、二〇一一年、七四―七五頁。
（3）衆議院商工委員会議録、一九七四年五月一五日。以下の引用による。『原発になお地域の未来を託せるか』、七五―七六頁。

で、電源三法によって住民に「福祉を還元しなければバランスが取れない」し、「また電源の開発も促進されない」、というのである（なお、ここで政府が既に、原発のもたらす「公害の危険性」を明確に認めている、という点には注意が必要である）。ここから清水修二は、電源三法とは、「公害の危険性」を持つ原子力発電所の設置に対する、地域住民への「迷惑料」である、と指摘する。[4] しかしながら、私たちの観点からは、電源三法を地域住民への単なる「迷惑料」と見なすことはできない。私たちはむしろ電源三法を、国家がその核エネルギー政策へと原発立地地域を服従化し、その服従化を再生産するための有力な手段である、と定義する。

電源三法の特徴を詳しく見てみよう。清水修二は『原発になお地域の未来を託せるか』において、経済産業省資源エネルギー庁が発行した『電源立地制度の概要』[5]という冊子を参照している。その冒頭に置かれた、出力一三五万キロワットの大型原発を一基誘致した場合の交付金支給モデル（図1）を参考にしよう。そのモデルによれば、立地自治体と隣接自治体に、原発の運転開始前後の四五年にわたって、総額一二一五億円の交付金が支給されることになる。清水によれば、ここで注意すべき点は、次の四点である。[6]

第一に、電源三法交付金はあくまで「交付金」であって、原発の運転を開始すれば、電源三法「交付金」とは別に、膨大な固定資産税が地方税として原発立地自治体に入ってくる。ただし、これについては次の注意点を指摘しておく必要がある。原発は巨大な機械であるがゆえに、その価値は減価償却に伴って年々減少していき、従って固定資産税も年々減少していく。例えば、出力一〇〇万キロワットの原発一基を誘致した場合の固定資産税収入モデル（図2）を参照すれば、運転初年度には三六億円にのぼる固定資産税が、運転二〇年目には一・五億円程度にまで縮小していることがわかる。

第二に、交付金は、原発の運転開始以前の段階でむしろ多く支給されている。図1では一〇年目が運転開始年度になっているが、電源三法交付金は「環境影響評価の翌年度」から、すなわち建設がまだ正式に決まっていない段階から公布され始め、工事着工の年からその金額は突然大きく跳ね上がる。なぜなら、もともと電源三法交付金とは、原発が稼働を始めて固定資産税が入ってくるまでの間、立地自治体に先取り的に莫大な収入を保証する、言わば原発立地の「インセンティヴ（誘因）」を与える役割を果たすものだったからだ。従って、固定資産税の前倒しとして、工事着工の時点から交付金が支給されるのである。

第三に、原発の運転開始までは交付金の額が山型に膨らんでいるのに対して、運転開始後はそれよりはるかに低い平坦な水準で安定する。電源三法は、制定時は「電源立地促進対策交付金」を支給する制度であり、固定資産税が入るようになれば交付金は不要になる、という考え方に従って、この交付金の交付期限は原発の運転開始年までに制限されていた（現在では、運転開始から五年後まで）。しかし、期限が来ると打ち切りになるこの交付金に対して、立地自治体から不満の声が上がるようになったため、政府は、原発の運転が続く限りは継続する交付金を支給することにしたのである。

第四に、原発が老朽化すると、交付金は増加する仕組みになっている。これは、新規の原発の建設が困難になる中で、原発の寿命を延長し、地元にそれに同意するインセンティヴを与えるという目的に

（4）同書、七五―七六頁。
（5）経済産業省資源エネルギー庁、『電源立地制度の概要』、二〇一〇年。以下で閲覧可能。https://www2.dengen.or.jp/html/leaf/seido/seido.html
（6）『原発になお地域の未来を託せるか』、八九―九二頁（私たちの観点を加えた要約）。

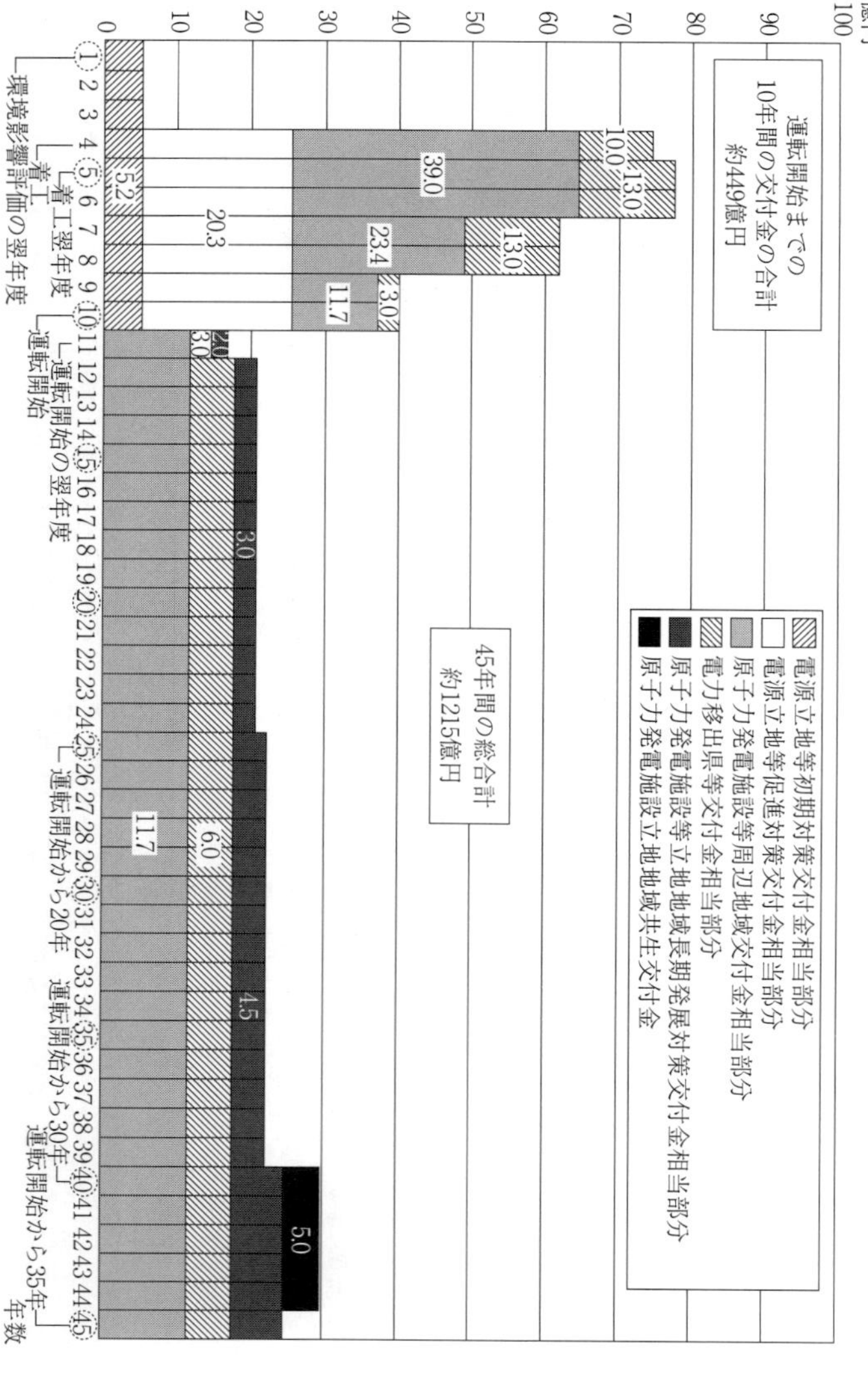

［図1］ 電源三法交付金支給モデル（出力135万キロワット一基）（経済産業省資源エネルギー庁、『電源立地制度の概要』より作成、『原発になお地域の未来を託せるか』、90頁）

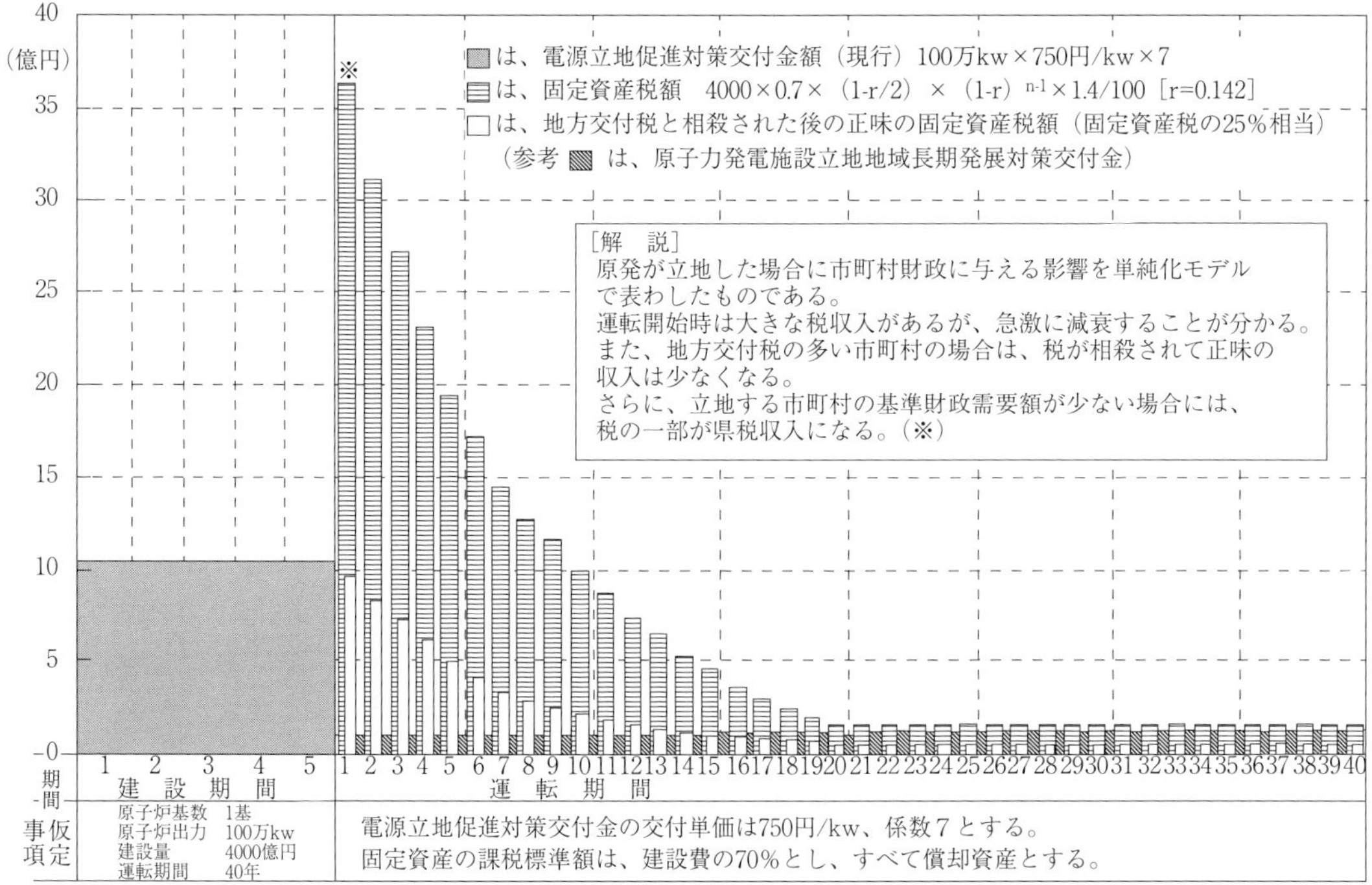

［図２］固定資産税収入、電源立地促進対策交付金支給モデル（出力100万キロワット一基）（全国原子力発電所所在市町村協議会、1998年。http：//www.zengenkyo.org/ayumi/koufukin.html）

従ってなされていると考えられる。原発は老朽化すればするほど事故の危険を増すことになるが、政府は電源三法交付金によって、老朽化した原発を運転し続けるよう、立地自治体を動機付けているのである。

これらの四点から私たちは、電源三法の本質を次のように明確化することができる。電源三法交付金と固定資産税を結合した原発立地自治体への巨額の利益誘導のシステムは、経済的に貧困な地方自治体に対して膨大な収入を保証して原発立地のインセンティヴを与えることで、経済的権力によって地方を服従化し、さらにその服従化を長期的に再生産するためのシステムである。いったんこのシステムに組み込まれれば、原発立地自治体は、原発立地によってもたらされる膨大な収入に依拠して財政規模を拡大させ、数多くの公共事業を行うことになるが、原発の運転開始後一定期間が経てばその収入は減少し、財政的に困窮するため、新たな収入源としてさらに新しい原発を誘致せざるをえない。この利益誘導のシステムは言わば、経済的権力によって地方を麻薬中毒患者のように原発に依存させ、その依存から抜け出せないように服従化し続けるものなのである。実際、経済産業省は二〇一六年度から、原発を再稼働した自治体に電源三法交付金を重点配分し、原発が停止している自治体には交付金を削減する、という方針を打ち出している。これは、電源三法交付金によって原発立地自治体に原発再稼働のインセンティヴを与える、という措置に他ならない[7]。

また、過疎の地方の小規模経済にとってあまりにも巨大な経済規模を持つ原子力発電所の建設は、地方経済を急激に膨張させると同時に、その経済を原発のみに依存するものへと急激にモノカルチャー化し、地域経済を原発への依存から抜け出せなくする[8]。

このように、電源三法交付金と固定資産税を結合した利益誘導のシステムは、国家が経済的に貧困な地方を経済的権力によって服従化させる、経済的服従化のシステムである。そして、このような国家と地方との関係には、逆転不可能な経済的権力関係が介在している。私たちは国家と地方との間のこうした経済的な権力関係を、それが逆転不可能な構造的非対称性であるという意味において、構造的差別のシステムと呼ぶ。

その具体例として、福島県双葉町を取り上げよう。双葉町には福島第一原発の五号機、六号機が立地しており、そのため原発事故後の現在ではそのすべての区域が避難指示区域に指定され、住民は日本各地に集団移住を強いられている。双葉町民の埼玉県旧騎西高校への全町避難を扱ったドキュメンタリー映画『フタバから遠く離れて』の監督、舩橋淳は、原発設置と双葉町の経済状況の関係の推移を以下のように記述している。双葉町は、原発立地以前は「福島県のチベット」と呼ばれるような貧しい農村地帯であった。町には大きな産業もなく、都市への出稼ぎが町民の生活を支えていた。しかし一九七〇年代に双葉町は、原発立地で得られた財政収入によって急速に豊かになり、公共事業（図書館、体育館、コミュニティセンター、双葉町庁舎、海の家、総合運動公園などの公共施設や、道路や下水道設備などの建設）を増大させ、財政規模を拡大した。しかし、そのような豊かさは長くは続かなかった。原発の運転開始後、財政収入は次第に減少していくにもかかわらず、双葉町は財政規模を維持し続けたからだ。そして、公共施設の維持費ややりかけの公共事業費が重荷となり、「一九八〇年代後半から財政は悪化の一途をたどり、支出の三〇％以上を借金返済に充てざるを得ない財政破綻寸前と化してしまう」[9]。実際、双葉町

（7）「原発再稼働の自治体に重点配分　電源交付金、停止は削減方針」、共同通信、二〇一四年一二月二二日。

（8）『原発になお地域の未来を託せるか』、第四章「原子力発電と地域の将来」。

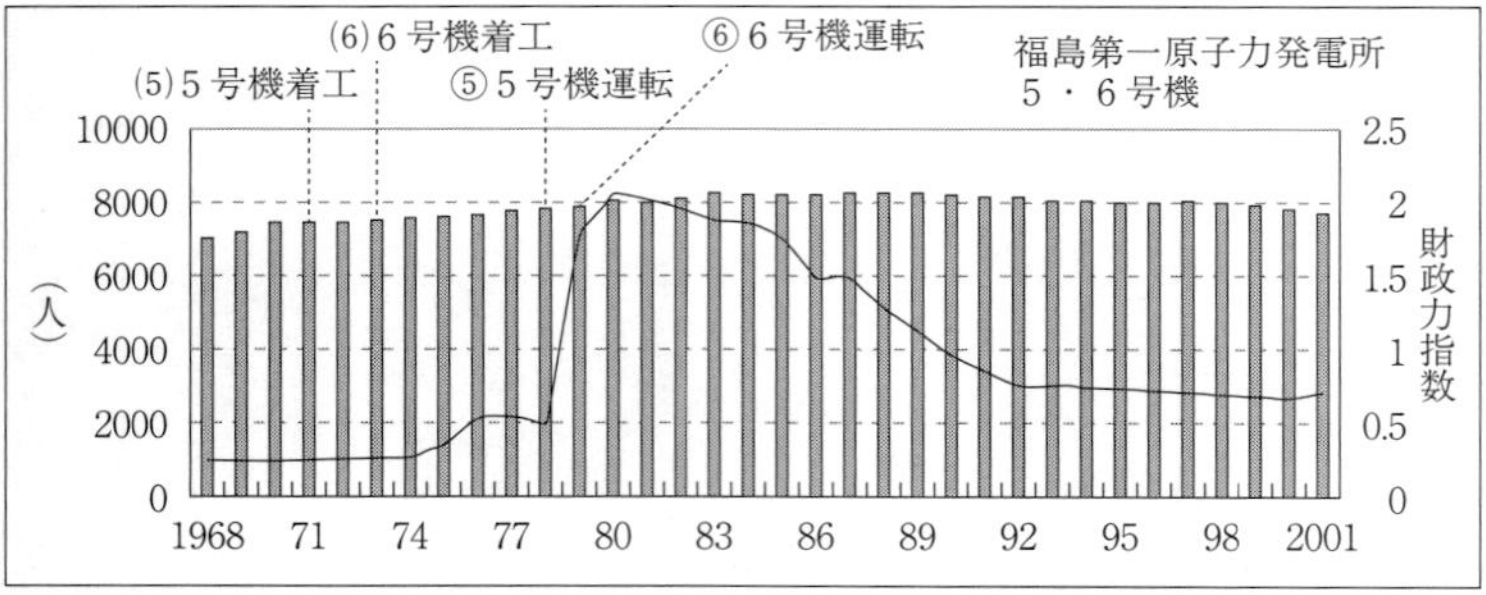

［図3］双葉町の人口及び財政力指数の推移（全国原子力発電所所在市町村協議会、1998年。http://www.zengenkyo.org/ayumi/suii02.html）

の財政力指数[10]の推移を見れば（図3）、福島第一原発五号機の運転開始翌年の一九七九年から急激に上昇し、一九八〇年に二を超えてピークを迎えるが、その後、次第に下降し、一九九〇年には一を割り込んでいることがわかる。

こうして双葉町は一九九〇年には、原発関係収入の減少によって、地方交付税不交付団体から交付団体へと逆戻りしてしまう。こうした事態に呼応して、双葉町議会は一九九一年、「原発増設誘致決議」によって、福島第一原発七号機、八号機の誘致を決議することになる。この決議は次のように述べていた。

> 双葉町は［……］国家的使命の中、全国有数の電力供給基地の一翼を担い電力の安定供給と地域経済の進展に大きく貢献しているところであります。［……］この原子力発電所建設を大きな契機として、生活諸基盤の整備も進み、また、十数年にして住民所得も県内最上位に躍進し、経済のみならず教育・文化・医療・交通・産業等すべての面で大きく飛躍発展を遂げてまいりました。しかしながら原子力発電所の建設も終了し、昭和四九年度に制定されました電源三法交付金制度の適用も、当町では昭和六二年度で終止符を打ち、また、大規模償却資産税

収入も昭和五八年度をピークとして年々減少の一途をたどり厳しい財政運営になっております。〔……〕よって双葉町議会は、今後更に東京電力株式会社福島第一原子力発電所の双葉町敷地内余裕地を活用し、原子力発電所の増設を望むところであります。(11)

この「原発増設誘致決議」は、電源三法交付金と固定資産税を結合した利益誘導のシステムが国家の核エネルギー政策への服従化のシステムであること、そしていったんそのシステムに組み込まれれば、原発立地自治体は服従化の再生産プロセスから決して抜け出すことができないことを、明瞭に描き出している。実際、双葉町はこの決議の後も、七号機、八号機の増設をあてにして、巨大化した財政規模を維持し続けた。二〇〇二年、東京電力の福島第一、福島第二、柏崎刈羽原発の定期点検におけるトラブル隠蔽の発覚に伴って、双葉町はいったん七号機、八号機の増設誘致を凍結する。しかし二〇〇五年、町長に就任した井戸川克隆は、支出カットと収入増を目的とした財政改革を断行し、それに伴って七号機、八号機の増設凍結を解除する。そして、福島第一原発事故が発生したのは、七号機、八号機の増設

---

(9) 舩橋淳、『フタバから遠く離れて――避難所からみた原発と日本社会』、岩波書店、二〇一二年、四九―五一頁。山川充夫、「福島原発地帯の経済現況について」、『東北経済』第八二号、福島大学東北経済研究所、一九八七年。

(10) 財政力指数とは、基準財政需要額（地方公共団体を運営するために必要な標準的な地方税収入）に対して基準財政収入額（地方公共団体の自主財源）がどの程度あるかを示す指標であり、後者を前者で除して得られた数値の三年間の平均値のことである。財政力指数が一を超えると自主財源が豊かな自治体と見なされ、国から地方交付税交付金が交付されない。地方交付税交付金とは、地方公共団体間の財政力の不均等を調整するために国から支給される交付金である。

(11) 以下の引用による。清水修二、「電源立地促進財政の地域的展開」、『福島大学地域研究』、第三巻四号、一九九二年、六一一頁。

工事の着工一ヶ月前のことだったのである。

2　構造的差別のシステムとリスクの偏在

次に私たちは、電源三法交付金のシステムを、経済学的観点からどのように捉えることができるか、という点について考察してみよう。市場主義的な立場から考えれば、電源三法交付金のシステムとは、原発事故のもたらす環境破壊の危険という「リスクの分配」と、電源三法交付金がもたらす原発立地自治体への膨大な収入という「利益の分配」との相反関係を、市場取引の原理によって調整しようとするものである。そのメカニズムを、清水修二は次のように説明する。

電力消費が膨らんで原子力発電の必要性が高まれば、より多くの原発をより遠隔の地に建設せざるを得なくなり、その社会的な立地コストは上昇する。世界のどこかで原発事故が発生したり、国内でもいろいろな事故や故障が起こったりした場合、住民の抵抗が増して立地は難しくなる。原発立地の「相場」は上がるわけだ。そこで「迷惑料」である電源開発促進税の支出は膨らむことになる。逆に、経済成長が鈍化して電力需要が伸び悩んだり、あるいは地域経済の落ち込みで農村の疲弊に拍車がかかったりすると、原発は「売り手市場」に転じて造りやすくなる。従って、電源開発促進税の支出は減らすことができる。

仮に、発電所に対する需給の逼迫と緩和の状況に応じて電源開発促進税の税率を自在に変動させることができるとしたら、まさにリスクの地域的配分をめぐる摩擦は市場原理の土俵上で解決できることになる。農村の提供する「環境」を、都市の納税者が税金で購入するのである。［……］実際には、［……］目的税である電源開発促進税はなかなか減税にはならないから価格メカニズムは完全には働かないが、この制度の本質を経済理論的に位置づけるなら、財政を通じたリスク配分の市場主義的な調整を狙ったシステムに他ならない。(12)

簡単に言えば、この立場は、原発のもたらす事故リスクと電源三法が原発立地自治体にもたらす利益との相反関係の調整を、需要と供給の関係から説明するものである。電力需要が増大すれば、原発立地の必要性は高まって、地方の原発立地自治体に支払われる電源開発促進税の支出は増大する。電力需要が減少すれば、原発立地の必要性は低くなって、電源開発促進税の支出は減少する。また、原発における故障や事故の発生は住民に事故リスクを意識化させるため、原発立地への地方住民の抵抗は増大し、電源開発促進税の支出は増大する。地域経済の落ち込みによって地方の経済的困窮が高まれば、原発立地への住民の抵抗は減少し、電源開発促進税の支出は減少する。このような考えに基づくなら、電源三法交付金のシステムは、リスクの分配と利益の分配の関係を市場取引によって解決しうる、ということになる。

しかし当然ながら、実際には事態はそれほど単純には進行しない。そのことは、私たちが前節を通じて確認してきた通りである。まず、清水による批判から見てみよう。彼は電源三法交付金の経済学的解

(12) 清水修二、『原発とは結局何だったのか』、東京新聞出版局、二〇一二年、一一六頁。なお、原文の「電促税」は「電源開発促進税」に変更した。

釈を、次の三点から批判している。

（一）「環境」は労働生産物ではなく、本来売買できるものではない。また、原発がもたらしうる環境損失は、将来起こされるかもしれない損失、すなわち確率論的リスクであり、それを数量的に表すことは不可能である。前世代が売買した「環境」において、次世代が原発事故によって苦しむ、ということがありうるとすれば、それは「環境」という本来売買できないものを売買しようとしたからである。

（二）この取引市場の当事者、すなわち国家と原発立地自治体は互いに対等な関係にはない。「麻薬取引」のように、貧困な地方が国家に依存するという関係が生じる構造になっている。その意味で、地域格差の存在は、原子力施設の社会的必要条件である。

（三）農村の「環境」を購買する金を実際に負担しているのは電力消費者であるのに、電力会社はそのことを明示していないため、消費者には、電気料金を支払うことによって電源三法交付金の原資を提供しているという自覚が全くない。取引の本来の当事者が取引を行っているという自覚を持っていないのであれば、市場原理がまともに機能するはずがない(13)。

私たちはこれら三点の指摘に完全に同意する。そして、とりわけ第二点は、私たちの論点と完全に重なっている。電源三法交付金のシステムは、決してリスクの分配と利益の分配の調整を目的とした市場取引のシステムではなく、豊かな都市と貧困な地方の間の経済格差、すなわち逆転不可能な経済的権力関係に依拠して、貧困な地方に原発を立地させる構造的差別のシステムであり、経済的権力による地方の服従化、国家の核エネルギー政策への地方の服従化のシステムなのである。だとすれば、このような倫理的問題をもたらす電源三法交付金のシステムは直ちに廃止すべきであり、その財源である電源開発促進税は、脱原発を実現するために、福島第一原発事故の事故処理と全原発の廃炉作業に用いられる「脱原発税」へと組み替えられるべきであろう。(14)

こうした構造的差別のシステムについて更に深く考察するために、環境経済学者、寺西俊一の『地球環境問題の政治経済学』を参照しよう。この構造的差別のシステムは、先進国と発展途上国の間に存在する構造的差別のシステムとまったく同型である。さらに遡れば、それは宗主国と植民地の間に存在す

(13) 同書、一一七―一一九頁。清水修二、『NIMBYシンドローム考――迷惑施設の政治と経済』、東京新聞出版局、一九九九年、一七三―一七五頁(私たちによる要約)。

(14) この点については、結論において再び論じる。なお、清水修二は『原発とは結局何だったのか』、第四章「電源三法は廃止すべきである」において電源三法交付金の廃止を提案し、財政学的見地から、目的税である電源開発促進税を、普通税である「環境税」へと組み替えるよう主張している。しかし、私たちはむしろ、電源開発促進税を、福島第一原発事故の事故処理と全原発の廃炉作業という目的に限定された「脱原発税」へと転換すべきだと考えている。例えば、ドイツにおける「環境税」は、エネルギー消費を抑制するために課せられる一般税だが、その税収のほとんどは社会保障財源として、企業の社会保障負担を軽減するために使用されている。しかし、福島第一原発事故というカタストロフィックな事故を起こした日本では、事故処理と脱原発のための費用を国民全体で負担することが必要であり、そのためには、構造的差別の手段であった電源開発促進税を「脱原発税」へと転換して脱原発のために使用することが、最も合理的な方法であろう。ドイツのように「環境税」を社会保障財源として使うような余裕は、福島第一原発事故後の日本にはないはずである。無論、福島第一原発を含む全原発の廃炉作業が終了し、目的税としての「脱原発税」が不要になったときには、それは普通税である「環境税」へと組み替えればよい。

る構造的差別のシステムを反復したものである。

同書において寺西は、「公害輸出」を「危険物・有害物を含む環境汚染源あるいは直接的な環境破壊行為の対外移転」[15]と定義している。つまり「公害輸出」とは、環境負荷（環境に悪影響を与える物質や工程）を豊かな地域から貧しい地域へと移転させ、そのリスクを貧しい地域に負担させることなのである。

寺西は、「公害輸出」をより詳細に次の三つの要素から記述している。

（一）危険物・有害物の対外輸出
（二）危険工程・有害工程の対外移転
（三）公私を含む対外的諸活動での安全・衛生・環境上の配慮の差別的軽視[16]

この場合、（一）、（二）のような現象が（三）の下で発生している点には注意が必要である、と寺西は注記している。（三）で寺西は、公害輸出が発展途上国への「差別的軽視」に基づいている、と指摘しているが、私たちはその「差別」が、寺西の示唆するような主観的なものではなく、先進国と発展途上国の間の逆転不可能な経済的権力関係によって規定された、構造的なものであると考えている（無論、構造的差別からは主観的差別が派生しうる）。そのように考えるなら、（一）、（二）の現象は、まさしく発展途上国に対する構造的差別によって引き起こされているのである。

それでは、（三）の構造を踏まえた上で、（一）、（二）がなぜ、いかにして発生しているのか。寺西はその点を次のように分析する。

まずそこには、基本的に言って、二つのファクターが絡まっている。一つは、すでに述べたダブル・スタンダード、すなわち先進国・途上国間での現実的な「規制格差」の存在である。しかしこれは、「公害輸出」が発生し得る「可能的条件」であるにすぎない〔……〕。実は、そこに、もう一つのファクターが絡まっていることが重要である。それは、この「可能的条件」としての「規制格差」を〝利用〟することによって「公害輸出」を行う主体が存在するということだ。この「規制格差」の〝利用〟、そしてそれによる前記の(一)、(二)の実行、これが、いわゆる「公害輸出」を発生させる具体的なメカニズムである。(17)

つまり、公害に対する規制が先進国において発展途上国よりも厳しいという事実が、公害輸出、すなわち危険な物質あるいは危険な工程の対外移転を引き起こしている。ではここで、直接的関与者としての経済主体(企業、個人)が、先進国・途上国間での「規制格差」を「利用」するのはなぜか、という点を考えてみる必要がある。その点について、寺西は次のように述べている。

それは、明らかに、その〝利用〟によって何らかのメリットが得られるからに他ならない。そのメ

(15) 寺西俊一、『地球環境問題の政治経済学』、東洋経済新報社、一九九二年、九二頁。
(16) 同書、九二頁。
(17) 同書、九二―九三頁。

リットのうち、最大のものが経済メリットである。しかも、その経済メリットが生まれる源泉は、先進国・途上国間での「規制格差」を基礎とする「コスト格差」（それによる「コスト節約」）にある。[18]

つまり、公害輸出は、先進国と発展途上国の間の「規制格差」に基づいて、危険物質を処理する「コスト格差」によって引き起こされているのである。私たちの文脈に置き換えてみよう。ここでの「コスト計算」を「リスク計算」と読み替えれば、これが原発の事故リスクを都市から貧困な地方へと移転する構造と同一のものであることが理解できる。これは前記の「(二) 危険工程・有害工程の対外移転」に相当する。

そもそも、原発はなぜ都市ではなく人口の少ない地方に造られるのだろうか。それは、都市に比べて地方の方が人口が少なく、事故が起こった場合の住民被曝の集団積算線量を、より少なくすることができるからである。集団積算線量とは、原子炉に基因する集団的リスクを把握するための指標であって、評価対象となる集団における一人当たりの個人線量をすべて加算したものであり、人・シーベルトという単位で表記される。原発事故のリスクとそれが地域住民に及ぼしうる被害の総量（集団積算線量）を考慮して、原発は都市ではなく、人口の少ない地方に設置しなければならないと規定されているのである。具体的には、これを定めているのは、原子力委員会が一九六四年に作成した「原子炉立地審査指針」である。私たちの考察に関係する部分を以下に引用しよう。

二　立地審査の指針

立地条件の適否を判断する際には、上記の基本的目標を達成するため、少なくとも次の三条件が満たされていることを確認しなければならない。

二・一　原子炉の周辺は、原子炉からある距離の範囲内は非居住区域であること。

ここにいう「ある距離の範囲」としては、重大事故の場合、もし、その距離だけ離れた地点に人がいつづけるならば、その人に放射線障害を与えるかもしれないと判断される距離までの範囲をとるものとし、「非居住区域」とは、公衆が原則として居住しない区域をいうものとする。

二・二　原子炉からある距離の範囲内であって、非居住区域の外側の地帯は、低人口地帯であること。

ここにいう「ある距離の範囲」としては、仮想事故の場合、何らの措置を講じなければ、範囲内にいる公衆に著しい放射線災害を与えるかもしれないと判断される範囲をとるものとし、「低人口地帯」とは、著しい放射線災害を与えないために、適切な措置を講じうる環境にある地帯（例えば、人口密度の低い地帯）をいうものとする。

二・三　原子炉敷地は、人口密集地帯からある距離だけ離れていること。

ここにいう「ある距離」としては、仮想事故の場合、全身線量の積算値が、集団線量の見地から十分受け入れられる程度に小さい値になるような距離をとるものとする。[19]

（18）同書、九三頁。

（19）原子力委員会「原子炉立地審査指針及びその適用に関する判断の目安について」、一九六四年。以下で閲覧可能。http://www.mext.go.jp/b_menu/hakusho/nc/t19640527001/t19640527001.html

ここから読み取れるのは、次の二点である。

第一に、原子炉は「重大事故」、「仮想事故」(「仮想事故」は、「重大事故」を超える規模の大事故[20])の場合を考慮して「低人口地帯」に設置しなければならず、さらに「人口密集地帯からある距離だけ離れている」場所に設置しなければならない。

第二に、ここで言う「ある距離」とは、「仮想事故」の場合に、集団積算線量の見地から十分小さくなるような距離を意味する。さらに、その集団積算線量は、本指針の末尾において、二万人・シーベルト以下と規定されている(国連科学委員会は、チェルノブイリ原発事故による周辺地域及びヨーロッパ各国の集団積算線量を三二万人・シーベルトと試算しており[21]、「原子炉立地審査指針」の想定はその一六分の一に過ぎない)。

ここから私たちは、次のような結論を導くことができる。原発の設置が、都市ではなく、人口の少ない地方に限定されているのは、原発がカタストロフィックな事故のリスクを常にかかえているがゆえに、そうした事故に伴う地域住民の集団としての被曝リスクを可能な限り低減するためである。従って、原発立地地域の人口ができるだけ少ないことが、原発設置の必要条件となる。これはまさに、構造的差別のシステムに従って、原発事故のリスクを、都市と比較して人口の少ない地方が必然的かつ常に引き受けなければならない、という冷酷な事実を意味している。言い換えるなら、人口が少なく、経済的にも貧困な地方は、都市の高い生活水準を維持するために常に電気を生産し、同時に、都市に代わって常に原発事故のリスクを引き受けなければならないのである。実際、福島第一原発は東京電力の給電エリアの外に設置され、関東地方のために電気を生産していた。奇妙なことに、東京電力の原発は、福島県、新潟県、青森県と、すべて自らの給電エリアである関東地方の外に造られている。これは、東京から近い関東地方には原発を作ることができない、という政府と電力会社の間の暗黙の合意を示唆している。[22]だとすれば、このような構造的差別は、原発によって生産された電気による高い生活水準の維持という、都市への「利益」の偏在と、地方への原発事故リスクの偏在（すなわち押し付け）という点において、著しく非倫理的である。

最後に、もう一つ具体例を示しておこう。福島第一原発事故直後の二〇一一年五月、アメリカ合州国と日本が共同で、使用済み核燃料の最終処分地をモンゴルに建設するという計画を極秘裏に進めていたことが報道された。[23]これは、極めて毒性の高い核廃棄物（死の灰）を、発展途上国であるモンゴルに輸出して、最終処分する（すなわち、穴を掘って地下数百メートルに廃棄する）、という計画であり、先の「（一）危険物・有害物の対外輸出」に相当する。もし自分たちが使用した核燃料の出す核廃棄物を自分たちで処分せず、経済的権力関係に基づいてそれを発展途上国に押し付けるなら、それは原発による発電がもたらす高い生活水準という「利益」のみを自分たちが享受し、毒性の強い核廃棄物の環境への

（20）「重大事故」と「仮想事故」の定義については、第二部第二章を参照せよ。

（21）United Nations Scientific Committee on the Effects of Atomic Radiation, *UNSCEAR 2008 Report to the General Assembly with Scientific Annexes*, Vol. II, United Nations, 2001, p. 38.

（22）例外は、日本原子力発電が設置した茨城県東海村の東海原発（廃炉作業中）、東海第二原発であるが、これについては、東海村が東京から一〇〇キロ以上離れている点、東海原発が一九六六年に運転を開始した日本で最初の商業用原子炉であり、まだ出力も小さかった点、そして東海第二原発は、既に運転中であった東海原発に隣接する形で設置された点を考慮すべきであろう。

（23）「核処分場：モンゴルに計画　日米、昨秋から交渉」、『毎日新聞』、二〇一一年五月九日。

「リスク」を他国に押し付けることになる。このような行為は、先進国と発展途上国との間に存在する逆転不可能な経済的権力関係、すなわち構造的差別のシステムに依拠して「死の灰」を発展途上国に押し付けるという点で、倫理的に決して許容できない行為なのである。

3　核エネルギー政策に対する脱服従化

最後に、本章の結論として、国家の核エネルギー政策からの脱服従化の問題について議論しておきたい。本章で論じてきたように、国家の核エネルギー政策は、都市と地方の経済格差、あるいは逆転不可能な経済的権力関係に依拠して展開されている。私たちは、このような不可逆的な権力関係に依拠してリスクを貧困な地方、あるいは発展途上国に押し付けるシステムを、構造的差別のシステムと名付けた。原発は都市のために大きなエネルギーを生産しているが、それが常にかかえる事故リスクゆえに都市に立地することはできない。そのため、原発は過疎と貧困の問題をかかえる地方に集中的に立地されてきた。国家は、電源三法交付金と固定資産税による利益誘導のシステムによって、原発立地自治体に膨大な金を落とし、貧困な地方を服従化し、その服従化を再生産し続けてきた。それによって、原発立地自治体は原発関連の収入に完全に依存することになり、同時に、地域にとって過大な発電所の経済規模によって、地域経済は原発のみに依存した経済へとモノカルチャー化される。また、発電所にかかる固定資産税は減価償却によって年とともに目減りしていくため、税収を確保すべく、原発立地自治体はさらに新たな原発を受け入れざるをえない（こうした悪循環はしばしば麻薬中毒に喩えられる）。これはまさしく、国家による貧困な地方の服従化の構造である。また、こうした都市と地方の経済格差に基づく地方の服従化を、国家による地方の内的植民地化と呼ぶこともできる。

開沼博はその『「フクシマ」論』の中で、国家の核エネルギー政策に対する地方の服従化という構造を、国家への「自動的、自発的な服従」と名付け、そのような服従の構造は福島第一原発事故後もまったく変わらない、と指摘する。彼は、福島第一原発事故後に書かれた補論「福島からフクシマへ」において、二〇一一年四月一〇日に東京都内数カ所で行われた反原発デモが一万五〇〇〇人の参加者を集めた一方で、同日に実施された地方選挙では、原発立地自治体の首長や議員が「軒並み原発推進・維持を掲げながら再選」されたことを指摘し、次のように述べている。

社会は目の前に非日常が立ち上がる度に「これは前代未聞、有史以来初めてのことだ」「これで社会は大きく変わる」と変化を捉えたがる。それは実際そうなのかもしれない。四五年に起こったことも、九五年に起こったことも確かに歴史上特異なことであり社会は大きく変わったように見える。しかし、私たちはその根底に沈み、忘却の彼方に眠る「変わらぬもの」をこそ見出すことに努めなければならない。なぜならば、「これで〇〇は終わるんだ、これで社会は全く別なものになるんだ」ということが私たちにつかの間の安心を与える機能を持つ一方で、実際にはその本質は一切変わっていないことを私たちは既に何度も経験しているからだ。(24)

確かに、原発立地自治体は、福島第一原発事故後もその経済をほぼ完全に原発に依存しており、それを

(24) 開沼博、『「フクシマ」論——原子力ムラはなぜ生まれたのか』、青土社、二〇一一年、三七九頁。

放棄することは自らの存在そのものを放棄することと同義である。この引用で開沼が述べるように、その点は福島第一原発事故以前も以後も、何ら変わっていない。ジュディス・バトラーがフーコーを参照しつつ述べるように[25]、主体は権力への服従化によってのみ形成されるのであり（服従化＝主体化［assujettissement］）、主体は自らの存在を維持するために権力への服従化に執着せざるをえない。なぜなら、服従化された主体が権力への服従化を放棄すれば、自らの存在そのものをも放棄することになるからだ。従って、主体は言わば自己保存のために権力への服従化を欲望せざるをえない。

しかしながらその欲望は、福島第一原発事故後には、「原発が危険なことはわかったが、それでも服従化の欲望を放棄すれば自らの存在そのものを放棄することになる」というジレンマの様相を呈しているように見える[26]。この点について、開沼のような社会学者は、原発立地自治体の欲望のあり方を記述し、福島第一原発事故後もそれは「一切変わっていない」といったシニカルな結論を導き出せばよいのかもしれないが、哲学はむしろ、そうした服従化の欲望を脱服従化するような展望を提示しなければならない、と私たちは考えている。権力への服従化とは反復的な過程であり、服従化の欲望は、権力への同一化のプロセスによって自らを反復的に再生産し続ける。しかし、そうした服従化の欲望は、ある種の「出来事」――つまり服従化の反復的再生産を攪乱するような偶然性――の侵入によって、脱服従化の欲望と、抵抗の行為能力へと変容されうる。言い換えるなら、「出来事」は権力への抵抗の行為能力を生産しうるのである[27]。そして、福島第一原発事故とは、まさしくこの「出来事」に相当する。実際、福島県は『福島県復興ビジョン』（二〇一一年八月）で「脱原発」を掲げている。また、国民レベルでは、脱原発に賛成する人々は、二〇一四年三月の時点で七七％にのぼる（いつまでに脱原発を実現するかについては、即時から三十年程度の長期的スパンまで、幅があるにせよ）[28]。その意味で私たちは、開沼の主張に一定の意義は認めるにせよ、同時にその主張は結果として脱原発の可能性を否認するものである、と考えている。

国家の核エネルギー政策に対する脱服従化を実現するためには、地方が中央に収奪されることを「欲望する」ような社会＝経済構造を変革することが不可欠である。そのためには、二〇一二年七月に導入された再生可能エネルギー（自然エネルギー）の固定価格買取制度（FIT：Feed-in Tariff）を利用して、地方が積極的に再生可能エネルギーを導入し、集中的エネルギー生産システムを分散的エネルギー生産システムへと変革していくことが不可欠である。またそのために電力会社は、再生可能エネルギーをより多く受け入れられるよう、送電線の増強やスマートグリッドなどのインフラ整備を積極的に進めるべきである。(29)

（25）Judith Butler, *The Psychic Life of Power: Theories in Subjection*, Stanford University Press, 1997. 邦訳『権力の心的な生』、佐藤嘉幸・清水知子訳、月曜社、二〇一二年。

（26）例えば、大飯原発の地元である福井県おおい町における、NHKの世論調査（二〇一二年五月）を参照。大飯原発の運転再開については六四％が肯定的意見（「賛成」、「どちらかと言えば賛成」）であるが、一方で、事故への不安を持つ人（危険性が「大いにあるので不安だ」、「ないとはいえないので不安だ」）も同数の六四％にのぼる。以下を参照。「原発運転再開賛成　地元は増加も」、NHK「かぶん」ブログ、二〇一二年五月三一日。http://www9.nhk.or.jp/kabun-blog/200/122215.html

（27）この点については、以下で詳細に論じた。佐藤嘉幸、『権力と抵抗――フーコー・ドゥルーズ・デリダ・アルチュセール』、人文書院、二〇〇八年。

（28）以下を参照。「原発再稼働「反対」59％」、『朝日新聞』、二〇一四年三月一八日。

（29）これらの点については、結論において改めて詳述する。

環境と私たち自身の存在に深刻な影響をもたらした、福島第一原発事故という「出来事」の出来事性を、私たちは真剣に受け止めるべきである。もともと大量破壊兵器のために作られた核エネルギー技術を市民社会の中で日常的に用いることは、私たちの生の条件と民主主義に対して様々な矛盾を突きつけざるをえない。このような視点に立つとき、核兵器と原子力発電の全廃と、再生可能エネルギーを中心としたエネルギー政策への根本的な転換は、必要不可欠なものとなるだろう。

第二章　『原発切抜帖』が描き出す構造的差別

前章では、原発というシステムが、自らの内側に差別的な構造を内包していることを明らかにした。本章では、前章と同じく原発における構造的差別の問題について、やや異なる角度から検証してみたい。具体的には、労働現場としての原発、グローバル世界の周縁的地域における放射能汚染といった観点から、構造的差別の諸様態を考察していくことにする。この作業を手がけるにあたって私たちが注目するのは、土本典昭監督のドキュメンタリー映画『原発切抜帖』である。この映画は、作品としての完成度、そこで収集されている資料の貴重さ、その際に提示される問題意識の鋭さなど、すべての点で突出しているからである。なお、この映画作品の検討にあたっては、原発労働の問題を逸早く社会問題として可視化した樋口健二らのルポルタージュを適宜参照する。また、福島第一原発事故後の日本の現状を振り返ることで、この作品が剔抉した問題点が、事故後の現在も本質的に変わることなく延命し続けていることを確認するだろう。

1 『原発切抜帖』という映画

日本映画史には、原発における構造的差別を考察するための恰好な素材が存在する。土本典昭監督（一九二八―二〇〇八年）が企画したドキュメンタリー映画『原発切抜帖』（一九八二年）である。この作品は、水俣病の記録映画で高い評価を得ていた土本典昭が、製作に山上徹二郎（現シグロ代表）を迎えて新境地を切り開いた傑作である。

『原発切抜帖』は、新聞記事の切り抜きの映像を並べながら、そこに俳優、小沢昭一の軽妙な語りを重ねていく、という斬新な手法で撮られている。この映画は、ナレーションの表現を借りて言えば「有象無象」に過ぎない個々の切り抜き記事を、独特の語りの手法を通して先鋭的な批評の言説へと編み直していくのである。試みに、この映画が取り上げている主だった事件を時系列順にリストアップしておけば、以下のようになるだろう。アメリカ合州国による広島・長崎への原爆投下（一九四五年八月六日、九日）。湯川秀樹がノーベル物理学賞を受賞（一九四九年一一月三日）。ビキニ水爆実験と第五福竜丸被曝事件（一九五四年三月一日）。茨城県東海村の日本原子力研究所第一号実験炉で、国内最初の臨界実験が成功（一九五七年八月二七日）。アメリカ合州国・アイダホ州の国立原子炉実験場で爆発事故（一九六一年一月五日）。敦賀原発から大阪万博会場に送電を実施（一九七〇年三月―九月）。原子力船「むつ」で放射能漏れ事故（一九七四年九月一日）。東海村再処理工場の稼働と事故の多発（一九七四年一〇月）。スリーマイル島原発事故（一九七九年三月二八日）。山口県豊北町長選で、反原発派の藤井澄男が圧勝（一九七八年五月一四日）。大阪地裁が「岩佐訴訟」で被曝を認定せず（一九八一年三月三〇日）。敦賀原発一号機で放射能漏れ事故（一九八一年四月一八日）。アメリカ合州国で二〇万人規模の反原発デモ（一九八一年九月一七日）。カナダで原発労働者の被曝を世界で初めて認定（一九八二年三月五日）。――土本典昭の『原発切抜帖』は、こうした時系列を一度バラバラに解体した上で、独自の問題意識に基づいて個々の出来事を再構成していくわけである。

『原発切抜帖』における土本典昭の問題意識は、極めて明快である。原発という不合理なシステムが延命してきたのはなぜか。このシステムはどのような構造を持つのか。原子力関連の事故が隠蔽されがちなのはどのような背景からか。また、事故が露見すると杜撰な対策や説明しか行われないのはなぜなのか。そして何よりも、システムとしての原発が最大の犠牲を強いてきたのはどこの誰であるのか。――このような問いが、映画の全編にわたって繰り返し提起され続けるのである。ところで、この問いの過程で描き出される「原子力」の肖像は、大きく分けて二つのポイントに分類することができよう。そのポイントを命題として表現すれば、以下のようになる。

命題一　原子力は、常に既に「軍事利用」への欲望を内包している。

命題二　原子力は、常に既に巨大な構造的差別を内包している。ここで言う「構造的差別」とは、（少なくともこの映画においては）日本国内における「辺地」への構造的差別、グローバルな規模での「周縁」への構造的差別、原発労働者への構造的差別である。

本書をここまで読み進めてきた読者には明らかだろうが、命題一は既に私たちが第一部で論じたことなので、ここで改めて詳述はしない。むしろこの章で注目したいのは、命題二である。次節以降、この命題二、とりわけグローバルな規模での「周縁」への構造的差別と、原発労働現場における被曝労働者への構造的差別について、若干の考察を施してみたい。その手続きを通して、土本典昭の『原発切抜帖』が原子力問題を考える上での映像の古典であること、つまり、そこで展開されている根源的な洞察はいまだに古びていないことが、自ずと明らかになるだろう。

2 『原発切抜帖』における「周縁」への眼差し――山上徹二郎の証言

前節でも示唆したように、『原発切抜帖』は、様々なレベルの「周縁」に対する構造的差別を的確に描き抜いた作品だと言える。このことは、『原発切抜帖』の製作に関わった山上徹二郎の証言によって裏付けることができる。現在もインディペンデントの映画製作会社シグロの代表として活躍を続ける山上徹二郎は、この映画の撮影当時を振り返りながら、次のように述べている。

どうしても自分がこの映画をプロデュースしたいと思った理由が二つありました。一つは南太平洋で核実験が繰り返され島が汚染されてしまって、自分の故郷の島に帰れない人たちがいる、という記事を読んだ時、ものすごくショックでした。これがこの映画を作ろうと思った僕自身の原点でした。それからもう一つは、やっぱり原発労働者の存在ですね。原発で働いている人たちが、放射線の被害を受け続けているという現実。この二つの問題は、土本監督にどうしても入れてほしかった。(1)

「南太平洋の島」と「原発労働者」が、『原発切抜帖』を作る上での「原点」である――山上徹二郎は、そう明言している。この二つの「原点」は、どちらも「周縁」への眼差しに支えられている点で共通している。南太平洋の島はグローバル世界から見て周縁的な地域に当たるし、原発労働者は周縁的な作業現場で労働する当事者だからである。

こうした「周縁」への眼差しは、映画全体の方向性に大きく寄与している。例えば、『原発切抜帖』の語り手は、日本国内における原発建設地が決まって「辺地」、つまり「人口の少ない海岸」に集中していることに特段の注意を促している。過酷事故が原発で発生したとしても、人口密集地である大都市に汚染が及ばないようにするための工夫が凝らされているのではないか、というのが語り手の示す見解なのである。

原子力船「むつ」や、山口県豊北町長選に関する記事の紹介を支えているのも、前述のような「辺地」への関心に他ならない。例えば、原子力船「むつ」の放射能漏れ事故は、下北半島の沖合で起きた事件である。映画の語り手は、この大事故にもかかわらず「欠陥だらけの船」を維持しようとする日本政府のやり方に、大都市から離れた「辺地」を「原子力の吹き溜まり」にしようとする行政の意志を嗅ぎとっている。[2] また、山口県豊北町長選に関連するいくつかの切り抜きは、電力会社が原発建設候補地に選んだ「辺地」の悲喜劇を端的に物語っている。このケースに限って言えば、「原発阻止」を訴えた

(1)「この人に聞きたい　山上徹二郎さんに聞いた（その2）――どんなに困難でも、心が通じる世界が持てたら、僕たちは生きていける」（聴き手＝田口卓臣）、『マガジン9』、二〇一三年五月八日。http://www.magazine9.jp/interv/yamagami/index2.php

(2) 下北半島に原子力発電所や使用済み核燃料再処理工場が集中する現実に関しては、例えば次のようなルポルタージュが刊行されている。鎌田慧・斉藤光政、『ルポ　下北核半島――原発と基地と人々』、岩波書店、二〇一一年。

藤井澄男が「町長選圧勝」という結果で落着するのだが、いずれにしても一連のシーンは、原発立地のターゲットになるのはいつでも日本国内の「周縁」である、という現実を否応もなく私たちに突きつけてくるのである。

とはいえ、日本国内における「辺地」への構造的差別について、私たちは既に第三部第一章において詳細に論じたので、これ以上の深入りは控えることにしよう。ここでいったん節を変えて、プロデューサーの山上徹二郎が『原発切抜帖』の「原点」と位置付けてみせた二つの主題にアプローチしていくことにする。その際に気をつけたいのは、この映画が製作された一九八二年時点の視点が、福島第一原発事故以降の日本を取り巻く現状にも驚くほど十分に応用可能だということである。

3　グローバルな規模での周縁地域への構造的差別

土本典昭の『原発切抜帖』において、「南太平洋」の島々は、次のような出来事とともに登場する。すなわち、ビキニ水爆実験、日本の放射性廃棄物計画に対するサイパン・グアムの住民たちの抗議、アメリカ合州国の核配備に対するクエゼリン環礁の住民たちの抗議、パラオにおける非核憲法の採択である。これらの出来事に関する紹介を通して、グローバル世界の「周縁」への構造的差別がどのようなものか、とりわけ原子力システムの中で、その差別はどのような形をとって現れるのかが描き出されることになる。この一連の過程で、「核の傘」による安全保障戦略を推進するアメリカ合州国、またその「傘」の内側で巧妙に立ち回ろうとする日本は、どちらも等しくグローバルな差別的構造における加害者の立場に立っている、という事実が次第に暴かれていく。この事実は、これらの島々が近代の西洋諸国によって植民地化されたこと、またとりわけ第一次世界大戦から第二次世界大戦終戦までの日本や、その後のアメリカ合州国によって「信託統治領」(事実上の植民地)とされたことなど、その長きにわたる歴史的背景を踏まえるとき、無視できない重みを持っている。(3)

具体的に見てみよう。まず、『原発切抜帖』のナレーションによれば、ビキニ水爆実験で明らかになったのは、加害者であるアメリカ合州国政府の「チグハグ」な対応や説明だったという。事実、実験直後のアメリカ合州国政府は、「南北三〇〇キロ、東西六〇〇キロ」の長方形の範囲を「危険水域」に指定していたにもかかわらず、一ヶ月も経たないうちに、この水域を「半径四五〇マイル(七二〇キロ)」の扇形の範囲まで拡大した。アメリカ合州国政府はまた、「危険水域」から強制避難させたマーシャル群島の住民たちについて、「一部に火傷があるも全員無事に回復」と発表したり、一転して「実験地には永久に帰島できず」と報告したりするなど、首尾一貫性を欠いた説明に終始した。ところで、その後に続くシーンを通して映画が物語るのは、結局のところ、マーシャル群島の放射能汚染はそれ以後も残存し続けてきたし、また実験当時に「死の灰」を浴びた島民たちは長期にわたって健康被害に苦しみ続けてきた、という事実である。当然ながら、加害者であるアメリカ合州国政府は、マーシャル群島の住民にまともな補償もせぬまま現在に至っている、という事実も明らかにされる。(4)

(3) 例えば、遠藤央は、ミクロネシアの最西端に位置するパラオの歴史について、「西欧世界との接触以前」の時代、「発見と接触」の時代、スペイン統治時代、ドイツ統治時代、日本統治時代、国連信託統治領(アメリカ合州国統治)時代、独立後(一九九四年)の時代、と区分した上で、二一世紀初頭に至るまでのパラオの「政治空間」を丁寧に分析している。以下を参照。遠藤央、『政治空間としてのパラオ――島嶼近代への社会人類学的アプローチ』、世界思想社、二〇〇二年。

土本典昭が厳しい批判の眼を向けるのは、アメリカ合州国政府に対してばかりではない。『原発切抜帖』はまず、一九八二年の段階で、日本各地の原発に合計三〇万本のドラム缶に詰め込まれた放射性廃棄物が「山積み」されている、という事実に注目する。かつてはそれらの廃棄物が相模湾や駿河湾に投棄されていたことを暴露した上で、映画は次のように畳みかける。「さて、捨て場に困って目を向けたのが、太平洋でした。危険で厄介なお荷物は弱い立場の人々に押し付けようという原発大国日本のおごりに、太平洋の人々の抗議と非難が集中しました」[5]。このナレーションが挿入される間、画面には、「激しく抗議、質問　核廃棄物海洋投棄　現地諸国に説明」という記事の見出しがクローズ・アップになり、日本政府の「低レベル放射性廃棄物海洋投棄」の計画に対して、グアムで開催された「南太平洋地域首脳会議」からの激しい反発の模様が紹介されることになる[6]。

太平洋の住民たちによる批判の矛先がアメリカ合州国の核戦略に向けられている場合であっても、『原発切抜帖』がそこに嗅ぎとるのは、グローバルな構造的差別に無自覚に加担する私たち日本人の立場に他ならない。この土本典昭ならではの姿勢が顕著に表れているのは、クエゼリン環礁の住民たちによる座り込みのシーン（一九八二年七月一九日）や、パラオでの非核憲法採択（一九八〇年七月一一日）のシーンである[7]。特に後者の出来事に関しては、映画は以下のように印象的な記事とナレーションを同時に提示している。

【記事】「非核憲法」パラオで成立　住民投票八割賛成　核軍備配備ノー　米の基地計画「待った」――［……］成立した憲法は十五条百十項からなる。非核条項（第十三条六項）は「戦争目的に使用される核、化学、生物兵器、さらに原子力発電所、それから生まれる廃棄物などの有毒物質は、パラオ領土では使用、実験、貯蔵、配備を禁じ［……］。

【ナレーション】人口およそ一万五〇〇〇人のパラオでは、住民投票によって、非核憲法をつくり

（4）このシーンで登場する記事の全文は、以下の通りである。「流産・死産などふえる　ビキニ放射線の影響　米国立研指摘【シカゴ（米イリノイ州）十日発＝ＡＰ】一九五四年のビキニ水爆実験で放射線を浴びた人たちについて行われていた放射線の人体に対する影響の研究結果が、このほど米国医学協会誌の最近号の中で明らかにされた。／これはブルックヘブン国立研究所（ニューヨーク州）のコナード博士らが放射能灰を浴びたマーシャル群島住民のうち八十二人について行なっていたもので、放射線の影響として①甲状セン肥大、②流産、死産、③骨の発育不良などが長期的に増加している――ことを指摘している。／この時の水爆実験では日本人漁船員二十三人、マーシャル群島住民二百六十七人が放射能灰を浴びた」。

（5）強調引用者。

（6）このシーンで登場する記事の全文は、以下の通りである。「激しく抗議、質問　核廃棄物海洋投棄　現地諸国に説明――十四日からグアムで始まった南太平洋地域首脳会議は同日一日かけて日本政府の低レベル放射性廃棄物海洋投棄の計画について討議したが、予想通り一部の参加首脳から海洋投棄に対する抗議や質問の声が出され、事態解決までにかなりの時間を要することをうかがわせた。［……］同知事は「太平洋諸国の反対にもかかわらず、日本は海洋投棄をするつもりか。イエスかノーかで答えて欲しい」と激しい口調で迫り、後藤局次長が答えに窮する場面もみられた。／結局、質疑応答の締めくくりの発言でもカルボ知事は「日本の水銀中毒（水俣病）の例からみても食物連鎖によって大きな影響が出てくると思う。日本政府、国民は計画をやめて欲しい」と投棄計画の中止を求めた」。

（7）クエゼリン環礁での座り込みに関しては、以下のような見出しと本文の記事が映し出されている。「反核座り込み一か月　米軍ミサイル試験場のクエゼリン環礁　基地使用に反対　強制移住島民千人　米戦略に重大影響――［……］現地からの連絡や新聞報道、ハワイの支援グループなどから原水禁に入った情報によると、米軍関係者以外立ち入り禁止となっているクエゼリン島への座り込みは六月十九日から始まった。米軍の基地使用により、約一・六キロ離れたイバイ島に強制移住させられていた［……］」。

あげたそうです。その中身は、「原爆ノー、原発ノー、核のごみノー」。被害を受け続けて四〇年。第二次世界大戦後の世界史の中で、もっとも過酷な人生を強いられてきたベラウの人々が、世界中で最も進んだ未来を告げる憲法を掲げたのです。それはかつて、原爆投下の深い傷跡から平和憲法を掲げて立ち上がった日本人の戦後に、鋭い批判となって突き刺さるもののように思えます。私たちはいつの間に忘れてしまったのか、何と引き換えに失ったのか、と。

ここには、「日本」と「太平洋」の間に横たわる強烈なコントラストが見てとれる。広島・長崎の原爆投下を経験した日本は、敗戦後、アメリカ合州国の「核の傘」に参入し、原発を保持、増設して「世界第三位の原子力大国」としての道を歩み続けてきた。また、その原子力産業から必然的に生まれ落ちた放射性廃棄物の「捨て場」に困った日本の政府は、太平洋に「核のごみ」を投棄しようとすら試みてきた(「危険で厄介なお荷物は弱い立場の人々に押し付けようという原発大国日本のおごりに、太平洋の人々の抗議と非難が集中しました」)。一方、パラオの住民たちは、冷戦期の度重なる核実験の被害当事者として、原爆、原発、核廃棄物のすべてに対し、民主主義的な方法としての「住民投票」によってはっきりと拒否を表明してみせたのである。この明確なコントラストを通して明らかになるのは、元々は「核」の被害者であったはずの日本人が、アメリカ合州国主導の核戦略体制の中で加害者の立場に方向転換していった、という歴史的経緯であり、しかもその核戦略体制の内側にとどまる限り、日本人の加害者性は常に既に発揮され続けるだろう、という将来的な予測である。要するに、土本典昭が『原発切抜帖』で明らかにしたのは、原子力大国日本でこの映画を鑑賞する私たちは、そこで描かれる「周縁」、すなわち旧植民地の当事者たちに対して、否応もなく加害者の側にしか立ちえない、というポスト・コロニアルな構造そのものだったのである。

「周縁」としての「南太平洋」という観点から見た『原発切抜帖』に関する作品分析は、以上である。ところで、これまで述べてきたような構造的な加害者としての日本の立場は、いわゆる対南太平洋の関係のみに限定されるものではない。

事実、フォトジャーナリストの樋口健二が『アジアの原発と被曝労働者』（一九九一年）の中で報告しているように、日本国内の「公害」に対する眼差しが厳しくなった一九七〇年代以降、日本の大手メーカーや銀行は、海外にビジネスチャンスを求め、アジア各地の過疎化した村や島で原発建設や原子力公害輸出を推進してきた。例えば、フィリピンのバターン半島で、マルコス大統領時代に建設が開始されたバターン原発、あるいはまた、マレーシアのブキメラ村で、現地のイポー高等裁判所による「仮処分命令」にもかかわらず操業を続け、放射性廃棄物を投棄し続けた日系企業ARE社の試験工場など――樋口健二の証言によれば、これらの事例には、三井、三菱、住友など日本の名だたる大企業（メーカー、銀行、商社）が関与していたということである[8]。

福島第一原発事故以後も、このような構図にさしたる変化は見られない。モンゴルにおける核廃棄物処理工場建設計画の提案（二〇一一年七月。ただし、モンゴル政府は、日本政府に拒否を明言）[9]。ベトナムに

（8）とりわけ以下を参照。樋口健二、『アジアの原発と被曝労働者』、八月書館、一九九一年、第二章「マルコスの遺産・バターン原発」、第三章「マレーシア・ブキメラ村の悲劇」。ブキメラ村に公害輸出を行った三菱化成と現地企業の合弁会社AREについては、次の研究が詳しい経緯を記述している。宮本憲一、『戦後日本公害史論』、岩波書店、二〇一四年、五七九―五八一頁。

（9）「モンゴル、核廃棄物受け入れを拒否　「処分場」構想は頓挫か」、J-CASTニュース、二〇一一年七月二八日。http://www.j-cast.com/2011/07/28102734.html

ける原発開発への着手（二〇一二年一月、日本・ベトナム原子力協定が発効）[10]。トルコ及びUAEとの二国間原子力協定の調印（二〇一三年五月）。核拡散防止条約に加盟していない核兵器保有国、インドとの原子力協定締結に原則合意（二〇一五年一二月）。世界史上、未曾有の規模の原子力事故を経験し、今もその収束作業に追われている日本が、その事故に関する総括と反省もせぬまま、海外に原発技術を輸出し、日本国外で放射性廃棄物の処理を試みようとするこうした「否認」の姿勢は、土本典昭が『原発切抜帖』で告発した構図を律儀なまでに反復、補完している。この破廉恥極まりない日本のやり方は、次なる原子力事故のリスクを内外に拡散させる暴挙であると言わなければならない。

4　原発労働者への構造的差別

『原発切抜帖』が「原発労働者」に光を当てるのは、大きく分けて二つのシーン、つまり「岩佐訴訟」のシーンと、敦賀原発放射能漏れ事故のシーンにおいてである（ただし、両者が実際に登場する順番は逆である）。

一つ目のシーンの導入部では、カナダの裁判所において原発労働者の被曝に関する世界初の認定が下ったことが紹介される（一九八二年三月）。それとは対照的に、ちょうど同じ頃、日本の大阪地裁が元原発労働者の岩佐嘉寿幸に下したのは、「［一連の病状は］原発労働が原因と断定はしがたい」という判決であった（一九八一年三月）。

なお、映画の中では特に言及されていないが、この「岩佐訴訟」に関しては前出の樋口健二が早い時期から精力的に取材をこなし、訴訟と実態の乖離を暴露していた[11]。また当時、すなわち一九七〇年代末から八〇年代初頭にかけての時期は、森江信『原子炉被曝日記』（一九七九年）や堀江邦夫『原発ジプシー』（一九七九年）など[12]、原発労働の最前線に関するルポルタージュが相次いで公刊され、「被曝者は居ないではなく、居ないことにしている体制」（樋口健二）[13]に、わずかながら社会的な関心が集まりかけていた時期でもあった。

「被曝者は居ないではなく、居ないことにしている体制」——この体制の舞台裏に正面から切り込んだのが、二つ目のシーン、すなわち敦賀原発放射能漏れ事故に関するシーンである。ナレーションによれば、この不祥事を起こした日本原子力発電会社の担当者は、「八、九年前から、付近の海のホンダワラは通常の十倍の汚染値を示していた」などとその場しのぎの言い訳に終始し続けたという。一方、放

（10）「原発推進に動くベトナムを支える日本の原発輸出　原発事故の年に国会承認された「日本・ベトナム原子力協定」」、JBpress、二〇一四年一二月一一日。http://jbpress.ismedia.jp/articles/-/42374　なお、ベトナムへの原発輸出に関しては、Foe Japan が「ベトナムへの原発輸出に反対する3つの理由」を（http://www.foejapan.org/energy/news/pdf/111031_1.pdf）、メコン・ウォッチが「ベトナムの原発開発計画と日本の原発輸出」を（http://www.mekongwatch.org/report/vietnam/npp.html）、それぞれ現状分析を交えた形で発表し、懸念を示している。

（11）詳しくは、樋口健二『増補新版　闇に消される原発被曝者』、八月書館、二〇一一年（初版、一九八一年）、特に第一章「原発被曝裁判」を参照。この章の末尾には、「岩佐訴訟」の顛末について、「権力の厚い厚い壁によって裁判では有利にすすめながら、部分被曝すらも認められない全面敗訴でした」と評した岩佐嘉寿幸本人の言葉が引かれている（五二頁）。

（12）森江信、『原子炉被曝日記』、技術と人間、一九七九年。堀江邦夫、『原発ジプシー　増補改訂版——被曝下請け労働者の記録』、現代書館、二〇一一年（初版、一九七九年）。

（13）『増補新版　闇に消される原発被曝者』、二五一頁。強調引用者。

射能汚染水が漏出した現場では、「床を素手で拭く」、「汚染廃液をバケツで汲みだす」、「汚染水を雑巾やモップで拭いとる」などの「応急措置」が取られていた。このため、一番危険な場所で働いていた「下請け作業員四五人」が大量被曝し、少なくともその被曝値は正社員たちの数倍にのぼっていたことが判明するのである。ちなみに、一連の騒動には、ほとぼりも冷めた六ヶ月後、原子力安全委員会により「敦賀原発再稼働」が了承された、というオチがついている。

さて、以上のシーン――とりわけ後者のシーン――を通して否応なく浮上するのは、原発の労働現場における電力会社社員と下請け作業員との間に存在する構造的差別であろう。「原発がコンピューターで動くという神話は今もくずれていない。コンピューター室に坐り、テレビの画面をみて操作するエリート社員の姿が、下請け労働者が放射能汚染に悩まされながら働く姿を消していく」という樋口健二の指摘をなぞるかのように(14)、土本典昭の『原発切抜帖』が関心を寄せるのは、「ハイテク」イメージの背後に隠れた「一番危険な場所での下請け労働」の現場なのである。そこは、合理的な技術の制御が及ばない場所であり、インフォーマルな「素手」の作業でしか対処しえない空間である。このような差別的体制の内側で労働する当事者たちは、原発による発電システムが存続する限り、消え去ることがないだろう。また、何よりも注意すべきは、この体制をまさしく構造的に支えているのは、電力の恩恵を享受する一人一人の消費者であるという現実に他ならない。この意味で、「電気の消費者という立場に安穏とするには、あまりに心いたむ現実です」という『原発切抜帖』のナレーションは、映画の鑑賞者であり、しかも同時に電力の消費者でもある私たち自身に突きつけられた批判と言えるだろう。

原発の労働現場における電力会社正社員と下請け作業員の格差、他ならぬその格差に依拠した発電体制を補完、強化する電力消費者という私たちの立場――このシステムを社会問題として人々に印象付けた最大の功績は、『原発切抜帖』をはじめ、樋口健二、森江信、堀江邦夫などの先駆的なルポルタージュに帰せられなければならない。ところが他方で、原発が内包する構造的差別について学問的な検証や分析を行うという試みはほとんど皆無に等しい、というのが偽らざる現状である。本節の後半では、そのわずかな例外として、労働法を専門とする奥貫妃文の論考「原発労働をめぐる労働法的考察」[15]に注目してみたい。この論考は、上述のような原発の労働現場における構造的差別が、福島第一原発事故以後も変わらず延命していることを実証的に跡付けようとしているからである。

奥貫は、被曝労働の現場で働く下請け作業員について、「原子力発電所ならびに原子力発電所以外の関連施設（核燃料加工施設・廃棄物埋設・管理施設等）で、電力会社から発注された仕事を元請から複数の階層で請け負うなかで、被曝労働に従事する下請労働者」[16]という定義を与えた上で、原発というシステムには、現場の最末端＝最前線で働く下請け作業員への差別を極大化する「重層的下請け構造」が存在する、と指摘している。ところで、その際に奥貫が提示する資料「二〇一一年三月〜九月までに福島第一原発で緊急作業に従事した作業者の被曝線量（外部被曝と内部被曝線量の合算値）」（表1）は、実に症候的である。この資料は、福島第一原発事故後の東電社員と下請け作業員との間にどのような被曝格差があったのかを明示しているからである。この資料を、奥貫自身は必ずしも精密に分析しているわけではないので、ここで私たち独自の検証を試みておくことにしよう。

（14）同書、八〇頁。
（15）奥貫妃文、「原発労働をめぐる労働法的考察」、『実践女子大学人間社会学部紀要』第八集、二〇一二年。
（16）同前、八二頁。

（一）　福島第一原発事故の直後、すなわち二〇一一年三月の段階で現場の作業に従事していたのは、東電社員一六五八名、下請け労働者二〇八七名とされている。この時点では、後者の人数は、前者の約一・二倍に相当する。つまり、この時期の現場における両者間の作業者数の格差は、かなり抑えられていたことがわかる。要するに、多数の東電社員が現場にとどまっていた、ということである。

（二）　東電社員と下請け労働者の作業者数は、事故から月日が経つにつれて、次第に明瞭な格差を示すようになる。例えば、半年が経過した二〇一一年九月を見ると、現場で作業に当たる東電社員は九〇名、下請け労働者は一〇四三名となっており、後者の人数は前者の一一・五倍にのぼることが読み取れる。この時期には既に、福島第一原発敷地内での労働は、九割以上が下請け労働者によって担われているのである。

（三）　被曝線量に関しても、東電社員と下請け労働者の間には歴然とした格差がある。このことは、「被曝平均値（mSv）」の欄における両者の推移に注目することで明瞭に把握できるだろう。事故直後、すなわち二〇一一年三月の段階こそ、東電社員の被曝平均値は三九・六三ミリシーベルト、下請け労働者の被曝平均値は二四・三八ミリシーベルトとなっているが、翌月以降はこの関係が急に逆転し、しかも徐々にその格差は拡大の一路をたどっている。二〇一一年九月の段階で見ると、東電社員の被曝平均値は〇・一九ミリシーベルト、下請け労働者の被曝平均値は一・八四ミリシーベルトとなっており、後者の被曝線量は、前者の約九・七倍にものぼっていることがわかる。奥貫も推測しているように、この格差は、高濃度汚染空間で実施される「人海戦術」により、下請け作業員たちが大量被曝していることから生じているのではないかと考えられる[17]。

福島第一原発の労働は、九割以上が下請け作業員で担われている。そして、彼ら下請け作業員の被曝

［表１］2011年３月～９月までに福島第一原発で緊急作業に従事した作業者の被曝線量（外部被曝と内部被曝線量の合算値）（原子力資料情報室による、「原発労働をめぐる労働法的考察」、85頁）

区分（mSv）	３月			４月			５月			６月		
	東電社員	下請け	計	東電社員	下請け	計	東電社員	下請け	計	東電社員	下請け	計
250超	6	0	6	0	0	0	0	0	0	0	0	0
200超～250以下	1	2	3	0	0	0	0	0	0	0	0	0
150超～200以下	18	2	20	0	0	0	0	0	0	0	0	0
100超～150以下	110	23	133	0	0	0	0	0	0	0	0	0
50超～100以下	289	253	542	6	36	42	2	2	4	0	0	0
20超～50以下	579	628	1207	44	488	532	13	222	235	4	105	109
10超～20以下	395	473	868	60	574	634	17	518	535	5	251	256
10以下	260	706	966	513	1899	2412	250	2006	2256	177	1596	1773
計	1658	2087	3745	623	2997	3620	282	2748	3030	186	1952	2138
最大（mSv）	678. 08	238. 42	678. 08	96. 53	86. 96	96. 53	53. 91	53. 45	53. 91	29. 98	44. 19	44. 19
平均（mSv）	39. 63	24. 38	31. 13	5. 9	10. 34	9. 57	4. 5	7. 3	7. 04	1. 92	5. 41	5. 11

区分（mSv）	７月			８月			９月			合計
	東電社員	下請け	計	東電社員	下請け	計	東電社員	下請け	計	
250超	0	0	0	0	0	0	0	0	0	6
200超～250以下	0	0	0	0	0	0	0	0	0	3
150超～200以下	0	0	0	0	0	0	0	0	0	20
100超～150以下	0	0	0	0	0	0	0	0	0	133
50超～100以下	0	0	0	0	0	0	0	0	0	588
20超～50以下	0	87	87	0	16	16	0	7	7	2193
10超～20以下	2	229	231	0	81	81	0	28	28	2633
10以下	218	1594	1812	122	901	1023	90	1008	1098	11340
計	220	1910	2130	122	998	1120	90	1043	1133	16916
最大（mSv）	15. 49	39. 38	39. 38	5. 49	37. 17	37. 17	1. 57	30. 81	30. 81	678. 08
平均（mSv）	0. 96	4. 99	4. 58	0. 35	3. 31	2. 99	0. 19	1. 84	1. 71	11. 74

・各月ごとに新規に緊急作業に従事した作業者の９月末までの内部被曝に外部被曝線量を加算した累積線量（３月：３/11～９/30、４月：４/１～９/30、５月：５/１～９/30、６月：６/１～９/30、７月：７/１～９/30、８月：８/１～９/30、９月：９/１～９/30）
・10/21までにWBC測定をした作業者に限る。福島第一原発構内での作業者に限られる。

平均値は、東電社員の被曝平均値の十倍近くに相当する。この二つの事実は、福島第一原発の労働現場において、正社員と下請け作業員の間に厳然とした構造的差別が存在することを示している。この客観的なデータによって、一般には覆い隠された現実の姿が驚くほど端的に露呈されているのである。

本章全体の結論を述べておこう。土本典昭が『原発切抜帖』で描き出した二種類の構造的差別は、福島第一原発事故後の今日も依然として根強く延命し続けている。『原発切抜帖』の鑑賞者である私たちは、映画が公表された一九八二年も、そして福島第一原発事故後も、一貫してこの構造を補完、強化する加害者の立場に立っている。私たち日本人は、グローバル世界の次元で見れば、アジアや太平洋等の周縁地域に放射能汚染を押し付けようとする加害者である。私たちはまた、国内電力の消費者という次元で見れば、原発労働者たちを被曝労働に駆り立てる「重層的下請け構造」を補完、強化する立場にも立っている。こうした構造的差別を解消するか、少なくとも緩和するためには、日本から原発技術や放射性廃棄物を海外輸出することは思いとどまらなければならないし、原発下請け作業員の労働環境や待遇を改善するための方策を考案していかなければならない。この点について奥貫は、原発下請け作業員の労働環境を改善するために、元請け会社の安全配慮義務を明確にすること、また福島第一原発労働者に関連する特別立法を成立させ、原発下請け労働者の安全、健康確保と、労働条件の平等化を図ることを提案している(18)。

福島第一原発の廃炉作業は放射線量が高い中で行われる危険な作業であるにもかかわらず、東京電力は廃炉工事について競争入札の範囲を拡大し、コスト削減を進めている。そのため、その廃炉作業の大部分を担う下請け労働者の賃金は大きく切り下げられており、現在の彼らの賃金は、国の直轄事業である除染労働の賃金と同等、あるいはそれより低いと言われている（そのため、福島第一原発の下請け作業員が除染など他分野に流出し、廃炉のための十分な人材を確保できないという問題さえ起こっている)[19]。つまり、被曝量における構造的差別に加えて、賃金における構造的差別（多重下請け構造による経済的搾取）の問題も深刻なのである。福島第一原発の廃炉作業におけるこれらの深刻な構造的差別の現状に対して、私たちは、下請け労働者たちの労働環境と労働条件、すなわち被曝量における構造的差別と賃金における構造的差別を根本的に改善すべく、福島第一原発を国有化し、下請けを禁止して国が直轄で労働者を雇用する、という制度を提案する[20]。

(17) 同前、八四―八五頁。

(18) 同前、八九頁。なお、下請け労働者の労働環境の過酷さの実例を一つ挙げておくなら、二〇一五年一〇月には、福島第一原発事故の収束業務によって白血病を発症した作業員が、事故後初の労災認定を受けている。以下を参照。「原発事故後の被曝、初の労災認定　白血病の元作業員男性」、『朝日新聞』、二〇一五年一〇月二〇日。

(19) 例えば以下を参照。ハッピー、『福島第一原発収束作業日記――3・11からの700日間』、河出書房新社、二〇一三年、二二九、二三七頁。以下のドキュメンタリーは、こうした状況に対して東京電力が二〇一三年一一月に打ち出した日当の一万円増額という対策が、多重下請け先の労働者の手に渡ったときには千円程度の増額しかもたらしていない、という経済的搾取の厳しい現実を描き出している。ETV特集『ルポ　原発作業員2――事故から3年・それぞれの選択』、二〇一四年八月二日放送。

(20) 脱原発を実現するプロセスにおいては、廃炉労働者の保護という観点に加えて、脱原発を経済的側面から確実に実現するためにも、私たちは、福島第一原発を含むすべての原発を各電力会社から切り離して国有化し、廃炉作業を進めるべきである、と提案する。この点については、結論において改めて論じる。

第三章　構造的差別の歴史的「起源」
——電力、二大国策、長距離発送電体制

私たちは第三部を通じて、システムとしての原発が内包する差別を、複数の視点から明らかにしてきた。本章ではこうした原発ならではの構造的差別が、なぜ、いかなる条件によって可能になったのかを、日本近代の電力事業史を遡行することで考察してみたい。ヒロシマ、ナガサキのトラウマを乗り越えるプロパガンダの一環として読売新聞による「原子力平和利用」キャンペーンが展開されたことは今ではよく知られている。また、このキャンペーンが一つの契機となって、原爆の被害を受けた日本が、原子力発電を肯定するに至る敗戦後の歴史的過程に関しても、多くの研究成果が出ている。しかし、これらの成果には、そもそも近代日本の電力生産体制の誕生は何を意味し、その後の日本の電力生産体制にどのような土台をもたらしたのか、という問いが欠落している。本章はこの問いに答えるために、いわゆる通史的な歴史叙述ではなく、「系譜学的」な遡行（ニーチェ）を試みる。すぐに見るように、通史としての電力事業史に関して言えば、現段階で十分すぎるほどの先行研究が刊行されており、そこに新たな知見を付け加える余地はない。私たちはむしろ、それらの先行研究を踏まえた上で、そこで何が語られていないのか、何が見落とされているのかに光を当て、現代社会の電力生産体制が成立するための

歴史的条件を浮かび上がらせてみたい。そこから私たちが目指すのは、システムとしての原発に内在する構造的差別の歴史的「起源」[1]を把握することである。

1 「戦前」の日本電力事業史の見取り図――橘川武郎の時代区分

「戦前」の電力事業史は、東京電燈株式会社が創立された一八八三年から語り起こすのが通例である。この日本最初の電灯会社の登場以降、日本各地の都市で電灯会社が立ち上がり、次第に電力事業を担うようになっていく。一九三六年に発行された東京電燈の社史『東京電燈株式會社開業五十年史』（以後、『東京電燈五十年史』と略記）を読むと、これらの電力事業体を代表する同社が、当時の鉱工業を初めとする「国家産業」の「基調」としての自負を持っていた、という事実が明瞭に見て取れる。[2]私たちが分析対象として取り上げたいのは、主にこうした「戦前」の電力供給システム――特に関東地方のシステム――であるが、その作業に入る前に、当時の日本全国の電力事業がどのような変遷をたどったのかを大まかに押さえておく必要があるだろう。この点について明快な時代区分を提示しているのは、経済史学者の橘川武郎である。橘川は、福島第一原発事故後に公刊された『電力改革』において、一八八三年―一九三九年の電力事業史を、次のような「三つの時代」に整理している。

（一）主に小規模な火力発電に依拠する電灯会社が都市ごとに事業展開し、競争がほとんど発生しなかった時期（一八八三―一九〇六年）

（二）主に水力発電と中長距離送電に依拠する地域的な電力会社が激しい市場競争を展開した時期

（一九〇七—一九三一年）

（三）カルテル組織である電力連盟の成立と供給区域独占原則を掲げた改正電気事業法の施行により、「電力戦」がほぼ終焉した時期（一九三二—一九三九年）[3]

この一節の内容を敷衍すれば、次のように定式化できるだろう。東京電燈が電力供給を開始した頃、各事業社は互いに競争もなく、それぞれの電力供給区域で勝手に操業していた。ところが、「水力発電と中長距離送電」の技術開発が進むと、その最新の発送電体制に基づいて、各事業者は市場競争を激化させていった。その後、カルテルの成立と電気事業法の改正によって、地域で分割された電力供給の独占体制が確立されることになった。そのような体制において、関東地方の供給体制を独占したのが、東京電燈だったのである[4]。

実のところ、橘川武郎の歴史観は、「戦前」と「戦後」の総体に及んでおり、以上で概説した事柄は

（1）私たちは「起源」という語を、一回的な「起源」という意味ではなく、それに注目したときに歴史的な「制度」や「切断」を症候的に抉り出すことができるような出来事、という意味で用いている。その意味で、本書が用いる「起源」とは、ニーチェ的系譜学に即した、カッコ付きの「起源」のことである。なお、こうした系譜学的「起源」概念を提示した書物として私たちが念頭に置いているのは、柄谷行人『日本近代文学の起源』（講談社、一九八〇年）である。

（2）『東京電燈株式會社開業五十年史』、東京電燈株式会社、一九三六年、三頁。

（3）橘川武郎、『電力改革——エネルギー政策の歴史的大転換』、講談社現代新書、二〇一二年、四一頁。ただし、こうした時代区分に関する着想は、既に以下の論文に見出すことができる。橘川武郎、「電力自由化とエネルギー・セキュリティー——歴史的経緯を踏まえた日本電力業の将来像の展望」、『社会科学研究』第五八巻二号、二〇〇七年。

その一部をなすに過ぎない。例えば、彼は前掲の三つの時代を、「民有民営の多数の電力会社」が「併存」した時代として一括している。彼はまた、その後の歴史に関しては、「電力国家管理」の時代（一九三九―一九五一年）、「民有民営・発送電一貫経営・地域独占」の「九電力体制」の時代（一九五一年―）、といった具合に区分してみせるのである。こうした区分に当たって橘川が問題にしていたのは、電力事業体の所有者と経営者は誰だったのか、各事業者の市場競争はどのように活発化したのか、電力供給の独占体制はどのように形成され、どのように国家の管理統制下に置かれたのか、といった論点である。そして、一連の問題意識によって目指されていたのは、「なぜ、今のような地域で分割された地域独占の営業形態になっているのか」[5]という問いの解明であった。

2　二大国策と長距離発送電体制をめぐって

前節で紹介した電力事業史の時代区分そのものに対しては、私たちに異論があるわけではない。例えば、次節で紹介する『関東の電気事業と東京電力――電気事業の創始から東京電力50年への軌跡』（二〇〇二年）（以後、『関東の電気事業』と略記）は、「関東地方の包括的な電力事業史」として高い評価を受けているが、[6]この大冊が展開する壮大な叙述も、多少の異同は散見されるにせよ、おおむね前節の時代区分と共通の歴史観に立っていることがうかがえる。

私たちが本節で注目したいのは、むしろこうした時代区分に表出している客観的な眼差しが何を見落とし、その経営史的な物語が何を言い落としているのか、ということである。この観点に立てば、橘川武郎の歴史観に対しては、少なくとも二つの疑問を抱かずにはいられない。

第一に指摘しておきたいのは、「水力発電と中長距離送電」という価値中立的な表現に対する疑問である。この表現は『関東の電気事業』にも頻出するだけに、ここでその疑問の内容を記述しておくことは、いっそう重要と言えるだろう。

まず、一般に水力発電は、その性質上、山間部に発電所を建設することが必要である。一方、そこで発電された電力を消費する者たちの生活圏は、総じて山間部から遠く離れた平野部に集中せざるをえない。つまり水力のエネルギーを供給する側は、山間部という人口過少の場所に位置するのに対して、そのエネルギーを受け取る側は、平野部という人口密集地に位置することになる。例えば、関東平野の内側で暮らす多くの住民は、不可避的に電力の消費者となり、その周縁としての山地で暮らす少数の住民は、不可避的に供給する側に回るのである。これは地理的な条件が要請する一種の必然的な帰結だが、その帰結は同時に、山間部と平野部の住民の間に、非対称的な関係を導入せずにはおかないのである。

なぜ、とりわけこのような点に注意が必要なのだろうか。本書の議論を追ってきた読者には、既に明

(4) この時代区分に対しては、異なる見解も存在する。例えば、第二次大戦前の電力独占体制を研究する渡哲郎は、名古屋電灯、日本電力、東邦電力、中部配電などの事業体制に着目し、カルテル成立よりも前の段階、つまり一九二〇年代半ばごろには事実上の「電力独占体」が出来上がっていたと主張している。以下を参照。渡哲郎、『戦前期のわが国電力独占体』、晃洋書房、一九九六年、序章第三節。ただし、私たちにとって、電力の独占体制の完成時期を確定することに大した意義があるとは思えない。その根拠は、本章の議論を通じて明らかになるだろう。

(5) 竹内敬二の表現を引いた。竹内敬二、『電力の社会史——何が東京電力を生んだのか』、朝日新聞出版、二〇一三年、三六頁。

(6) 渡哲郎、「書評　東京電力株式会社編『関東の電気事業と東京電力——電気事業の創始から東京電力50年への軌跡』」、『阪南論集　社会科学編』第三八巻二号、二〇〇三年、三〇—三五頁。

白であろう。前章でも見たように、システムとしての原子力発電は、常に「周縁」に発電所を立地し、そこから「都会」の消費者に向けて送電する、という構造を内包していた。なるほど、水力発電と原子力発電を同等と捉えるのは性急だろうが、少なくともこの発送電の構造における共通性は、実に症候的という他はない。次節以降で分析するように、この非対称的な電力供給のシステムは、日露戦争後の好景気の中で萌芽し、第一次欧州大戦の軍需景気の中で拡大し、関東大震災の直前にはほぼ完成していた。要するに、橘川武郎による「中長距離送電」というニュートラルな表現は、こうした電力の供給側と消費側の関係の非対称性を見事に覆い隠してしまうのである。

第二に指摘しなければならないのは、「電力国家管理」の時代を、日本の電力事業史における「例外」として位置付けようとする歴史観への疑問である。(7)

橘川武郎によれば、電力事業とは、本性的に民有民営の公益事業であり、そうであらねばならない。電力事業はこの本性を確保することで、事業者同士の健全な市場競争を活発化させ、常に成長と発展を目指すことができるという。その点について、彼は次のように述べている。

> 競争が本格化することは、電力の需要家にとって有益であるばかりではない。長い目でみれば、電力会社にとっても、競争はプラスに作用する。地域を越えた競争に直面し、電力各社が個性を発揮して切磋琢磨すれば、民間活力は再び向上する。(8)

このような経済学的な合理性の観点（競争原理＝市場主義に依拠した自由な経済活動こそが経済成長をもたらす、という見方）に立つ限り、「市場メカニズムとは別次元の政治的・軍事的事柄」(9)は、言わば自由な経済成長を阻害する夾雑物としか映らないだろう。電力事業を管理統制した軍国主義政府はこのような夾雑物の典型例であり、だからこそこの時代は「例外」と見なされるべきだ、というわけである。

ところで、当時の日本の国家方針に照らしてみれば、この種の論理が必ずしも自明ではないという現実が見えてくる。環境社会学者、飯島伸子は、公害研究の観点からこの現実を明快に抉り出している。飯島によれば、明治維新から第二次大戦敗戦までの日本は、本性的に戦争を欲望していたばかりでなく、戦争のために産業を拡大し、戦争を契機として経済を発展させてきた。事実、日本はこの時期に日清戦争、日露戦争、日中戦争、太平洋戦争という四度の戦争を経験していたし、直接の戦火を浴びずに済んだ第一次大戦中は未曾有の軍需景気に恵まれ、電力会社を含む基幹産業が飛躍的な成長を遂げたのである。飯島は、こうした歴史の背景として、明治維新政府が立てた二つの国策が控えていた、と診断している。

農業立国と槍刀軍事力で推移してきたアジアの小国日本には、工業化の産物である近代的な軍事力を誇示して開国を迫った先進資本主義諸国を前にしては、開国以外の選択肢は残されていなかっただろう。この経緯があるから、開国後最初の政府となった明治政府は、先進諸国による日本の植民地化を回避することを第一の優先的な課題とし、そのために採用したのが、工業立国と軍事立国（一般的

(7)『電力改革』、四二頁。
(8) 同書、六〇頁。
(9) 同書、五七頁。

には「殖産興業」「富国強兵」と表現されている）であった。この二大国策を通して、可能なかぎり迅速に、先進諸国が近代国家として認める国に、日本国を成長させることが、明治政府の、いわば悲願であった。[10]

この一節が跡付けているのは、「富国強兵」（軍事立国）と「殖産興業」（工業立国）という日本の国家方針が言わば車の「両輪」として機能していた、という近代史の現実に他ならない。後に見るように、このような認識は、前掲の『東京電燈五十年史』でも随所で強調されている。

この「二大国策」による近代の方向付けを念頭に置けば、次のように推論することが可能となるだろう。確かに、勝ち目のない戦争に暴走した軍国主義政府による「電力国家管理」に、市場メカニズムに違背する不合理な傾向があったことは否定できないだろう。しかしながら、近代国家としての出発点において上記の二大国策が設定されている以上、基幹産業としての電力の国家による管理は、近代史の過程における必然的な選択だったのである。そもそも一九三〇年代当時の国際社会において、「電力国家管理」を志向することは、「例外」どころか一つのメインストリームをなしていた。[11]日本近代が示した飛躍的な経済成長を「政治的・軍事的事柄」と切り離し、軍国主義的な「電力国家管理」を「例外」として片付けようとする見方は、市場メカニズムがいつでも国家の底支えによって成立することを見落としている点で、決定的にナイーヴである。

3　症例としての東京電燈

前節の予備的な考察に基づいて、本節で順番に検討すべき二つの命題を提示するところから始めたい。

命題一　日本近代の電力事業は、明治維新以来の「富国強兵」と「殖産興業」という二大国策によって、著しい成長と飛躍を遂げた。

命題二　水力発電を主体とする「長距離送電体制」は、当初は地理的な諸条件に基づいて誕生した。ただし、それは結果として、第二次大戦後の発送電体制における構造的差別の「起源」となった。

本節ではこの二つの命題を検証するに当たり、関東地方における東京電燈の事業展開に焦点を絞ることにする。このトピックを調査する際にしばしばぶつかる書物として、先に掲げた『東京電燈五十年史』と『関東の電気事業』の他に、『東京電力三十年史』（一九八三年）を挙げることができる。しかし、これら三冊を互いに比較してみると、「戦前」に関連する『東京電力三十年史』の叙述の価値は、必ずし

(10)　飯島伸子、『環境問題の社会史』、有斐閣アルマ、二〇〇〇年、五三頁。
(11)　『関東の電気事業と東京電力――電気事業の創始から東京電力50年への軌跡』、東京電力株式会社、二〇〇二年、五一六頁。

も高くないと判断せざるをえない。というのも、「歴史的事実発掘」の点では『関東の電気事業』の方が圧倒的に優れており、[12]第二次大戦前の空気を伝えるという点では『東京電燈五十年史』の方がはるかに生々しいからである。特に『東京電燈五十年史』に満載された証言の数々はヴィヴィッドである分、極めて症候的であり、それゆえ私たちはこの最も古い資料に軸足を置きながら、補足的に他の二冊の事業史を参照するという方法を取ることにしたい。

3-1　土台としての「富国強兵」と「殖産興業」

『関東の電気事業』を丁寧に読み進めると、「戦前」に関する膨大で詳細な記述の中核に、実は二本の太い柱が据えられていることがわかる。このことは、「戦前」を取り上げた第一章から第六章までの「目次」に着目することで、明瞭に理解できる。『関東の電気事業』は第一章で、東京電燈の設立と成長について叙述するのだが、ここで注意すべきは、その後の各章がそれぞれどのように導入されているかである。「目次」の該当項目は以下の通りである。

第二章第一節「日露戦争後の電気事業ブーム」
第三章第一節「第一次大戦と電気事業の発展」
第四章第一節「電力主導の経済発展」
第五章第一節「昭和恐慌後の景気回復と協調体制」
第六章第一節「戦時経済と電気事業」

このリストを見れば明らかなように、『関東の電気事業』が語ろうとしているのは、近代日本の経済と産業が戦争を契機としてどのように発展したか、そこに電力がどのように寄与したか、という点である。第五章第一節で取り上げられている「昭和恐慌」は、狭義には金融に関わる出来事であるが、この章の分析対象は、そもそも一九三一―一九三八年の時期、すなわち一九三一年（昭和六年）の満州事変以降、日本が中国への侵略戦争に突入していく時期に該当している。この意味で、同書の時代区分は、明確に戦争と産業という二本の柱で成立していると言ってよい。

以上で述べた事柄は、『東京電燈五十年史』の記述を通して、より具体的な理解が可能となる。『東京電燈五十年史』には、事実の証言において正確さに欠ける側面があるため、同書の叙述のすべてを額面通りに受け止めるわけにはいかない。これに加えて、同書の文体は総じて時代がかっている。しかし、まさにそのことによって、当時の社会的な雰囲気が、同書の証言の向こう側から前景化してくるのである。

以下に引くのは、『東京電燈五十年史』の「序」の一節である。執筆者は、当時の取締役会長、郷誠之助男爵であり、東京電燈に関する研究においてしばしば言及される人物である。

> その後日清、日露の両役を契機とし国運隆々として進展するに伴ひ、当社もまた順調なる歩みを続け、特に欧州大戦勃発するや社運の隆盛目覚しく、社礎ここに盤石の重きを加へたり。然るに慮らず

(12)「書評　東京電力株式会社編『関東の電気事業と東京電力――電気事業の創始から東京電力50年への軌跡』」、『阪南論集　社会科学編』第三八巻二号、三五頁。

も関東大震災に遭遇しその創痍いまだ全く癒えざる時、世界経済恐慌の累厄を蒙り、需要の減退、同業他会社の侵入、外債負担の重圧等難件続出接踵し、昭和年代の初期において当社は稀有の難局に直面するに至れり。(13)

この一節は、「国運」と「社運」が戦争のたびに大きく展開していたことを端的に裏付けている。ここで直接的に言及されているのは、一八九四―一八九五年（明治二七―二八年）の「日清戦争」、一九〇四―一九〇五年（明治三七―三八年）の「日露戦争」、一九一四―一八年（大正三―七年）の「第一次欧州大戦」であるが、先述の通り、この書物の刊行は一九三六年（昭和一一年）であり、日中戦争の最中であった。このうち、日露戦争直後と第一次欧州大戦中は、日本経済が好景気に包まれ、特に日本に戦火が及ばなかった後者の期間は、「諸般の製造工業は俄かに隆盛に赴き、［……］電力は実に約四十二割の激増を示した(14)」という報告が明記されている。「昭和年代の初期」（一九二六―一九三〇年頃）の「難局」に関する言及も含め、この一節は、前節で言及した「富国強兵」と「殖産興業」の一対、すなわち軍事立国と工業立国の「二大国策」を顕著に反映したものと言えよう。

以上の分析から、私たちが命題一として定式化した事柄は、『東京電燈五十年史』という社史全体を通して色濃く表出している、と結論することができる。

3-2　長距離発送電体制による構造的差別

では、日本近代の二大国策に基づいて発展した東京電燈の電力システムは、具体的にはどのような構造を持っていたのだろうか。これこそが、命題二に関わる事柄である。『東京電燈五十年史』の「序」

は、次のように続けている。

> かくて創業当時わずかに二十万円に過ぎざりし当社資本金は、今や、実に四億円を越え、その供給区域も比年拡大して、京浜地方を中心とし、羽翼は遠く北福島より南静岡に伸び、規模の壮大ほとんど内外にその比を見ざるの盛観たり。しかも時運のおもむく所、当社の前途やまさに帝国と共に隆昌たらむとす。まことに邦家のため欣快に堪へざる所なり(15)。

この一節では、事業の比例級数的な巨大化に応じて、電力供給区域もまた拡大の一路をたどったことが証言されている。注意を要するのは、京浜地方が当該供給区域の「中心」として、北福島や南静岡がその「羽翼」として位置付けられている点である。『東京電燈五十年史』は、関東大震災直前に出来上がっていたこの「供給区域」の概要を、「発電所」、「変電所」、「送電線」などを記した次のような地図(図1)にまとめている。「凡例」を見ればわかるように、地図に記載されたすべての項目が東京電燈に所属するわけではないが、いずれにせよ一九二〇年代の関東地方の電力供給体制の全容は、この地図に記載されている。

---

(13)『東京電燈株式會社開業五十年史』、東京電燈株式会社、一九三六年、一―二頁。なお、引用にあたっては、現代の読者に配慮し、漢字の表記に限って旧漢字を新漢字に改める。強調引用者。以下同様。
(14)同書、一二一―一二二頁。
(15)同書、二頁。

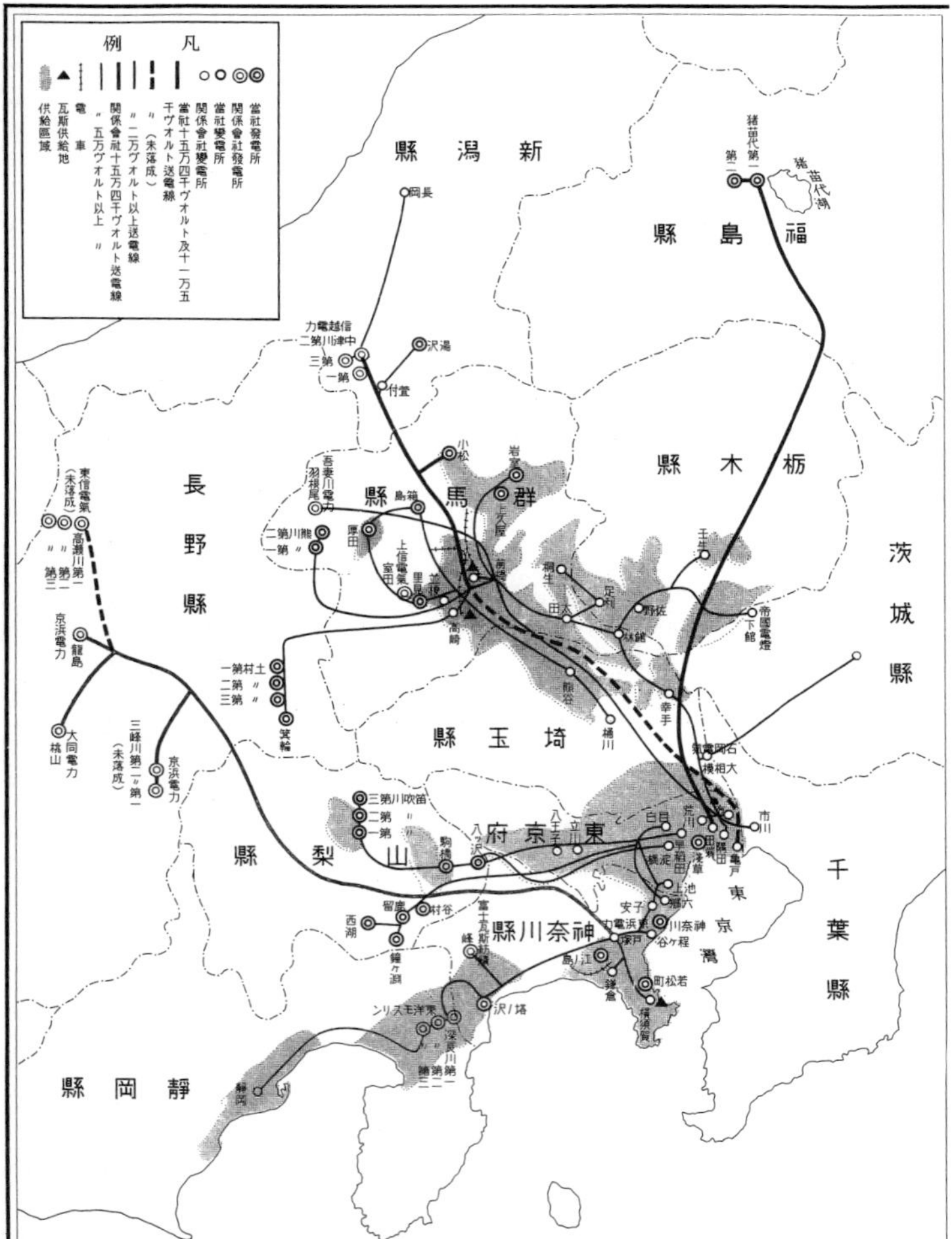

［図１］震災前供給設備 及 区域概要（『東京電燈株式會社開業五十年史』、136-137頁）

この地図で描かれている事態をリストアップしてみよう。まず、明らかに周縁から中心に向けた発送電体制が成立している。次に、周縁の最末端に位置する水力発電所は、福島県、新潟県、長野県、静岡県に所属している。そして、それらの発電所のうち、福島県、新潟県、長野県に所属する発電所の周辺地域には、電力が供給されていない。他方、四つの最末端の水力発電所から伸びたすべての送電線が集中している先は、東京府である。

かくして、この地図が描き出す電力供給のシステムは、福島県や新潟県の原子力発電所で作り出した電気を、福島県や新潟県の住民自身のためではなく、関東地方の住民のために送電し続けてきた、現代日本の電力供給システムと完全な連続性を持っている。浜岡原発が静岡県に存在する現状を考えれば、今日の原子力発電に基づく関東地方の発送電体制の原型は、事実上、関東大震災前には誕生していた、と結論できるのである[16]。

しかし、重要なのはその点だけではない。こうした電力供給体制の構想そのものは、日露戦争の直後には、東京電燈の経営者たちの意識に明確に浮上していた、と推定されるからである。ではなぜ、そのように推定できるのか。以下の一節は、その根拠を提供してくれる。

（16）建築史家の橋爪紳也は、関東大震災の復興を支えたのは、東京電燈による迅速な送電体制だったと述べている。こうした「美談」を語ることで、橋爪は根本的な歴史的倒錯を披露している。彼は当時の長距離発送電のシステムが、都市と地方の非対称的な関係の上に成立していたことを見落としている。発送電体制が震災の中でも生き残っていたのは、そもそも発電所と送電線が「関東」の圏外にあったからである。橋爪紳也、「国土の電化と大震災――関東大震災前後の状況から」、『at プラス』第一五号、二〇一三年。

されば一部富裕階級のみならず広く一般大衆の間に電燈電力を普及せしめんとする当社積年の願望は、桂川系水力の開発を機としてここに漸く達せられんとするに至った。実に明治四十年代は当社の技術上、営業上に一新時期を画したばかりではなく、電燈電力の民衆化に対する一転向期として多分の意義を有する時代でもあった(17)。

ここで、「桂川系水力」とは、富士山麓の山中湖を水源とする桂川を利用した水力発電のことを指している。先の地図で言えば、山梨県北都留郡広里村にある駒橋発電所が、その水力発電所に相当する。一方、「明治四十年代」とは、一九〇七―一九一二年のことであり、ちょうど日露戦争後の一時的な好景気が日本社会に到来し、過ぎ去っていった時期に相当する。要するに、東京電燈の経営者たちは、日露戦争以降、周縁から中心に向けた電力供給システムの構築へと、その第一歩を踏み出していたのである。事実、そうでなければ、『東京電燈五十年史』が当時の「需要の激増」を振り返りながら、次のように証言することなどありえなかっただろう。「かくのごとく需要の増加は著しく、あまつさへ市内〔＝東京市内〕の人口は漸く稠密の度を加え市内に火力発電所を存置することが許されない情勢となったので、当社は一大決心をもって都心をへだたった〔……〕(18)」。この証言は、人口周密な都会から遠い場所に発電所を立地せざるをえなかった当時の状況を端的に物語っている。だとすれば、発電所あるいは原発の非人口密集地域＝過疎地への立地は、ある意味で当時から運命付けられていたことになる。

さらに一歩先へと、私たちの考察を推し進めておこう。実のところ、「桂川系水力」に言及した例の一節には、もう一つ重要な論点が提示されているからである。それは、東京電燈が「富裕階級」だけでなく、「一般大衆」の需要に「平等」に応えることを目指していた、という事実である。無論、この

「平等」には一つの条件が付いていた。なぜなら、ここでいう「一般大衆」とは、あくまでも「東京市内」の住民のことであり、発電所周辺地域の住民がそこに入り込む余地はなかったからである。『東京電燈五十年史』の言葉を用いて言えば、「日露戦役による好景気と水電事業の勃興ならびに長距離送電技術の進歩等[19]」は、都市住民間のエネルギー消費の「階級格差」を解消する代わりに、都市と地方の間に需要と供給の非対照的な関係を持ち込んだのである。逆に言えば、電力消費という観点に立つ時、日本近代の「一般大衆」概念は、日露戦争後の周縁差別ないし山間部差別によって「誕生」したと言えるだろう。

私たちは今や、明確な結論に到達している。『東京電燈五十年史』の生々しい証言は、価値中立的な立場から電力事業史を俯瞰してみせる今日の経済史学者たちが、他ならぬその中立性によって何を見落とし、何を言い落とすのかを暴露している。それらの証言が暴露する事柄は、大きく分けて二つある。

第一に、日本近代の電力事業史は、「富国強兵」と「殖産興業」の関係、軍事立国と工業立国の関係、つまり、国家と資本の関係の不可分性によって条件付けられていた。

第二に、日本近代の電力供給のシステムは、軍需景気によって大きな成長を遂げ、都市と地方を差別化する構造を形成し、その後の電力消費のあり方を方向付けることになった。経済学的な電力事業史

(17)『東京電燈株式會社開業五十年史』、九九頁。
(18)同書、八三―八四頁
(19)同書、一一四頁。同じ頁には、明治末期から大正初期にかけて「陸続として」創設された電気事業の一覧表が提示されている。その中には、鬼怒川や猪苗代湖を水源とする電気事業者も記載されている。

は、この差別的な構造を「長距離発送電体制」と命名するのだが、この一見、中性的な命名行為は、見事なまでに物事の濃淡や陰影を脱色、透明化することに貢献している。こうして、エドガー・アラン・ポー「盗まれた手紙」のように、目の前に差し出されたものが、まさにそのことによって見えないものにされていいる。客観的な歴史叙述の方法は、社会の構造的差別とその歴史的「起源」に一定の名前を与えるのだが、そうすることで、それらのものを私たちの視界から追放してしまうのである。

本章を締め括るにあたって、原発によるエネルギー生産体制が既に確立された一九八二年に東京電力が作成した「主要電力系統図」(図2、『東京電力三十年史』所収)を掲げておこう。送電線がかつてよりもはるかに複雑化し、網状化しているとはいえ、地方が電力を生産し、中央がその電力を消費するというその体制が、日露戦争後に構想され、関東大震災前には具現化されていた電力供給のマップを律儀に継承している、ということが明白に見て取れるだろう。

一九四二年、東京電燈は、軍国主義政府の命令で解散を余儀なくされた。その後、東京電燈によって開拓された発送電網は、国家管理の下で日本発送電(一九三九年設立)と関東配電(一九四二年設立)に受け継がれた。日本が敗戦すると、この発送電網はしばらくGHQの統制下に置かれたが、一九五一年に創立された東京電力に引き継がれることになった[20]。

現代日本の電力生産、消費における差別的な構造は、日露戦争後に胚胎し、一九二〇年代には既に明確な形を成していた。その構造に土台を提供していたのは、明治維新以来の二大国策、すなわち「富国強兵」と「殖産興業」という不可分の二本柱だった。他ならぬその構造は、軍国主義政府の管理下でも、GHQの統制下でも、まるで一個の亡霊のように日本社会に取り憑いていた。「戦後」の一九五一年、そのシステムは遂にあの東京電力の手に渡り、その六〇年後、地方と中央の間の構造的差別を変わらず温存したまま、カタストロフィックな原発事故が福島を襲ったのである。

(20)『東京電力三十年史』、東京電力株式会社、一九八三年、三〇二頁。

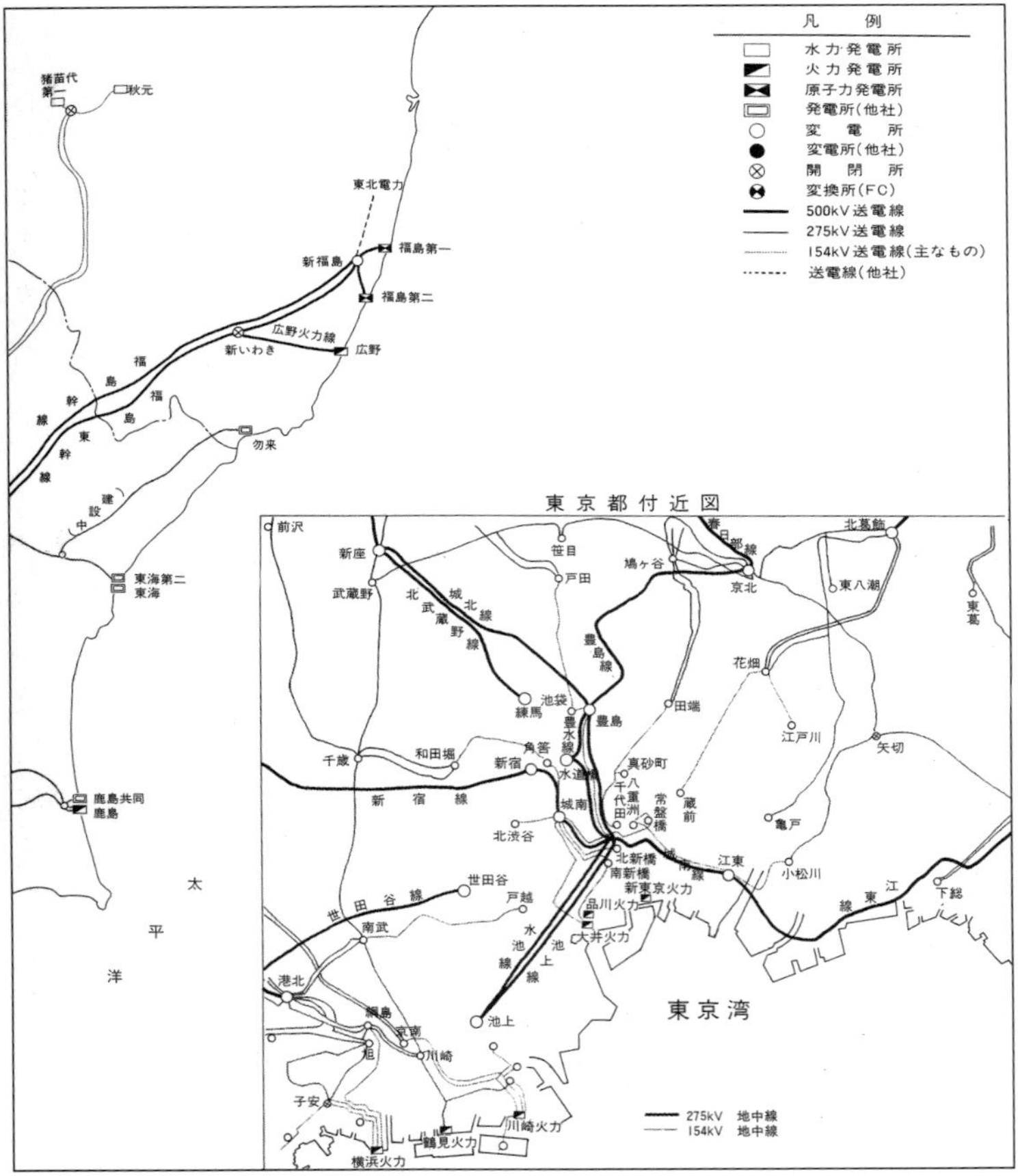
凡　例
水力発電所
火力発電所
原子力発電所
発電所(他社)
変　電　所
変電所(他社)
開　閉　所
変換所(FC)
500kV送電線
275kV送電線
154kV送電線(主なもの)
送電線(他社)
猪苗代第一
秋元
東北電力
新福島
福島第一
福島第二
広野火力線
新いわき
広野
福島幹線
東福島幹線
勿来
建設中
東海第二
東海
鹿島共同
鹿島
太平洋
東京都付近図
前沢
新座
笹目
戸田
鳩ヶ谷
春日部線
京北
北葛飾
東八潮
東葛
武蔵野
北武蔵野線
城北線
豊島線
池袋
練馬
豊島
田端
花畑
江戸川
矢切
千歳
和田堀
角筈
新宿
豊水線
水道橋
真砂町
千代田
八重洲
常盤橋
蔵前
亀戸
新宿線
城南
北渋谷
北新橋
南新橋
新東京火力
城南線
江東
小松川
下総
江東線
世田谷
世田谷線
戸越
品川火力
大井火力
南武
水池線
池上線
港北
綱島
京南
川崎
池上
東京湾
子安
川崎火力
鶴見火力
横浜火力
275kV　地中線
154kV　地中線

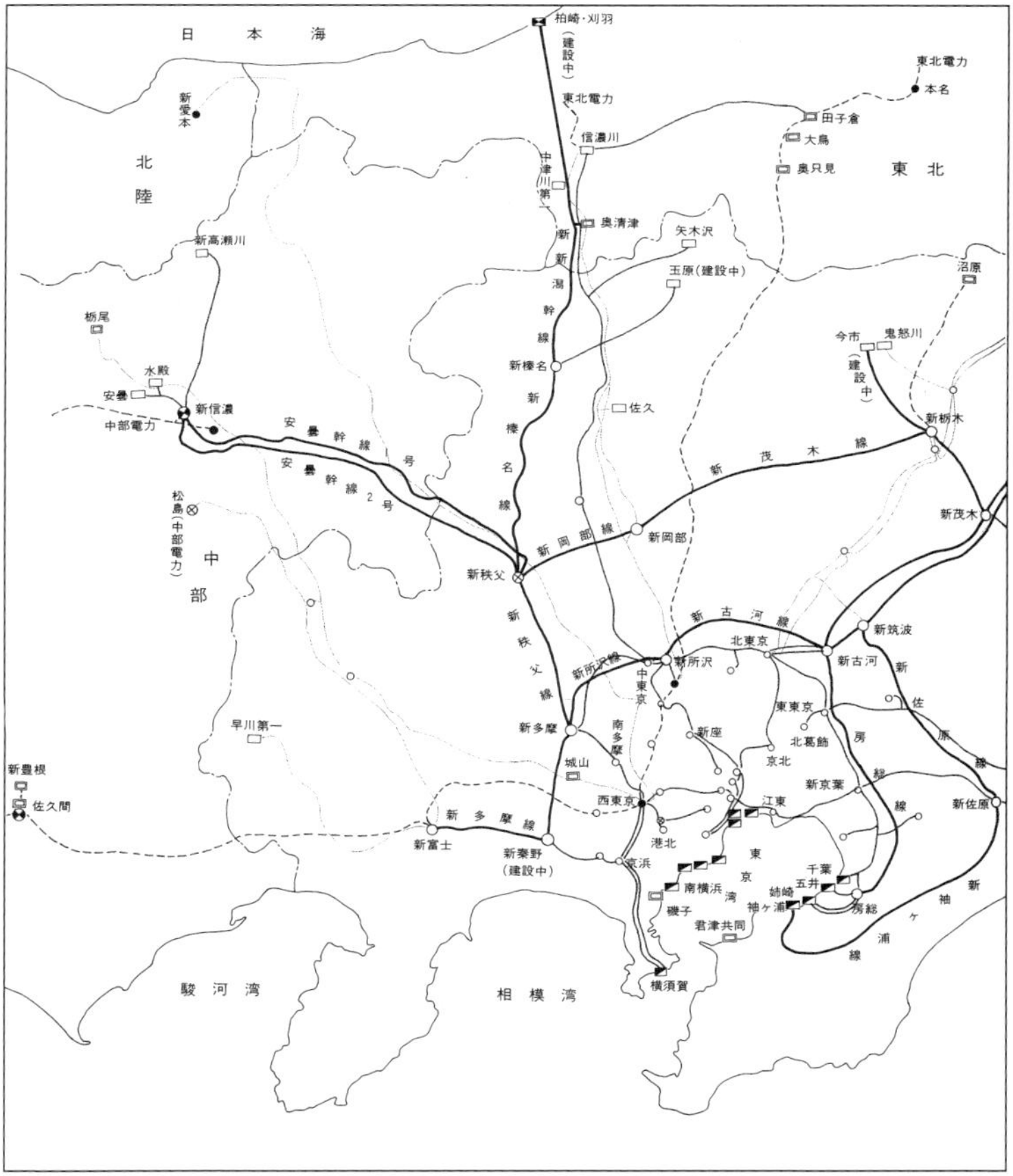

［図２］主要電力系統図　1982年９月30日現在（『東京電力三十年史』、1040–1041頁）

第四部　公害問題から福島第一原発事故を考える

第一章　足尾鉱毒事件と構造的差別

三・一一原発震災から五年が経過した今日もなお、広大な地域が高濃度の汚染に曝されており、十数万規模の避難者たちが住み慣れた土地に戻れない状態が続いている。この意味で、福島第一原発事故は、既に史上最悪の産業公害の様相を呈している。実際、近代日本の産業公害が事前、事後にたどった過程は、構造的差別や公害影響の否認といった観点から見れば、福島第一原発事故が事前、事後にたどった過程と多くの点で似通っていることがわかる。第四部ではこの厳然たる事実を踏まえた上で、近代日本の公害問題から福島第一原発事故の諸相を照らし出すことを試みる。

まず、公害とは何かを考える際に、水俣病研究で名高い原田正純医師が生前に繰り返し強調していたテーゼは、大きな道しるべとなる。そのテーゼとは以下の通りである――公害がある所に差別が生まれるのではない、差別がある所に公害が起こる。このテーゼは、より厳密に考えれば次のような三つの命題に整理し直すことができるだろう。

命題一　公害が発生するのは、差別を受けている場所においてである。

命題二　公害が発生することで、その場所に対する差別は強化、複雑化される。
命題三　そのことによって、その場所にあった差別の構造が見えにくくなる。

これらのうち、命題三は、別の言葉で言えば、「そのことによって、あたかも公害発生後に初めて、差別が生まれたかのように見えてしまう」と表現することができる。私たちは本章で、この三つの命題を具体的な事例に即して検討するとともに、これらの命題が焦点を当てている事柄の〈事前〉と〈事後〉の地平にも踏み込んで分析してみたい。ここでいう〈事前〉の地平とは、公害の要因となる差別は、いかなる条件の下に成立しているのか、という問いに、そして〈事後〉の地平とは、公害と差別という相互補完物は、放置すればどのような結果に行き着くのか、という問いに関わっている。要するに、公害の条件、構造、帰結が、本章で注目するテーマである。

ところで、一口に「公害」といっても、その現象形態は千差万別である。個々の公害事件の細部に目を留め、それらの現象の共通点や相違点を腑分けしていくことは学問的に重要な作業だが、本章はそのような方法を採用しない。前章で注目した電力事業史と同様、公害史に関しても多くの秀逸な先行研究が蓄積されているので、新たな社会科学的知見をそこに加えることは不可能に近いからである。私たちが目指すのはむしろ、前掲の三つの命題と二つの問いかけを解明するために、通史的な叙述ではなく、「系譜学的」な遡行を実践することである。その遡行の対象は、日本近代の最も初期に、最も極端な形で、公害の本質を可視化した足尾鉱毒事件である。この出来事が体現する極端さを記述し、それを福島第一原発事故と比較することで、おのずと、公害（あるいは原発事故）における差別の条件、その構造、その必然的な帰結が浮かび上がることになるだろう。

1　回帰する鉱毒とその否認

足尾鉱毒事件の際立った特徴として、最初に指摘しておかなければならないのは、その帰結の仕方である。それは具体的には、次のように定式化できるだろう。足尾の鉱毒被害は、実質的には何一つとして解決していない、それにもかかわらず、あたかも被害は終わったかのように見なされている、と。実のところ、三・一一当日の足尾では、この定式の実効性を如実に裏付ける出来事が起きていたのだが、その出来事に敏感に反応した批評家は、私たちの知る限り、柄谷行人ただ一人であった[1]。二〇一一年三月一三日付の『朝日新聞』（栃木版）は、「鉛、基準の倍検出　足尾銅山、土砂流出」という見出しを掲げながら、この時の事件の模様を比較的詳しく報じている。問題の本質を理解する上で恰好の手がかりとなるので、全文を引用してみよう。

一一日の地震で、旧古河鉱業（現・古河機械金属）の足尾銅山で使用された日光市足尾町原向の源五郎沢堆積場から渡良瀬川に土砂が流出、川水から環境基準の約二倍の鉛が検出されたことが一二日わ

（1）柄谷行人、「秋幸または幸徳秋水」、『文學界』第六六巻一〇号、二〇一二年。柄谷はこの論文で、三・一一当日、足尾の汚染物質堆積場が決壊した出来事に注目しながら、福島第一原発事故と足尾鉱毒事件の類縁性、近代における出来事の反復強迫性を指摘している。その上で、田中正造が足尾の鉱毒被害を明治天皇に直訴した事件を想起し、その直訴状を執筆した幸徳秋水の思想や、「幸徳秋水」をもじった「（竹原）秋幸」を主人公とする中上健次の小説に分析のメスを入れている。

かった。約四〇キロ下流では、群馬県桐生市と太田市、みどり市の三市が水道用に取水している。同社は「取水地点までにダムや沢からの流入で十分希釈できる」（池部清彦・足尾事業所長）としているが、土砂の除去を急ぐとともに一日に二度の水質検査を続けるという。

現場はわたらせ渓谷鉄道の原向駅から下流に約四〇〇メートルの地点。土砂が樹木とともに地滑り状に約一〇〇メートルにわたって崩れ、同鉄道の線路をふさいで渡良瀬川に流出した。

堆積場は、銅選鉱で生じる沈殿物（スライム）などを廃棄する場所で、土砂は銅のほか鉛、亜鉛やカドミウムなどの有害物質を含む。足尾事業所が一二日、下流二キロの農業用水取水口で水質検査したところ、基準値（〇・〇一ｐｐｍ）を上回る〇・〇一九ｐｐｍの鉛を検出した。他の物質は環境基準を下回っているという。現場は流出した土砂の水際が青白く濁っており、同事業所も「堆積場の物質が染み出ている」と認めている。

源五郎沢への廃棄は一九四三年に始まったが、五八年に決壊して下流に鉱毒被害を出し、翌年から使用を停止していた。

この記事が何よりも指し示しているのは、古河鉱業の足尾銅山がもたらした環境汚染はいまだに根本的な解決を見ていない、という端的な事実に他ならない。「堆積場」とは、要するに大量の有害物質が山積みに廃棄されてきた場所のことであり、それらの廃棄物の山は、何ら有効な遮蔽も施されることなく、野晒しの状態で放置されてきたのである。無論、そのことによる鉱毒被害が、恒常的に顕在化してきたわけではない。まったく反対に、被害の実態も、堆積場の実在も、周辺地域の住民たちを抜かせば、一般的には忘却されていたというのが偽らざる実情であろう。そして、こうした長期的な忘却期間をかいくぐり、鉱毒被害は繰り返し「回帰」してきたし、今後も原因が根治されない限り、いつまでも「回帰」し続けることだろう。これは汚染物質の堆積がそこにある以上、十分に想定可能な帰結であるに過ぎない。ところで、注意深い読者なら、福島第一原発事故後に出た大量の除染廃棄物についても同様の指摘が可能である、ということに気付くはずである。実際、二〇一五年九月九日から一一日に北関東・東北地方で発生した記録的な集中豪雨の影響によって、福島県飯舘村では三一四袋、栃木県日光市では三四一袋の除染廃棄物が流出している。[2]この一事を取ってみても、原発事故の汚染問題が「除染」によって解決するかのように主張する言説が、根本的な欺瞞を含んでいることは明白である。

前掲記事で見落とせない第二のポイントは、加害者である古河機械金属が鉱毒汚染を否認している、という点である。その古河機械金属の心性は、有害物質は「十分希釈できる」という説明の仕方に見て取れる。この説明に特段の注意が必要なのは、それが水俣においても福島においても繰り返し持ち出される加害者側の常套句だからである（福島第一原発における放射能汚染水の流出について、東京電力や政府は「海水中で希釈されるので問題ない」と繰り返し述べているが、実際には汚染水はそれほど希釈されることなく、海の随所にホットスポットを作っている[3]）。古河機械金属はこの説明によって、有害物質の実在そのものを全否定しているわけではない。当然ながら、いったん露呈した事実を隠蔽し尽くすことはできないからであ

（2）「除染廃棄物314袋が流出、うち3袋破れる　福島・飯舘」、『朝日新聞』、二〇一五年九月一四日。「関東・東北豪雨：除染廃棄物341袋が流出　栃木・日光」、『毎日新聞』、二〇一五年九月一八日。

（3）以下のドキュメンタリーを参照。ＥＴＶ特集「ネットワークでつくる放射能汚染地図4　海のホットスポットを追う」、二〇一一年一一月二七日放送。

る（「現場は流出した土砂の水際が青白く濁っており、同事業所も「堆積場の物質が染み出ている」と認めている」）。むしろ、「希釈」言説の特徴は、一度は有害物質の流出を事実として認めた上で、しかも同時にその有害性を否定する、という点にこそ表出していると言えるだろう。

鉱毒の有害性を否認すること、つまり、鉱毒の実在を認めた上で、しかも同時にその有害な効果を過小評価すること——これと同様の心性は、足尾鉱毒事件をめぐる加害者側の主張の随所に見出される。その一例として、古河鉱業による「予防工事」言説を挙げておきたい。

例えば、前掲記事の後日談を追跡した二〇一四年一一月二四日付の『下野新聞』は、「足尾銅山跡ルポ」と題した記事において、群馬県太田市の市民団体「渡良瀬川鉱毒根絶太田期成同盟会」の強い要請により、古河機械金属が「源五郎沢堆積場」の「予防工事」に着手すると報じている。よく考えればわかることだが、そもそも鉱毒被害が生まれた〈事後〉に実施する工事を「予防」と名指すことは、単なる語義矛盾でしかない。このような命名行為に表出している問題のすり替えは、決して些細な事柄と見なされてはならない。というのも、一九七六年に発行された古河鉱業株式会社の社史（『創業一〇〇年史』）には、一八九〇年代、すなわち明治二〇年代半ば以降、再三にわたる渡良瀬川の洪水によって、足尾銅山の鉱毒被害が下流地域に拡散されたこと、しかもそのたびごとに「予防工事」が実施されたことが、克明に叙述されているからである。[4] 興味深いことに、この社史は、それらの「鉱害予防工事」がどれほど「膨大な額にのぼった」かを強調した上で、次のように叙述を締め括っている。

これらの［明治政府の農商務省による］命令工事に接して足尾銅山は、鋭意工事の進捗につとめ明治三四年五月三一日付をもって水煙掛規定、水煙処理規定を設け、第五回工事についても三六年九月から翌三七年二月までにこれを竣工した。そして明治四三年着工され大正一四年に完成した渡良瀬川治水工事によって、明治後期大きな社会問題となった足尾銅山の鉱毒問題も一応の解決をみたのである。(5)

これは、加害者による否認のメカニズムを見事なまでに露呈した一節である。古河鉱業の社史は、一度は「鉱毒問題」の実在を認める素振りを示している。しかも同時に、それは会社側の多大な努力によって、「足尾銅山の鉱毒問題も一応の解決をみた」と高らかに宣言してみせるのである。無論、その「宣言」が単なる欺瞞でしかないことは、三・一一当日の足尾で起きた出来事――源五郎沢堆積場の決壊と鉱毒の流出――が明白に裏付けている。繰り返しになるが、福島第一原発事故後に出た大量の除染廃棄物の問題も、このような足尾鉱毒問題と本質的に変わるところはない。「除染」とは、特定の場所を汚染物質の「堆積場」にすることに過ぎず、汚染そのものが除染によって消えるわけではない。それにもかかわらず、まるで「除染」の進展が原発事故からの「復興」を意味するかのように演出する行政の姿勢は、まさしく否認のメカニズムを律儀に反復していると言えよう。既に述べたように、こうした行政による否認が無効であることは、二〇一五年九月に発生した除染廃棄物の大量流出という事態が証し立てている。

(4) 日本経営史研究所編、『創業一〇〇年史』、古河鉱業株式会社、一九七六年、第一編第三章第五節「鉱害予防工事の推進」。
(5) 同書、一七九頁。強調引用者。

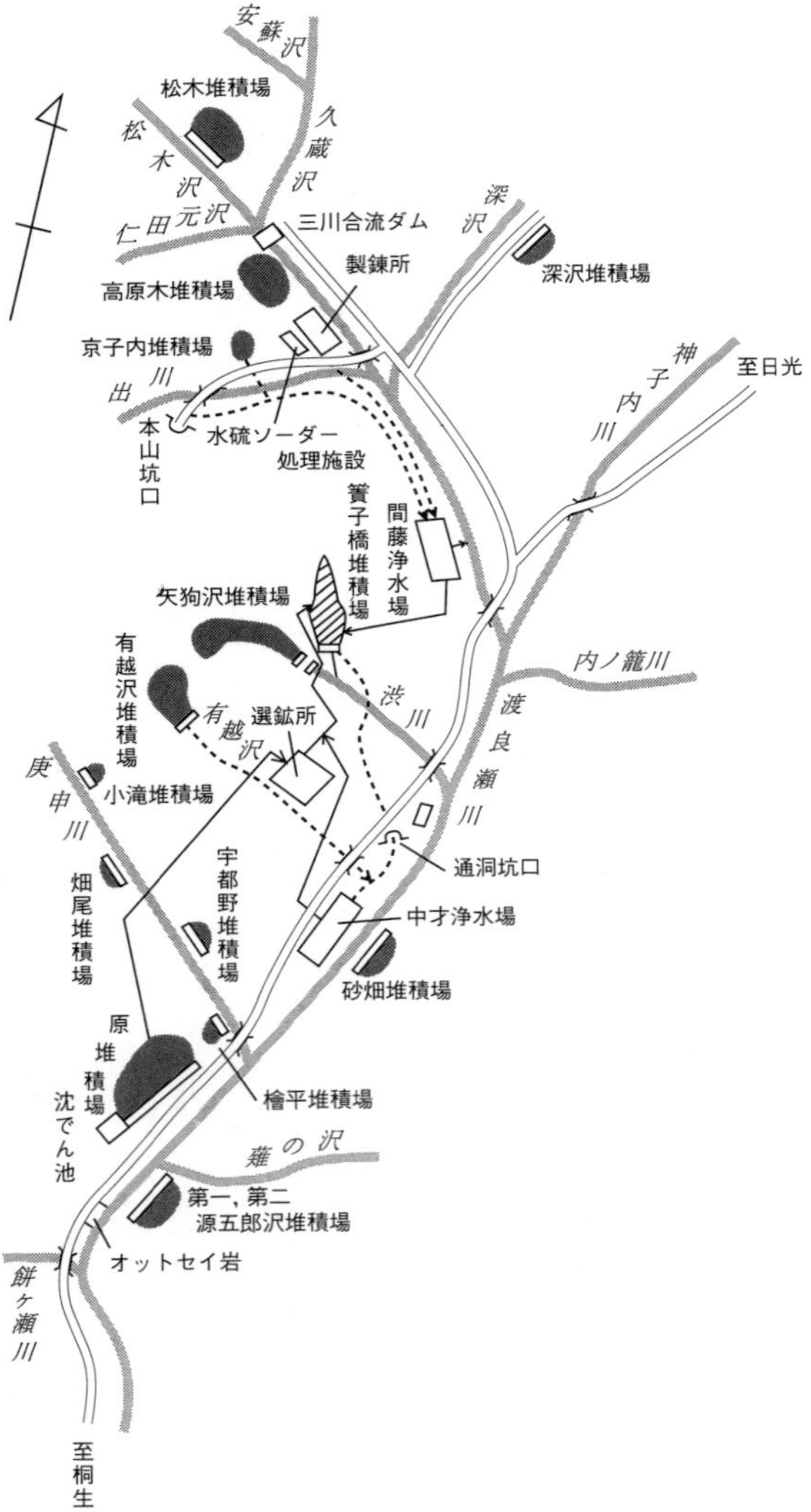

［図１］足尾銅山の堆積場と排水処理系統図（布川了、『田中正造と足尾鉱毒事件を歩く』、随想舎、1994年、57頁）

［表１］足尾事業所堆積場一覧表（東海林吉郎・菅井益郎、『通史・足尾鉱毒事件 1877〜1984』、新版、世織書房、2014年、231頁）

（1972年５月18日現在）

堆積場	堆積開始年月	堆積休止年月	堆積場面積（㎡）	1972年４月末 堆積量（㎥）
１京子内堆積場	1897. 5	1935. 3	9,900	180,000
２宇都野　〃	1897. 5	1959.12	7,700	6,765
３高原木　〃	1901. 1	1960. 4	66,871	1,300,000
４有越沢　〃	1912. 1	1953. 1	123,000	1,822,214
５松　木　〃	1912.10	1960.10	208,000	1,938,150
６深　沢　〃	1914.12	1925. 5	27,000	101,444
７　原　　〃	1917. 6	1960. 1	281,543	1,583,528
８天狗沢　〃	1937.10	1959.12	112,550	848,136
９源五郎沢〃	1943.10	1959.12	7,263	161,995
10桧　平　〃	1943.12	1959.12	3,330	30,506
11砂　畑　〃	1953. 5	1959.12	11,817	59,670
12畑　尾　〃	1858.11	1959.12	9,430	13,726
13小　滝　〃	1959. 3	1959.12	11,790	10,889
小　　計			880,194	8,057,023
14簀子橋　〃	1960. 2	使用中	218,000	3,242,000

注：調停に際し古河側が提出した資料
出典：『環境破壊』５巻９号、1974年10月、36頁

本節の締め括りに、地図と一覧表を一つずつ提示しておこう。前者は「足尾銅山の堆積場と排水処理系統図」（図１）であり、後者は「足尾事業所堆積場一覧表」（表１）である。

この地図と一覧表からわかるように、足尾銅山には一四箇所にのぼる鉱毒堆積場があり、その大半はほぼ例外なく、周辺住民に生活用水を提供する川の流域近くに位置している。これらのうち、三・一一当日に決壊した源五郎沢堆積場は最南端に見出される。その源五郎沢堆積場は、本節の冒頭に掲げた『朝日新聞』の記事が言及していたように、今から六〇年前、すなわち一九五八年五月三〇日にも一度、大きな決壊事故に見舞われている。『朝日新聞』

は単に事実を指摘しているだけなので、当時の事故状況を生々しく描写した『ジュリスト』の記事を見ておくのが得策だろう。

［一九五八年五月三〇日の］源五郎堆積の決壊は、国鉄足尾線を、路盤もろとも、渡良瀬川へ打ち落とし、何千立方メートルの鉱毒ヘドロを押し出した。物凄い汚濁水が下流一帯の沃野を襲い、田植え前の農家二万数千戸に大きな被害を与えた(6)。

この描写を念頭に置いて、再度表1を確認すれば、当該地域周辺に住むこと、引いては渡良瀬川流域に住むことのリスクの高さを容易に理解できるはずである。現にこの一帯には、源五郎沢の二〇倍近い廃棄物を抱える堆積場が一カ所、一〇倍近い分量を抱えた堆積場が四カ所も存在しているからである。

古河鉱業は一九七三年に足尾銅山を閉山し、採鉱部門の操業を停止している。また、社名を「古河機械金属」と改称した一九八九年には、製錬部門の操業からも完全に撤退している。こうした背景もあって、今日の足尾町を観光する者たちは、よほどの観察眼を持たない限り、緩慢に人口減少する寂れた山間部の町、といった程度の印象しか持たないことだろう。ところが、そのような外見の根底には、常に鉱毒流出のリスクが潜在していると言ってよい。古河機械金属がどのように強弁しようとも、有害物質は現前としてそこに実在しており、次なる「決壊」の時を待ち続けているのである。古河鉱業の創始者である古河市兵衛が足尾銅山を買収したのは、明治一〇年、すなわち一八七七年のことであった。その年から約一世紀半を経た現在もなお、天文学的な分量の汚染廃棄物が、渡良瀬川流域の住民たちの生活を明白に脅かしているのである。

以上の分析から、私たちは次のように結論しなければならない。足尾の鉱毒被害は、実質的には何一つとして解決を見ていない、それはあたかも終わったかのように見なされているだけである、と。本当の問題は、昔も今も棚上げにされたままである。そして、今後もそこから目をそむけている限り、私たちが忘れた頃になって、新たな決壊が繰り返し「回帰」することだろう。この観点に立つ時、福島第一原発事故がもたらした大量の除染堆積物が、遅かれ早かれどのような結果に行き着くかは十分に想定することができる。現にその一部は二〇一五年九月の集中豪雨によって、福島県や栃木県北部において流出したのである。公害という観点から見た日本近代の私たちは、今日も律儀に反復強迫を露呈し、しかも同時に、自己自身の鏡像を否認している。このような状態を「精神疾患」と呼ばずして、どのように形容すればよいというのだろうか。

2　足尾鉱毒事件における差別の構造

私たちは本節以降、引き続き足尾鉱毒事件のケースに基づきながら、公害に内在する差別的な構造とその歴史的な諸条件について明らかにしていくことにする。その作業を通して、福島第一原発事故という産業公害＝カタストロフィの特徴を逆照射できるはずである。

（6）恩田正一、「足尾銅山鉱毒被害をめぐって――その今日の実態」、『ジュリスト』第四九二号、一九七一年、七六頁。

2-1　歴史的・地勢的条件による周縁性

足尾銅山が発見された時期には諸説あるが、鉱山としての開発が進み、着実に銅を産出するようになったのは、慶安元年（一六四八年）以降であることがわかっている。(7) 江戸幕府の直轄地に編入された足尾銅山は、特に寛文から貞享にかけて、すなわち一六六〇年代から一六八〇年代の約二〇年間に、数多くある銅山の中でも最高の産銅量を誇るようになった。ただし、その黄金時代も長くは続かなかったようである。貞享年間が過ぎると足尾の産銅量は激減し、一八世紀から一九世紀後半に至るまでの操業は実質的な停止状態となるからである。足尾銅山が復活を遂げるのは、明治時代になり、古河鉱業の創始者である古河市兵衛が足尾一帯を買収し、西洋から取り入れた近代技術に基づいて再開発に着手してからのことである。

以上で述べた歴史の概略は、足尾鉱毒事件を考えるにあたって、二つの決定的な事実に触れている。第一に、加害者の古河鉱業は江戸時代の遺産を再利用した、という事実、第二に、既にその段階で、足尾の鉱毒被害に見られる差別の構造は一定の条件付けを受けていた、という事実である。この第二のポイントに関しては、若干の説明を補足しておく必要があるだろう。一般に、鉱山開発なるものは、その本性上、山間部という人口の少ない地域で行うことを運命付けられている。こうした地域は、当然ながら人口が密集する平野部に対して「周縁」の立場に立たざるをえない。つまり、電力事業史において見出される中心と周縁の構造(8)は、鉱山開発史においても同様に見出されるのである。古河鉱業は、近代以前から「周縁」の立場に位置付けられていた足尾銅山を継承し、その再開発に取り組んだ。これは言わば、歴史的・地勢的な条件に即して選択された、半ば必然的な結果であった。このことは、「公害が発生するのは、差別を受けている場所においてである」という命題一のテーゼを少なくとも部分的に裏付けている。

2-2　差別の深刻化とその背景

もっとも、地勢的条件に基づく選択の必然性を指摘しただけでは、あらゆる意味で不十分である。江戸時代に萌芽していた足尾（とその周辺地域）の「周縁性」は、古河経営時代になって政治的、経済的、社会的な諸次元で徹底化されたからである。本章の冒頭でも示唆したことだが、近代の足尾鉱毒事件が教えているのは、公害は差別のある場所に生まれ、しかもそのことで、その場所に対する差別は強化、複雑化される（命題二）、という事実に他ならない。このテーゼを裏付ける傍証として、本節では差し当たり、古河経営時代の足尾銅山による鉱毒被害が、古河経営以前とは比べ物にならないレベルであった、という事実を指摘しておきたい[9]。

「足尾銅山の産銅量の推移」（表2）は、鉱毒被害の規模を想像する上で不可欠な資料と言えるだろう。小野崎敏によれば[10]、江戸時代から四百年近くの期間に足尾銅山で産出された銅の総量は、八二万トンである。一方、表2によれば、その足尾で明治から昭和の閉山（一九七三年）までに産出された銅の

---

(7) 江戸幕府は、慶長一五年（一六一〇年）に足尾銅山を直轄地に編入したが、その後「御留山」としていた。足尾銅山が再度、直轄地として開発されるのは、慶安元年である（『創業一〇〇年史』、四五頁）。

(8) この点については、第三部第三章において詳述した。

(9) 飯島伸子、『環境問題の社会史』、有斐閣アルマ、二〇〇〇年、三〇―三一頁。

(10) 小野崎敏編著、『小野崎一徳写真帖　足尾銅山』、新樹社、二〇〇六年、一四頁。

総量は、優に六七万トンを超えている。つまり、古河経営時代の足尾銅山は、四百年に及ぶ足尾の総産銅量の八割強を生産した、という計算になるのである。[11] これは近代技術に基づく古河時代の足尾銅山が、どれほど破格の生産体制を構築していたかを示すデータである。ちなみに足尾銅山が産出する銅は、一八九〇年前後には日本全国の産銅量の三二%を占め、多額の外貨を獲得するための主要輸出品目に挙がっていたばかりでなく、[12] 第二位の別子銅山（愛媛県）、第三位の日立銅山（茨城県）を押さえ、文字通り日本一の規模に達してもいた。[13] このことからも、古河鉱業が、明治政府による「殖産興業」政策の重要な担い手として急成長を遂げていたことが十分にうかがえる。

ただし、古河時代の足尾銅山が飛躍的に生産性を向上させていく過程は、裏を返せば、周辺地域の環境が破壊され、住民たちの鉱毒被害が激化していく過程でもあった。例えば、足尾銅山が排出する銅、カドミウム、砒素などの重金属は、渡良瀬川の水質を著しく有毒化していった。「渡良瀬川流域略図」（図2）を見れば明らかなように、それはとりもなおさず、沿岸一帯の四県、すなわち栃木県、茨城県、群馬県、埼玉県にまたがる地域の環境に有害な影響が及ぶ、ということを意味していた。事実、明治一七年以降、足尾銅山の産銅量が激増すると（表2を参照）、それに呼応するかのように、近隣地域の樹木が枯死し、渡良瀬川の鮎が大量死し、川水を灌漑に用いていた地域の農作物の収穫が激減するようになった。[14] 小出博の『日本の河川研究』（一九七二年）には、「明治一四年沿岸漁業者数は二七七三人であったが、二一年は七八八人に減じ二五年には全くなくなる事実は渡良瀬川が死の川に変貌したことを語っている」[15] と記されているが、この事実一つを取ってみても、鉱毒被害の苛烈さがしのばれる。

その後も深刻化の一路をたどった被害状況の全体に関しては、ここでは詳述しない。ただし、そもそもなぜ、鉱毒被害が拡散、深刻化したのか、という点に触れずに済ますわけにはいかないだろう。その原因は、大きく分けて二つ挙げられる。第一に、田中正造が帝国議会で再三にわたって被害状況を訴えたにもかかわらず、農商務省が言い訳の陳述ばかりに終始し、実質的な対策を先延ばしにしたこと、第二に、古河鉱業が逸早く一部の住民と「示談」(つまり買収)し、永久に苦情を言わないように契約させたことである[16]。この二つの事実には、上からの近代化を推し進める明治維新以降の国家と資本の本性が表出されている。ところで、そのような国家と資本の本性は、当時の加害者側の人脈をたどることで、はっきりと実感できることだろう。その人脈の具体例は、以下の通りである[17]。

まず、農商務省の代表として「鉱毒問題」の答弁に立った陸奥宗光は、もともと古河市兵衛と懇意の関係であり、宗光の長男、潤吉は、市兵衛の養子として古河鉱業の二代目社長を務めている。陸奥宗光が、後に第二次伊藤博文内閣(一八九二―一八九六年)の外務大臣を務めるなど、政界の実力者であったことは言うまでもない。一方、古河市兵衛の三男で、古河鉱業の三代目社長となった虎之助は、農商務卿、海軍大臣、内務大臣などを歴任した政治家、西郷従道の娘(不二子)を娶っている。また、二代目社長の潤吉と三代目社長の虎之助の時代に古河の副社長を務め、退社後も顧問に名を列ねていたのは、

(11) この意味で、「古河経営以前と、近代的機械による古河経営以後とでは、産銅量において雲泥の差がある」という森長英三郎の指摘は正鵠を射ている(森長英三郎、『足尾鉱毒事件』上巻、日本評論社、一九八二年、一〇頁)。
(12) 東海林吉郎・菅井益郎、『通史・足尾鉱毒事件 1877~1984』、新版、世織書房、二〇一四年(初版、新曜社、一九八四年)、一二頁。
(13) 以下を参照。『小野崎一徳写真帖　足尾銅山』、一六頁。『通史・足尾鉱毒事件』、一九頁。
(14) 以下を参照。『通史・足尾鉱毒事件』、第二章「足尾銅山の発展と鉱毒被害」。
(15) 小出博、『日本の河川研究――地域性と個別性』、東京大学出版会、一九七二年、七六―七七頁。

［表２］足尾銅山の産銅量（『小野崎一徳写真帖　足尾銅山』、16頁）

明治10年	47トン	43年	8,953トン	18年	7,530トン
11年	48	44年	9,460	19年	5,811
12年	91	大正1年	11,277	20年	1,556
13年	92	2年	10,431	21年	1,242
14年	174	3年	10,811	22年	2,178
15年	293	4年	12,182	23年	2,120
16年	653	5年	15,142	24年	1,915
17年	2,807	6年	15,735	25年	3,225
18年	4,127	7年	14,464	26年	3,009
19年	3,629	8年	15,460	27年	3,331
20年	3,024	9年	13,200	28年	3,603
21年	3,821	10年	12,920	29年	3,676
22年	4,889	11年	12,970	30年	3,186
23年	5,846	12年	13,419	31年	3,234
24年	7,613	13年	13,991	32年	3,773
25年	6,533	14年	12,507	33年	3,501
26年	5,671	昭和1年	12,919	34年	4,505
27年	6,453	2年	12,488	35年	4,115
28年	5,498	3年	12,938	36年	5,317
29年	6,578	4年	13,063	37年	4,955
30年	5,971	5年	13,815	38年	6,113
31年	6,604	6年	14,704	39年	5,367
32年	6,791	7年	14,779	40年	5,733
33年	6,653	8年	12,884	41年	5,868
34年	6,706	9年	10,783	42年	5,510
35年	6,899	10年	10,933	43年	4,328
36年	6,938	11年	12,750	44年	5,084
37年	6,569	12年	12,121	45年	5,141
38年	6,648	13年	10,420	46年	4,594
39年	6,787	14年	9,693	47年	2,974
40年	6,402	15年	8,444	48年	105
41年	7,294	16年	8,169	合計	671,657
42年	7,486	17年	7,036		

（『栃木県史史料編・近現代９』による）

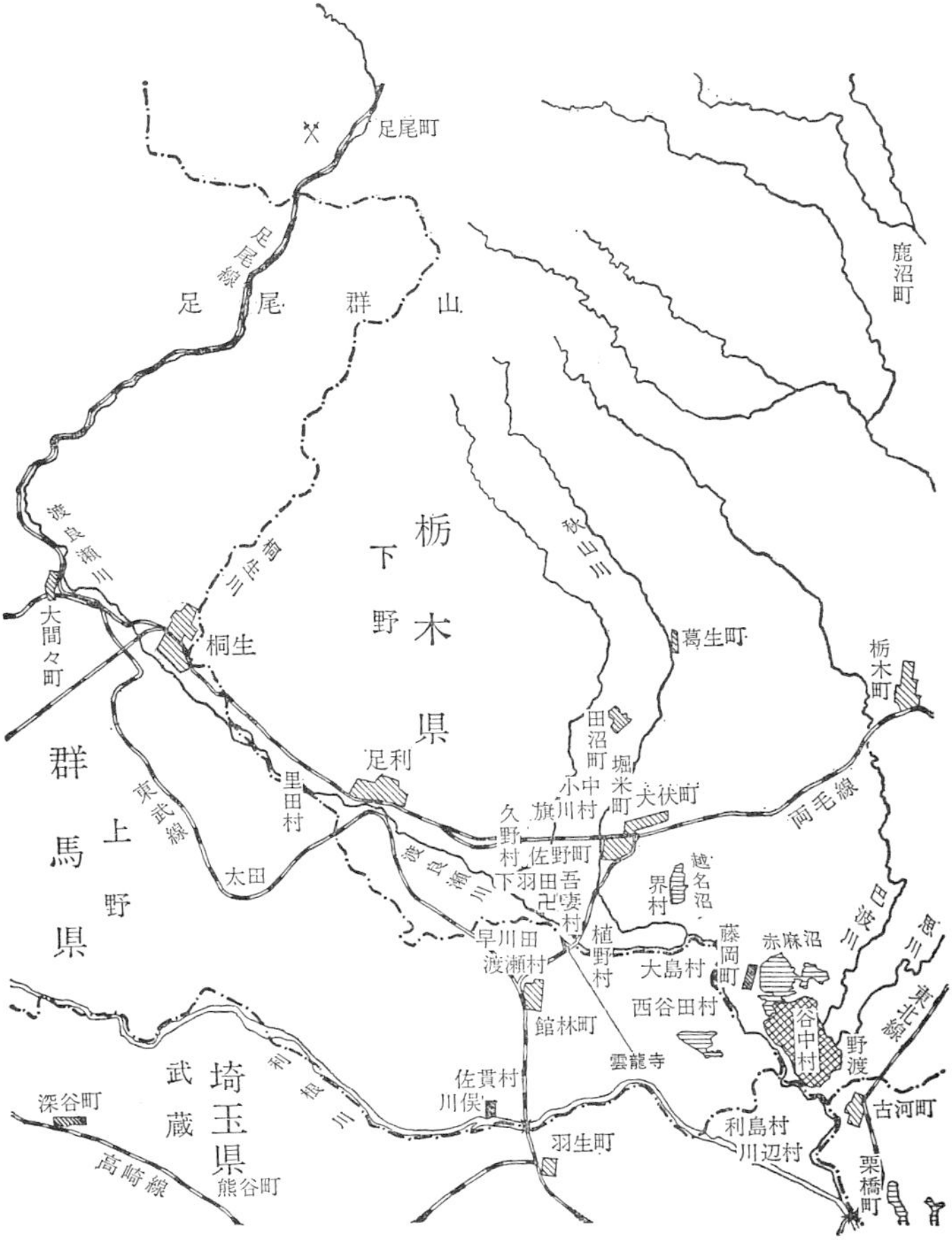

［図２］渡良瀬川流域略図（『足尾鉱毒事件』上巻、９頁）

（注）（１） 東武線が館林、足利まで延長開通したのは明治40年である。

（２） 足尾線が開通したのは大正元年である。

（３） 谷中村が貯水池となったのは明治30年代の終わり頃からである。

後に首相に上り詰めた原敬である。一般には「大正デモクラシー」の顔として、「平民宰相」とも呼ばれた政党出身の政治家が、このように近代最初期の公害企業の経営陣であったことは、特筆すべき事実であろう。さらに、一八九七年（明治三〇年）、古河鉱業が着工した「鉱毒予防工事」に対し、巨額の資金援助を決定した第一銀行の頭取は渋沢栄一であり、その渋沢は、足尾銅山経営の最初期に、古河市兵衛が最先端の製錬、精銅技術の導入を決める際の立役者でもあった。最後に付言しておけば、一九〇〇年、古河鉱業に「予防工事命令」を発令した東京鉱山監督署長の南挺三は、まさに同年、古河鉱業に入社を果たしている。現代風に言えば、「天下り」である。

以上の記述からわかるように、近代初期の足尾鉱毒事件が、当時の国家と資本の論理によって激化させられたことは疑いえない。また、同じく国家と資本の論理が背景となることで、被害地域における差別の構造が一層複雑化することになったのである。足尾銅山が鉱毒を排出し、その明白な被害を国家と資本が放置することで、渡良瀬川流域の「周縁性」は重層化し、同地域に内在する構造的差別は輻輳化していった。これから述べていくように、この近代初期の歴史的過程は、私たちの眼には福島第一原発事故以降の汚染地域――それは福島県内だけではない――がたどりつつある過程と重なって見える。私たちが繰り返し「反復強迫」や「回帰」（フロイト）に言及するのは、そのためである。では、こうした「反復強迫」をもたらす社会構造とはどのようなものであり、その構造が成立するための歴史的諸条件とは、どのようなものだったのだろうか。次節では、ひとまず前者について考えてみよう。

(16) 当時の模様を理解するために、やや長くなるが、説明を補足しておこう。本文で述べた第一の論点に関しては、『通史・足尾鉱毒事件』における次の説明が参考になる。「同年［一八九一年］一二月、第二回帝国議会で栃木県第三区［……］選出の衆議院議員の田中正造が、足尾銅山の鉱毒にかんして、はじめて明治政府を追及した。〔……〕田中の質問にたいして用意された陸奥の答弁書は、中央の各新聞に掲載されたが、その要旨は、つぎの三点から成っていた。／（一）被害は事実であるが、その原因については、まだ確実な試験にもとづく定論はない。／（二）原因については、土壌、水質を専門家に試験調査させており、まだ終わっていない。／（三）鉱業人はできるだけ防止に努めており、さらにアメリカやドイツから粉鉱採集器二〇台を輸入して、いっそうの鉱物流出を防止するよう準備をすすめている。／この（一）と（二）、被害は事実であるが、足尾銅山と被害の因果関係は不明であると逃げ、現在調査中であるとして、古河を擁護しながら、政府と行政当局の責任を回避していた。しかし（三）において、暗に因果関係を認め、粉鉱採集器を備えて鉱毒防止に努めるという、矛盾した内容であった」（三五―三六頁。強調引用者）。傍点を付した説明から明らかなように、陸奥宗光の答弁には、否認のメカニズムが働いている。興味深いことに、この陸奥宗光の答弁内容は、福島第一原発事故後の東京電力や原子力安全保安院の説明手法と酷似している。他方、第二の論点に関しては、同書の次の記述が重要である。「栃木県では仲裁会と査定会の両者の仲介で、示談がすすめられた。その契約内容は、およそつぎの三点に要約できる。／（一）古河市兵衛は、徳義上示談金を支払う。／（二）粉鉱採集器の効果をみる期間を、明治二九年六月三〇日までとし、契約人民はそれまで一切苦情をいわず、また行政、司法処分を請うことをしない。／（三）古河市兵衛は、水源涵養に努めること。／これにみるように、示談契約は被害補償ではなく、徳義上という企業責任をあいまいにした、慈恵的名目の僅かな金額で、被害農民の口と権利行使を封ずるものであった。〔……〕この金額は、実に肥料代の半額にも足らぬ金額であった。〔……〕第一回示談が、粉鉱採集器の設置を条件に、三年間苦情を申したてず、行政、司法処分を請わないことを被害農民に約束させたものであったが、第二回示談は、さらに巧みな方法を用いて、被害農民が永久に苦情をいわないという、永久に被害農民の権利を拘束してしまおうとするものであった」（三七―三八頁。強調引用者）。無論、加害者が被害者に「慈恵」をもたらすという倒錯的な振舞いも、否認の一形態である。

(17) 古河市兵衛の人脈に関する記述は、『小野崎一徳写真帖　足尾銅山』、第一章「古河市兵衛の足尾経営」、『通史・足尾鉱毒事件』、第一〇章「鉱毒問題の潜在化」などを元に整理した。ただし、南挺三に関しては、以下を参考にした。小西徳應、「1900（明治33）年職員録からみる足尾銅山の実情」、『政経論叢』第六八巻五・六号、二〇〇〇年。

2-3　差別の多重構造

2-3-1　「鉱都＝企業城下町」の繁栄

人口が密集する平野部に対して、鉱山としての足尾が常に「周縁」に位置せざるをえなかったことは既に指摘した通りである。しかし、古河経営以後の足尾で特筆すべきは、その「周縁」が一大産業都市としての繁栄を謳歌するに至った歴史的経緯に他ならない。足尾は古河鉱業による再開発と近代化を通して、最盛期には四万人という栃木県内でも有数の人口を擁する企業城下町へと変貌していった。小野崎敏は、遊郭、質屋、料理屋、理容店などが出揃う繁華街の光景を描写した上で、次のように述べている。

古河は労働者の雇用安定のために、劇場・倶楽部・武道場などを各事業所につくり、本山・小滝・通洞には病院も開いた。

また、子弟の教育のために私立小学校を建設して就学させた。貧困者や労働者には夜学校も設け、教師も自前で雇って、学費は会社で負担した。さらには工手学校もつくり、能力のある子弟は奨学金を支給して上級学校に通学させせている。

［……］このほか、各地から集まった労働者やその家族が山間の僻地に居住しているため、慰安にも配慮している。鉱業所では芝居や見世物の興業を主催し、さらに春には山神祭の祝賀祭、秋には園遊会などの年中行事も設定した。また、功労者や模範鉱夫を表彰するなど、人事面の配慮も怠らなかったのである(18)。

当時「鉱都」と呼ばれた足尾が、古河鉱業から福利厚生や教育などの面でどのような恩恵を受けていたのか、という点を如実に物語る一節である。全国的に見ても、足尾は西洋近代の技術を採り入れた産業都市の先駆けであり、山中に電車やケーブルカーが走るなど、その開発の過程で生み出された物珍しい光景が新聞等で注目を集め、錚々たる文学者たちが足尾を題材に作品を執筆した。例えば、夏目漱石の代表作『坑夫』は、足尾銅山を舞台とした小説であった。また、芥川龍之介は修学旅行で訪れた足尾の印象を小品にまとめ、山本有三は銅山坑内を舞台とした戯曲『穴』を執筆した。[19]さらに、当時の足尾を密着取材した写真家、小野崎一徳は、一九〇一年（明治三六年）、足尾中の住民が参列した古河市兵衛の葬儀の模様や、一九二五年（大正一四年）、山神祭に訪れた古河三代目社長の虎之助を、足尾の住民たちが国旗片手に大歓迎する光景をフィルムに収めている。[20]これらの写真は、古河鉱業と命運を共にした「鉱都」の日常を私たちに伝えてくれるばかりでなく、実は足尾のようなあり方が、現在も日本各地に残る企業城下町の「起源」であった、ということを教えている。例えば、次章で検討する水俣病事件は、チッソ株式会社の企業城下町で起きた産業公害であるし、また第三部第一章において論じたように、福島第一原発事故は、電源三法交付金に基づく原発立地によって、東京電力の企業城下町となった地域で起きた産業公害である。つまり、水俣や福島での産業公害を把握するためには、その本質を凝縮した歴史的な「起源」としての足尾鉱毒事件に遡行する必要があるのである。

(18)『小野崎一徳写真帖　足尾銅山』、一四六頁。
(19) 以下を参照。小野崎敏、『足尾銅山物語』、新樹社、二〇〇七年、第二章「文人たちの足尾」。
(20)『小野崎一徳写真帖　足尾銅山』、八〇―八一頁、一五六頁。

ところで、足尾鉱毒事件の研究者たちは、この「鉱都＝企業城下町」の繁栄を十分に見ることなく、渡良瀬川流域の被害状況の証言に比重を置く傾向を持っている。彼らはそうすることで、なぜあれほどまでの被害が足尾の住民によって無視されたのかを言い落としている。[21]他方、「鉱都＝企業城下町」の繁栄にノスタルジーを持つ者たちの証言は総じて、その繁栄の足元で生まれた多大な犠牲を無視するか、少なくとも過小評価しがちである。[22]彼らの証言は、望むと望まざるとにかかわらず、加害企業である古河鉱業の論理に加担する傾向を宿している。それゆえ私たちは、山間の小さな村が企業城下町として急成長したこと、しかも同時に、取り返しのつかない被害をその内側にも外側にももたらしたことを明示したい。そして、この二重の認識を徹底化するためには、古河時代以降の足尾とその周辺地域における加害と被害の構造がどのように複雑化、重層化していったのかを、確認しておかなければならないだろう。なぜなら、同様の加害と被害の構造は、福島第一原発事故後の社会状況において既に可視化され始めているからである。

2-3-2　加害と被害、五つの断面

古河時代以降の足尾を取り巻く複雑化した差別の構造は、少なくとも五つの断面で捉えられなければならない。これらの断面の相互干渉や部分的展開によって、より一層複雑な次元が生成していた可能性は十分に考えられるが、本節ではひとまず措いておく。ここで言う五つの断面は、次のように分類することができる。すなわち、東京と足尾（断面1）、足尾とその内外の被害地域（断面2）、松木村と渡良瀬川下流地域（断面3）、谷中村とその他の渡良瀬川下流地域（断面4）、谷中村の残留者と避難者（断面5）、である。以下において、各断面の構造や特性を記述していくことにする。

断面1　東京と足尾

この二者の関係は、東京本社と企業城下町の関係、と言い換えることができる。古河鉱業は、明治政府による「上からの近代化」の担い手として、足尾という過疎の村で大都会のミニチュアを作り上げ、ある面では大都会よりも急進的な文化的光景を現出させていった。山峡を走る電車やケーブルカー、鉱山労働者の子弟が通った教育施設の充実は、そのような光景の具体例である。創業者の古河市兵衛の証言を読めば、彼がどれほど自覚的にこうした事業を推進していたかが手に取るようにわかる。

鉱業は、山の中で、坑夫や土方を相手とする仕事で、一向面白味のない、区域の狭い、じみな仕事の様ではあるけれども、凡そ鉱業を起すには、丁度、新しい殖民地を拓く様に、深山の奥で、新しい町や村を建てるのであるから、衛生の為めには病院も建てねばならず、教育の為めには救恤の法も設けねばならず、坑夫や職工の信仰心を励ます為めには寺も建てて遣らねばならず、山中の土民を楽しませようと云ふには、お祭り騒ぎもせねばならぬ。その外道路も拓く、鉄道も敷く、場合によっては、自分で船も持たねばならず、山民全体に食物其の他の入用品を供へて遣り、又は木を伐ったり、

(21)『古河市兵衛翁伝』（古河合名会社内五日会、一九二六年）には、田中正造が帝国議会で「鉱毒問題」を訴え始めた頃、「足尾町有志」が古河鉱業の東京本店を訪れて指示を仰いだり、田中正造への「対抗運動」を組織しようと試みていたことが報告されている（二三五頁）。

(22)村上安正が足尾銅山史をめぐって収集した証言集には、こうしたノスタルジーが滲み出ている（村上安正、『足尾に生きたひとびと――語りつぐ民衆の歴史』、随想舎、二〇〇〇年）。

代りの木を植ゑたり、飲み水の心配やら、洪水の心配やら、火事や流行病のやうな非常の用意も、皆々備へて置かねばならず、もっときはどい事を言ふと、糞や小便の始末までも、みんな世話して遣らねばならぬ[……](23)

この証言には、足尾に対する古河市兵衛の家父長的、植民地主義的な目線が表出している。市兵衛によれば、足尾の住民は「山中の土民」に過ぎず、「糞や小便の始末までも、みんな世話して遣らねばならない対象である。市兵衛の眼に映る「足尾住民」は、徹底的に恩恵と慈愛を施すべき子供ないし臣下のような存在であり、そのことによって資本の論理への「服従化」を義務付けられた主体でもある。逆に言えば足尾の住民は、開拓者としての古河鉱業に「服従」することで、初めて繁栄を享受する資格を持つのである。このように赤裸々に本音を開陳した古河市兵衛の拠点が、「土民」が住む足尾ではなく、首都としての東京に位置していたことは、決して偶然ではない。例えば、『古河市兵衛翁伝』(一九二六年)には、「明治三〇年六月、翁[古河市兵衛]は古河鉱業事務所を設立して、本店を東京丸の内に移し、従来の瀬戸物町本店を私宅とした」(24)と記されている。

東京と足尾。支配者と服従者。企業本店と企業城下町。この両者の間に存在する圧倒的な落差は、三代目社長である虎之助の時代に現在の東京都北区西ヶ原に作られた古河庭園を見ることで、より実感を込めて首肯できるだろう。一万一千坪の旧陸奥宗光邸内に、洋風二階建て四五〇坪の本館、土蔵、付属建物、長屋や住宅などを配置したこの巨大庭園は、一時は財閥まで上り詰めた古河鉱業の栄華が、まさに「山中の土民」の労働の上に成立していたことを証拠立てるモニュメントである(25)。古河庭園の全容を前にすると、鉱都としての足尾の繁栄は決して足尾の住民自身のためではなく、その足尾の頭上に東京から君臨した古河鉱業のためのものであった、という事実が痛感されるだろう。資本としての古河鉱業は、明治以来の国策を背景に東京を本拠地とし、足尾という周縁を「植民地化」することで、飛躍的な成長を遂げることができた。この意味で、古河資本における東京と足尾の非対称的な関係（断面1）は、他の四つの断面を規定する大前提に相当する。そして言うまでもなく、東京電力が二つの原発（福島第一原発、福島第二原発）を東京電力配電エリア外の福島に設置し、その福島で作った電気をすべて関東地方に送ってきた、という歴史を想起するなら、東京と足尾の非対称的な関係が東京と福島の非対称的な関係とパラレルなものであることが、明確に理解できるはずである。

断面2　足尾とその内外の被害地域

この断面に注目することは、企業城下町としての足尾の発展がどれほど多大な犠牲の上に成立したかを理解する上で、不可欠な手続きである。古河時代の足尾銅山による被害を受けた当事者は、厳密に言えば足尾の内側と外側の両面にまたがっている。このような加害者の内と外に被害者を産み出す入れ子状の構造は、一般に企業城下町に内在する本性を凝縮したものだと言える。この断面2に関しては、足尾鉱毒事件という公害の特質を知る上で最も不可欠なので、やや詳しく記述してみたい。

(23)『古河市兵衛翁伝』、二七二―二七三頁。強調引用者。以下同様。
(24)同書、二六〇頁。
(25)古河庭園に関しては、以下の文献に要点を得た解説がある。布川了、『田中正造と足尾鉱毒事件を歩く』、随想舎、一九九四年、二二六―二二七頁。現在、この古河庭園は東京都文化財に指定され、都立庭園として一般に公開されている。

まず、足尾の内側で被害を受けた当事者として、過酷な鉱山労働に従事した鉱員たちを挙げておかなければならない。鉱員たちが置かれた労働環境は、小野崎敏による次のような証言にその一端を見出すことができる。

会社の組織は役員と鉱員の二重構造となっており、学卒や登用試験に合格した管理職が「役員」と呼ばれて鉱員たちを管理・指揮して作業した。役員は「役宅」と呼ばれた社宅に、鉱員は「長屋」と呼ばれた社宅に住んで、給与などでも格差があった。役員は一流大学を出た人々が全国から集まり、この山峡の地に企業城下町が出現したのである。(26)

要するに、足尾銅山の労働現場で確立されていたのは、明白な階級社会である。一九〇七年（明治四〇年）二月に起きた足尾大暴動は労働運動史上、有名な事件であるが、軍隊が出動して労働者たちを鎮圧する事態にまで発展した同事件の根底に控えていたのは、労働者を差別する階級社会であり、そうした差別に基づく労働の過酷さであった。飯島伸子は詳細なデータを基に、この時期の鉱山労働に労働災害や職業病が付き物であったことを立証している。(27)この差別的環境の中で日頃から鬱積していた鉱員たちの不満が、日露戦争後の増税と物価騰貴による実質賃金の低下が引き金となって、一気に暴動へと発展したのである。(28)実のところ「戦前」の足尾を見渡せば、こうした階級社会の最底辺にいたのは、中国や朝鮮半島から強制連行された労働者たちであったことがわかる。足尾銅山のシステムは、鉱員たちへの構造的差別を土台とすることで、巨大な資本を蓄積することができた。こうした特徴は、断面1における足尾の「服従化」の契機と表裏一体の関係にあると考えられる。現に、暴動事件後に経営側が様々な環境改善策を打ち出したことで、労働者側の運動は鎮静化している。足尾の労働者たちは、「鉱都＝企業城下町」の繁栄のために労働し、そうすることで資本の論理に服従した。その必然的な結果として、彼らは労災や職業病に見舞われていたのである。ところで、以上の事柄は、福島第一原発敷地内での被曝労働環境を想起させずにはおかないだろう。私たちが第三部第二章において分析したように、東京電力正社員と原発下請け作業員との間には、事故前も事故後も、被曝線量をめぐる決定的な差別が導入されている。東京電力正社員は日本各地出身の大学卒業者であるのに対して、福島第一原発事故の収束作業に従事する下請け作業員の大部分は、原発立地地域である福島県浜通りの出身者で構成されているのである。(29) この明瞭なコントラストに見られるのは、東京電力正社員の指揮下で、「企業城下町」としての原発立地地域の住民たちが高線量の被曝労働を強いられる、という階級社会の縮図に他ならない。

一方、これまで繰り返し強調してきたように、足尾銅山がその外側にもたらした被害の規模は絶大で

(26)『小野崎一徳写真帖　足尾銅山』、一四四頁。
(27)『環境問題の社会史』、六二―六六頁。
(28)『田中正造と足尾鉱毒事件を歩く』、二〇―二一頁。足尾大暴動事件は、同年の幌内炭鉱や別子銅山での暴動事件の引き金ともなった。明治四〇年代、全国的に鉱山労働者を取り巻く労働環境が劣悪だったことを伝える歴史の一幕である。
(29)「「被災地で働きたかった」福島第一原発で働く作業員　ルポ漫画「いちえふ」が伝える真実」、*The Huffington Post*、二〇一四年三月一〇日。www.huffingtonpost.jp/2014/03/09/311-1f-tatsuta-kazuto_n_4932299.html　このインタビューにおいて、福島第一原発事故の収束作業に当たった漫画家の竜田一人は、次のように述べている。「1F内での標準語は福島弁、というよりも浜通り弁です。ちゃんと作業員の統計を取ったわけではないですが、僕の印象では、9割はいい過ぎかもしれませんが、地元の人たちがかなりの割合なのかなと感じました」。

ある。渡良瀬川流域の鉱毒被害については既に指摘した通りだが、特に看過できないのは、煙害と鉱毒によって二つの村が廃村に追い込まれた事実だろう。この二つの村、すなわち松木村と谷中村が消滅していった過程は、以下の通りである。

松木村は、足尾銅山に製錬所が建設された一八八四年（明治一七年）頃から亜硫酸ガスや砒素などの有毒物質に襲われ、村で伝統的に営んできた養蚕業をはじめ、山林、畜産、農作物が壊滅的な打撃を受けることになった。神岡浪子は『日本の公害史』において、その被害状況を次のように算出している。

> その被害地は、鉱山の周囲二三・四平方キロが裸地、六八・五平方キロが激害地、一二〇・三平方キロが中害地、一八六・三平方キロが微害地、合計四〇〇平方キロにおよぶ山林が障害をうけた[30]。

この一節は、足尾の煙害がどれほど広大な土地を汚染したかを簡潔に伝えている。田中正造研究の重鎮、布川了によれば、一八九二年（明治二五年）には、それでも四〇戸、二六七人が同村で生活を続けようと奮闘していたという[31]。しかし、煙害の激化はとどまるところを知らず、古河鉱業も再三に渡って「示談」を画策したので、一九〇二年（明治三五年）一月、全村民が買収に応じ、とうとう松木村は消滅することになった[32]。あまり指摘されないことだが、この年に相前後して近隣地域の久蔵村と似田元村も、同じく足尾銅山の煙害のために廃村に追い込まれている。

古河鉱業はその後、一九六〇年に至るまで半世紀近くにわたって、足尾銅山で排出された鉱滓、廃石、カラミなどの鉱毒廃棄物を松木村に投棄し続けた。つまり、一度廃村に追いやった場所を、次に汚染物質の堆積場に変えることで、二重の差別的な囲い込みを実践した、ということである[33]。こうした松木村のケースを念頭に置けば、福島第一原発事故後の避難指示区域で核廃棄物の処理（当該地域の施設は「中間貯蔵施設」と呼ばれているが、核廃棄物のその後の行き場は決まっていない）を行おうとしている日本の現状は律儀に「反復強迫」の症候を示している、ということが見て取れるだろう。私たちの国は繰り返し強迫的に、住民を強制退去させた場所を、汚染物質の処理場に変えようとし続けているのである。

足尾銅山の外側で二重の差別的な囲い込みの対象にされたもう一つのケースは、谷中村である。谷中村が廃村になる錯綜したプロセスは、以下の通りである。

古河鉱業は鉱山開発のために山林を乱伐したが、製錬所の放出する有害物質の沈着によって、足尾の山々は一世紀半を経た現在も草木が生えない禿山へと変貌した。こうした山の状態は、保水力の低下や土砂の流出を招いたばかりでなく、渡良瀬川の洪水の頻発にもつながった。洪水が起きれば、当然ながら銅山の汚染物質も押し流されるので、渡良瀬川流域の鉱毒被害は激化するばかりであった。下流地域の農民たちは、被害の現状を訴えるために四度の「押し出し」（陳情）を敢行したが、約一〇〇名の逮捕者を出した川俣事件（一九〇〇年）に代表されるように、明治政府は一貫して弾圧も辞さないという厳しい態度で臨んでいる。(34)

この間、一八九六年（明治二九年）には上述の山林乱伐が原因で渡良瀬川が大洪水を起こし、鉱毒被

(30) 神岡浪子、『日本の公害史』、世界書院、一九八七年、一七―一八頁。
(31) 『田中正造と足尾鉱毒事件を歩く』、一一頁。
(32) 以下を参照。森長英三郎、『足尾鉱毒事件』上巻、第一二話「煙害」。
(33) 『田中正造と足尾鉱毒事件を歩く』、一〇頁。著者の布川によれば、一九九四年時点で、松木村堆積場の汚染物質は、少しずつ土木工事用に搬出されているということである。

害が遠く東京府下にまで及んだ。このとき、危機感を抱いた明治政府によって構想されたのが、渡良瀬川下流にある谷中村の「遊水地化」である。この「遊水地」という命名法は、例によって否認の現れに過ぎなかった。事実、明治政府が目指していたのは、もし次なる洪水が起きたとしても、「遊水地」に鉱毒を沈殿させることで東京を汚染から守る、ということだったからである。こうして、「足尾銅山の鉱毒をどう根絶するか」ではなく、「渡良瀬川の鉱毒をどう押し止めるか」に焦点が当てられ、いつしか「鉱毒問題」は「治水問題」へとすり替えられていく。足尾という周縁の「植民地」で排出される毒を、東京という中心に到達させないための毒溜池にさせられたのが、谷中村だったのである。森長英三郎は次のように証言している。

谷中村は戸数四五〇戸、人口二七〇〇人、農地堤内九七〇町、堤外地を加えて一二〇〇町、原野三二〇町の豊かな中ぐらいの大きさの村であった。やがて廃村にすると決まると、県［栃木県］は堤防が壊れても修復しようとしないのみか、古来の強固な堤防の基礎をこわすことさえした。さらに村民が自費で堤防を築こうとすると、これを妨害した。(35)

ここで挙げられている「四五〇戸、二七〇〇人」のうち三七〇戸、二三〇〇人は、一九〇五年から着実に買収が進み、日本各地へと四散を余儀なくされた。また、最後までその場に踏み止まった一六戸の家屋も、栃木県第四警察一〇〇名と人夫数十名の手で強制的に破壊され、一九〇七年七月、谷中村の名前は地図上から消滅した。(36)その後、政府は当初の計画通り「遊水地化」の工事を進めていくのだが、一九〇九年、一九一〇年と二年続いた渡良瀬川の洪水で堤防の決壊が相次ぎ、一九一一年には邑楽郡住民三〇〇余名も北海道移住を選ばざるをえなくなった。[37]要するに、「鉱毒問題」の解決はおろか、「治水問題」の解決すらまともに果たされなかった、ということである。

以上の記述から、谷中村も松木村と同じく差別的な囲い込みの対象にされた、ということがわかるだろう。松木村は、古河鉱業という資本の論理によって消滅し、現在は鉱毒堆積場として残っている。谷中村は、明治政府の国家の論理によって消滅し、現在は鉱毒沈澱池として残っている。どちらのケースにおいても、東京に拠点を置いた国家と資本の権力の差別的な特性が、驚くほどの一致を示しながら現れ出ているのである。なお、この東京中心主義的＝中央集権的な国家と資本の権力構造が、福島第一原発事故に際しても律儀に継承されていることは、今更確認するまでもないだろう。原発立地地域であった福島県浜通りの広大な土地が、日本政府の強制退去命令によって事実上の「廃村」となり、現在は大量の除染廃棄物が野晒し状態にされているのである。

最後に付言しておこう。東海林吉郎と菅井益郎は、足尾鉱毒事件の経緯を読み解きながら次のように結論している。

(34) この時期は、明治政府が自由民権運動の余波に神経を尖らせていたこともあって、群馬事件、加波山事件、秩父事件、名古屋事件、飯田事件など、日本近代史に残る数多くの弾圧事件が発生している。以下を参照。『通史・足尾鉱毒事件』、一四七頁。

(35) 『足尾鉱毒事件』下巻、三四七頁。

(36) 同書、三六二頁。

(37) 『日本の公害史』、二八頁。谷中村がたどった歴史的経緯に関しては、以下の年表が要点を押さえていて有益である。針谷不二男、「年表　足尾鉱毒事件と谷中村の歴史」(小池喜孝、『谷中から来た人たち』、新人物往来社、一九七二年、二六〇―二六一頁)。

公害発生企業は、内部に労働災害と職業病を生みつつ、外部に公害をもたらすという病理的構造を持っている(38)。

私たちが注目した「断面2」の特性を簡潔に表現するとすれば、まさにこのようなテーゼとなるだろう。ところでこのテーゼは、見方を変えれば、内部に抱えた労働災害と職業病が大きければ大きいだけ、その企業は外部に対しても大きな公害をもたらす、ということを意味している。このように考えてみると、構造的に原子炉被曝労働に依拠せざるをえない原発のシステムが、その外部に破壊的な汚染をもたらすのは、ほとんど必然的な帰結であることがわかる。その意味において、原発とその設置企業とは、近代最初期に成立した公害発生企業の本性を強化し、幾重にも拡大した怪物的なシステムなのである。

断面3　松木村と渡良瀬川下流地域

古河経営時代の足尾における差別の核心部分は、断面1と断面2の重層構造からなっていた。それは近代初期の国家と資本によって推進された「周縁」の「植民地化」の産物であった。この段階で見逃せないのは、足尾の鉱山労働者が、足尾銅山の内部では被害者の立場にありながら、その外部に対してはある種の加害者の立場に立たざるをえなかった、という事実である。

ところで、これから検討する断面3、4、5は、元を正せば、断面1と断面2から事後的に派生したものである。しかし厄介なことに、この三つの断面が生じることで、足尾の公害をめぐる加害と被害の重層構造は、さらに複雑な局面に直面せずにはいられなくなる。そこでは、足尾銅山の鉱毒による被害者たち自身が、互いに加害者と被害者の関係に置かれることになるからである。

布川了は、松木村が受けた煙害について、次のように述べている。

> 下流で鉱毒被害民の反対運動が激化し、政府が防止命令を出すと、一八九七（明治三〇）年、小滝にあった製錬所を廃止して本山にまとめたために、松木村はかえって煙害が激化した。(39)

何気ない一節だが、ここには看過しえない事柄が述べられている。松木村の煙害が悪化した一因として、渡良瀬川下流での鉱毒反対運動の盛り上がりが挙げられているからである。無論、下流の住民としても、決して積極的にそのような結果を望んだわけではないだろう。松木村廃村の件で誰よりも加害者性を追及されるべきは、単に製錬所を一カ所に集約するだけで済ませようとした古河鉱業であり、その古河鉱業による杜撰な対策を防止できなかった政府である。それでも、先の一節が語る被害者同士の意図せざる分断や差別という事態は、特段の注意に値する。ここにあるのは、一部の被害者が正当にも自分を守ろうとし、大きな声を上げることによって、別の被害者がその分の被害まで引き受けてしまう、という構図である。これは公害が発生する場所でしばしば起きる結果であり、しかもこうした結果によって、その場所における差別の構造は解きほぐし難いほど多重化する傾向を持つ。例えば、福島第一原発事故後において、このような被害者同士の分断は、東京電力から受け取る補償金額の多寡による分

（38）『通史・足尾鉱毒事件』、二九頁。

（39）『田中正造と足尾鉱毒事件を歩く』、一一一頁。強調引用者。

断、避難指示区域からの強制避難者とその受け入れ先の住民の間での分断、自主避難者と残留者の間の分断など、極めて錯綜した形で現れている。

ところで、足尾鉱毒事件においては、こうした分断ないし差別化によって、同じ渡良瀬川流域の住民の間にも決定的な亀裂が生じるに至っている。そのことを示す典型的な事例が、断面4である。

断面4　谷中村とその他の渡良瀬川下流地域

谷中村を鉱毒沈殿池にする工程において大きな節目となったのは、一九一八年（大正七年）の渡良瀬川つけかえ工事の完成である。この工事は、藤岡台地を掘り割ることで新川を作り、渡良瀬川の流れを赤麻沼から谷中村に流し込む、という大掛かりなものであった。栃木県出身の小説家、佐江衆一は『洪水を歩む――田中正造の現在』（一九八〇年）において、同年八月二七日付の『下野新聞』の記事を引きながら、谷中村以外の渡良瀬川流域の住民たちが、この新川の開通にどのような反応を示したのかに注目している。(40)

このとき渡良瀬農民はどのように反応したろうか。「赤麻新川通水　万歳の声天地に轟く」との見出しで、八月二十七日の下野新聞は報じている。

「内務省の十年計画として去る明治四十三年大洪水後の起工にして、今日まで前後約九ヶ年を費して川敷の竣工なり、本月二十五日を以て赤麻沼の遊水地に通水するに至れり。

分水ヶ所は、栃木県藤岡町字高島より川敷約十五間を切割りたるものにて赤麻沼に至る新設川敷の長さ十六町四十間、一千間に対する九尺の落差にして洪水敷二百間の開鑿工事なれば、今後如何なる大洪水にても沿岸村民は従前と異り枕を高ふして眠りうべく氾濫の災厄を免かれうる事となれり［……］」[41]。

佐江衆一によれば、この五年前の二月の時点で、谷中村の遊水地化計画に反対していた田中正造が没したことで、新川開通工事は新たな局面を迎えていた。つまり、渡良瀬川流域の住民の間に、谷中村を犠牲にすることを黙認する傾向が生まれていた、というのである。佐江衆一はこのことを立証するために、最初は鉱毒反対運動で共闘していた群馬県海老瀬村や栃木県野木村の住民たちが次第に谷中村を見捨てていくプロセスを、丁寧に追跡している[42]。「万歳の声天地に轟く」という生々しい見出しで始まる『下野新聞』の記事は、このような分析を裏付ける資料の一つとして提示されているのである。ところで、この記事が伝える一種の祝祭めいた空気を念頭に置けば、谷中村が人類学で言う「スケープゴー

(40) 佐江衆一はこのルポルタージュ作品で、足尾鉱毒事件が渡良瀬川流域の住民にもたらした複雑な差別と分断の実情を、当時を知る存命者たちの多様で複雑な声を拾い上げながら、丁寧に描き出している。

(41) 佐江衆一、『洪水を歩む――田中正造の現在』、朝日新聞社、一九八〇年、二一一―二一二頁。

(42) 佐江衆一が渡良瀬川流域に巣食う差別の問題を考えるようになったきっかけは、田中正造に関連する祭りに、地元の住民がほとんど参加していないことに不審感を覚えたからだという（同書、序章「渡良瀬川へ」）。『洪水を歩む』では作家の調査が進む過程で、最後まで谷中村にとどまり続けた田中正造に対して、渡良瀬川流域の住民の受け止め方は必ずしも好意的ではなかった、という事実が明らかにされていく。例えば、一九一五年（大正四年）九月の洪水の時には、谷中村近辺の堤防が故意に破壊される事件が起きている。田中正造の愛弟子、島田宗三らの証言によって、海老瀬村の村民数名がその犯人であったことがわかっている（同書、「堤防かっ切り事件」）。この地域の差別の実態を伝える強烈なエピソードである。

ト」の機能を負わされたことが推定できるだろう。渡良瀬農民は、谷中村という「生贄の羊」を捧げることで、自らの共同体が延命しえたことに「万歳三唱」したのである。「新川開通工事」の際に起きたこの出来事は、鉱毒被害者たちの内側に巣食う差別の構造を象徴的に浮かび上がらせている。このような構造は、谷中村の「遊水地化」が完了した後も、根強く残存し続けていたと考えられる。小池喜孝は、谷中村に関する聴き取り調査を通して、次のように結論付けている。

旧谷中村民の苦しみは、生活苦だけではなかった。疎外される精神的な苦しみが加わった。[……]藤岡町では「谷中上がり」と言う言葉は、何気なく使用されているようだが、年配者の使うこの言葉には、「谷中の食いつめ者」「よそ者」といった語感がある。「上がった者」に対して、未解放部落に次ぐ差別をした所もあったという。上がらなかった残留者一六戸に対しては、金を貸さない、嫁に行かない、嫁に貰わないなどの経済外の差別があったと町の人は語る。残留者の「辛酸」は、お上の無慈悲な圧迫と貧困による他に、近隣農民の差別によって倍加していたのである。(43)

改めて整理してみよう。松木村は、谷中村を含む渡良瀬川下流の被害農民たちによる鉱毒反対運動が引き金となって消滅した。その後、日本政府の「谷中村遊水地化」案がきっかけとなって、渡良瀬農民たちの分裂が始まり、谷中村に対する差別が進み、結果的にその廃村によって、その他の渡良瀬川流域の「安全と安心」が一時的に確保されることになった――もっとも、こうした被害農民たちの自己防衛願望は、その後も相次ぐ渡良瀬川の大洪水と鉱毒流出によって、無残なまでにその限界を露呈していくのだが。「谷中村遊水池化」と谷中村廃村をめぐる一連の過程は、福島第一原発事故が産み出した放射性物質の中間処理施設の設置場所をめぐる地域間、地域内の対立を想起させる。福島第一原発事故は、膨大な量の放射性物質を広範囲に撒き散らしただけではなく、それによって広大な高濃度汚染地域をもたらし、今では高濃度汚染地域における「中間貯蔵施設」の設置計画を通して、その土地に暮らしていた住民たちの帰還を不可能にしようとしている。このような一連の過程には、原発立地としてのリスクも原発事故による汚染物質も等しく「周縁」に押し付けようとする、国家と資本の論理が表出している。高濃度汚染地域における中間処理施設の建設とは、国家と資本の論理に由来する一つの必然的な帰結であり、まさにその帰結は、地域間、地域内に新たな分断や差別をもたらしているのである。

　上述のような歴史的な「反復強迫」の構造を踏まえれば、三・一一原発震災以降に浮上した「コミュニティ再評価」の言説が、そのナイーヴさに比例して危険な側面を秘めている、という点は強調しておくべきだろう。これらの言説は、外見的な差異はあれ、総じて「古き良きローカルな共同体」における人間同士の「絆」の大切さを強調しようとしている。それでいて、この「絆」が、近代の公害被害者たちの関係を引き裂き、福島における原発事故被害者たちの関係を引き裂いた「差別」の別名でもあった、という現実を直視しようとはしないのである。足尾鉱毒事件によって露呈したのは、いわゆるローカルな共同体もまた、近代以降の国家と資本の論理に対する反動的な形成物でしかなかった、という事実である。そうでなければ、国家と資本の論理から帰結した一共同体の「犠牲」を、同じ被害者の側に立つ諸共同体がこぞって「万歳」することなどありえなかっただろう。このような近代的ローカリズム

（43）小池喜孝、『谷中から来た人たち』、新人物往来社、一九七二年、一九八頁。

のグロテスクな一面を考究しようともしない共同体肯定論は、その時点で不毛を約束されている。

断面5　谷中村の残留者と避難者

しかし、注目すべき事態はそれだけにとどまらない。というのは、最大の犠牲を同じように強いられた谷中村の村民の間にも、決定的な分断が持ち込まれたからである。その分断とは、最後まで田中正造と行動を共にした一六戸の残留者と、政府の買収に応じて各地に四散していった避難者たちの間に生まれた。二〇一三年七月三〇日付の『下野新聞』の「地域面」（県南・両毛版）では、その分断が一世紀後の子孫の世代にまで影を落としたことが示唆されている。

強制廃村で各地に離散した住民たち。針谷代表〔「谷中村の遺跡を守る会」代表〕は語る。「『谷中上がり』とも呼ばれ、移転先ではよそ者扱いされ、差別を恐れ、出身を語れなかった者もいた」。正造と最後まで抵抗した者と、先に移住した者などとの確執もあった。「同じ犠牲者であるにもかかわらず、いまだに子孫の間で分断された際の、ある種のわだかまりが残っているようなところもある」。

この一節は、日本近代における周縁差別の多重化がどのような帰結をもたらしたのかを、明白に物語っている。谷中村から避難した者たちは、行く先々で肩身の狭さを感じざるをえなかった。彼らはまた、「正造と最後まで抵抗した者」たちにも負い目を感じずにはいられなかった。このことは、田中正造の愛弟子の島田宗三が、「移住民と残留民とは普通のおつき合い程度で、余り親密ではありませんでした」という証言を遺している事実からも十分に裏付けられている。[44] ここに現れているのは、カリスマ的な人物が最大の差別を受けた「残留者」の側に立つことで、その立場を共有できない「避難者」が、ほぼ同等の被害を受けたにもかかわらず負い目を感じたり、ある種の「裏切り者」として待遇されたりする、という逆説的な事態である。足尾鉱毒事件が教えているのは、公害の発生を通して、差別の複雑化、多重化が進行するとき、その差別の影響を最末端で受ける当事者たちの間に「ある種のわだかまりのようなもの」が醸成されてしまう、ということである。逆に言えば、一見、最大の弱者を代表するかに見える言説が、実際には当事者たちの内側に亀裂を持ち込むばかりでなく、その言説にそぐわない声を抑圧しかねない、という現実に、私たちは敏感になる必要があるだろう。そのように考えるなら、福島のケースにおいて、避難指示区域からの強制避難者、自主避難者、残留者の間に区別を設けて、その区別に基づいていずれかの立場を批判するような言説は、厳に慎まれなければならない。

そろそろ本節全体の結論を述べることにしよう。

第一に、本節に登場した者たちは、東京に拠点を置く古河鉱業の経営陣を抜かせば、ほぼすべてが煙害や鉱毒の被害を受けた当事者であった。

（44）『谷中から来た人たち』、一九四頁。この書物は、北海道のサロマに移住した谷中村出身者たちの苦難に満ちた歴史を掘り起こしている点で重要である。そこでは、長年の念願がかなって栃木県に「帰郷」しようとした者たちと、サロマでの定住を決意した者たちとの間で、またしても「分断」が起きたことが証言されている（二二一頁）。なお、谷中村からサロマへの移住者たちを映像に収めたドキュメンタリー映画として、『鉱毒悲歌』（一九八三年）がある。この映画は、二〇一四年に再編集されたバージョンが公開されている。

第二に、彼らは多かれ少なかれ、同じ公害の被害者であったが、ある者は古河鉱業という加害者に自ら服従し、ある者は自己防衛のために意図せずして同じ被害者の住空間を消滅させ、またある者は積極的に同じ被害者の犠牲を切望さえした。

第三に、これらの諸動向の淵源に控えていたのは、自分が望む場所で安心して暮らすという人間のミニマルな生を軽視し、時にはあからさまに踏みにじる国家と資本の論理であり、その延長線上に立ち現れるローカルな共同体の自己防衛機制であった。

第四に、このような国家と資本の論理が明瞭に機能していたにもかかわらず、公害被害者たちはその現実認識を欠いていたか、または次第にその認識を希薄化させていった。その結果、彼ら自身の内側に分断や差別が持ち込まれたばかりでなく、そうして複雑化した差別の構造は、外からは見えにくいものとなった。

第五に、以上の諸次元が錯綜、重層化することで、少なくとも二つのコミュニティがその多重化された構造的差別の犠牲となり、永遠にこの地上から姿を消したのである。

本章の結論を以上のように定式化した上で、「古河鉱業」を「東京電力」と、「煙害や鉱毒」を「放射性物質」と読み替えるなら、その定式化は福島第一原発事故後に現出した事態にほぼそっくり重なることが理解できるだろう。つまり、福島第一原発事故によって可視化されたのは、東京に拠点を置く国家と資本の権力が、「周縁」に対する構造的差別の強化を通じて、周縁地域に汚染のリスクを押し付けようとするプロセスであり、しかも同時に、その差別の構造に由来する形で、様々な立場の住民たちの間に分断や差別の多重化をもたらすプロセスでもあった。私たちは、日本近代史がその初期において生み落とした差別の構造にいまだに捕われ続けているのである。

3　足尾鉱毒被害の歴史的条件――田中正造と日露戦争

前節では、明治・大正期の足尾鉱毒事件における差別の構造を、福島第一原発事故後の状況と重ね合わせながら分析した。本節では、この構造が成立するための歴史的条件について考えてみたい。私たちが第三部第三章以降、繰り返し示唆してきたことだが、こうした歴史的条件として何よりも挙げるべきは、明治維新以来の「上からの近代化」、すなわち「富国強兵」（軍事立国）と「殖産興業」（工業立国）という二大国策である。

近代国家としての日本は、「欧米列強」による植民地化の脅威を払いのけるために、列強諸国による帝国主義的膨張を模倣するという道を選択した。明治政府にとっては、その選択によって必然的に導き出された解こそ、前掲の二大国策であった。ところで、日本経済史研究の大家である石井寛治が指摘したように、この国家的方針は、「日清戦後経営」（日清戦争勝利後の国家経営）を通して、一つの難問に直面していく。それは、「重工業低位」のままで軍備拡張と工業発展を目指さざるをえない、という問題であった。この問題を解決するためには、兵器や生産設備、機械製品などの輸入の増大が必要不可欠だったが、それは裏を返せば、輸入力を増強するために輸出振興策を基軸に据えなければならない、ということを意味していた[45]。こうした流れの中で、対外支払い手段としての銅生産の中枢をなす足尾銅山は、一大基幹産業として位置付けられることになったのである[46]。以上の背景を踏まえれば、近代初期の国家と資本が渡良瀬農民の鉱毒被害を軽視したのはほとんど必然的な帰結であった、ということが理解できるだろう。要するに、日本の二大国策は、第一次産業としての農業を差別し、そこに集中的に現れる公害の犠牲を無視することで、初めて成立しえたのである。このような構図は、私たちが第四部第二章、第三章において検討するように、日米安保体制に基づく「平和」の中で重工業中心の高度経済成長を遂げた「戦後日本」にも、脈々と受け継がれている。

一方、二大国策を支持する思想家たちの「啓蒙」活動が積極的に展開されたことも無視するわけにはいかない。日本政治思想史の研究者、松本三之介は、『明治精神の構造』（一九八一年）において、こうした思想家たちの活動が日清戦争とその勝利を節目に「愛国」の高みにまで上り詰めていった過程を追跡している[47]。福澤諭吉、植村正久、徳富蘇峰、さらには日露戦争批判で有名な内村鑑三に至るまで、当時の錚々たる知識人が、近代国家としての日本による初めての対外戦争勝利に「熱狂」したのである。福澤諭吉が日清戦争前後に『時事新報』に寄稿した評論のタイトルを一瞥するだけでも、このことは容易に追体験できるだろう。すなわち、「日清の戦争は文野の戦争なり」（一八九四年七月二九日）、「大に軍費を拠出せん」（同年七月二九日）、「満清政府の滅亡遠きに非ず」（同年八月一日）、「宣戦の詔勅」（同年八月四日）、「直に北京を衝く可し」（同年八月五日）、「支那軍艦捕獲の簡便法」（同年八月七日）といった具合である[48]。特に最初に掲げた評論の「文野」という表現には、日本を「文明開化の進歩を謀るもの」と見なし、清を「其進歩を妨げんとする」野蛮国と見なすことで、日本の「大勝利」を正統化する福澤の立場が顕著に表れている[49]。このように下からの「文明開化」の論理が、明治政府による軍備拡張政策の強力な後押しとなっていたことは見逃せない（「大に軍費を拠出せん」）。

では、以上のような時代状況の中で、田中正造は足尾鉱毒事件に何を見出していたのだろうか。この点に関して最も重要な観点を提示しているのは、「渡良瀬川研究会」副代表の赤上剛である。赤上は次のように指摘している。

田中正造で強調しなければならないことは、日清戦争の時に、足尾銅山は戦争に名を借りて山林を乱伐して、増産につぐ増産で、鉱毒を垂れ流して、一八九六年の大洪水になったことに気づいたことです。戦争と鉱毒は表裏一体の問題であることに気づいて、鉱毒問題から戦争反対に変わっていきます。それで日露戦争の時には、日清戦争の時に見過ごしてしまったから大変なことになった、今も足尾銅山は国の庇護のもとに山林の乱伐をやっている、だからこれを見過ごすことはできないと再々訴えています(50)。

一般に、田中正造の非戦論と言えば、「陸海空軍全廃」という理想主義的な側面ばかりが強調されがちである。ところで赤上剛が注目しているのは、そうした一見高邁な理念が、実は谷中村という鉱毒被害現場の最前線で生み出された、という事実である。この赤上の観点は、私たち自身の言葉で言えば、

(45) 石井寛治、「日清戦後経営」、『岩波講座　日本歴史16　近代3』、岩波書店、一九七六年。
(46) 以下を参照。『通史・足尾鉱毒事件』、第三章、第四章。
(47) 松本三之介、『明治精神の構造』、岩波現代文庫、二〇一二年（初版、日本放送出版協会、一九八一年）、第Ⅶ章「愛国と平和主義——内村鑑三」。
(48) 以下を参照。『福澤諭吉全集』第十四巻、岩波書店、一九六一年、四九一—五〇四頁。
(49) 同書、四九一—四九二頁。強調引用者。
(50) 赤上剛、「田中正造と戦争——日清戦争支持から軍備全廃論へ」、『田中正造没後一〇〇年記念シンポジウム——田中正造とアジア』、宇都宮大学国際学部附属多文化公共圏センター、二〇一五年、三六頁。強調引用者。

次のように言い換えられるだろう。すなわち、田中正造の非戦論とは、一つの極限的な現象としての公害を例外的な事例として片付けることのない境位から生まれたものである、と。田中正造は、公害という局所的な特異現象のうちに、国家と資本による暴力の縮図を見出そうとした。彼はこのような換喩的な直観を通して、国家と資本の本性から帰結するもう一つの極限現象としての「戦争」――さらに言えば、その潜勢力としての「軍隊」――に対する批判意識を先鋭化させていったのである。言うまでもなく、田中正造が批判的に捉えていた現実の全体に輪郭を与えていたのは、明治政府による二大国策であった。

田中正造自身の言葉に即して、以上で述べた事柄をたどり直してみよう。彼の日記を手繰っていくと、彼が敏感に時代動向に反応していたことが読み取れる。例えば、明治政府は日清戦争に「大勝利」し、下関条約を締結したものの、フランス、ドイツ帝国、ロシア帝国による「三国干渉」の受諾を余儀なくされ、清から遼東半島を獲得できずに終わった。このような経緯から、当時の日本では、「臥薪嘗胆」や「対露復讐」などの合言葉が人口に膾炙した。一方、田中正造の日記には、既に日露戦争が始まる前の段階で、次のような文言が登場している。すなわち、「露ハ我敵にあらず。〔……〕海軍何の用かある。拡張無用。此被害民を如何」（一九〇三年七月五日）[51]、「政府と古河との悪族跋扈シ、陰顕術中、無罪を多く獄ニ入れ、入れて留主を離間して同志を買収し、或ハ利を以て導き、或ハ欺きけり」（同年一二月一〇日）[52]等々。これらの文言には、「対露復讐」の空気が強まる中で、軍備の「拡張」は無用であり、今はむしろ足尾鉱毒の「被害民」にこそ目を向ける必要がある、という「反時代的」（ニーチェ）な認識が示されている。単純明快ではあるが、これは国家と資本の暴力性が剥き出しの形で表出する現場を目撃し続けた活動家ならではの、クリティカルな視点だと言ってよい。

田中正造はまた、日露戦時下の一九〇四年三月二〇日付の「国家ノ存亡ニ関スル重大且緊急非常ノ請願書」において、次のように記している。

去明治二十七年ノ前後日清戦争中ニ於テ、足尾銅山鉱業人故古河市兵衛ガ栃木県上都賀郡足尾銅山周囲ノ山林其他東西ニ渉ル諸山ヲ伐木シタル為メ、栃木、群馬、茨城、埼玉、千葉、東京ノ府県ニ渉ル諸河川ヲ荒廃シ、年々鉱毒地ヲ増加シ、加之右諸河川ノ土木治水費ノ増加トナリ、二十五年鉱毒地ノ段別ハ一千六百町ナリシモ同上二十九年ヨリ俄然二万四千六百町トナリ、右反別ヲ免租セシモ尚年々山乱伐セラレ、洪水又年々鉱毒地ヲ拡張シタリ。之レ天然ノ地勢広クシテ終ニ鉱毒ノ波及一府五県一市二十五郡二百余ヶ町村ニ渉リ、今ヤ殆ド官民両有地反別凡二十万町余ニ至ラントス。驚クベシ其二十七、八年日清戦争ニ得タル台湾新領土ト鉱毒地ト比較交換セル程ノ次第ナリキ。此本島中古来無二ノ沃土ヲ失ヒ其良民ヲ流離顚沛セシメタル如キハ日清戦争中ノ変事タリ。今此二者ノ得失固ヨリ利害ノ償ハザルノミナラズ、本島鉱毒地方ハ夙ニ国法廃レ土地滅ビ民飢ヒ兵痩セ老幼多ク死シタリ。依テ多クノ村落ヲ滅亡セシメ国家社会ノ公益ヲ害セシコト無量ナリ(53)。

この一節が訴えている事柄は、大別して次の三点に整理されるだろう。第一に、足尾銅山の鉱毒被害

(51)『田中正造全集』第十巻、岩波書店、一九七八年、四六一頁。ひらがな、カタカナの混交は原文通り。以下同様。
(52)『田中正造全集』第十六巻、岩波書店、一九七九年、九〇頁。
(53) 同書、一六一―一六二頁。強調引用者。

は、日清戦争中に激増したこと。第二に、その原因は、古河鉱業が戦時下での銅増産を目標に掲げ、乱開発を激化させたためであること。第三に、明治政府は日清戦争を通して、国外に植民地（台湾）を獲得する一方で、国内の肥沃な農地（渡良瀬川流域）の荒廃を放置したことである。田中正造の認識の徹底性は、少し後の方で、「彼等〔古河鉱業〕ハ予メ対露問題ノ海外交戦ヲ機トシ、又々山賊ヲ働キ大ニ官林ノ盗伐ヲ謀リタルモノナリ」[54]と記しているところからも十分にうかがえるだろう。つまり彼は、対外戦争の反復を通じた日本の帝国主義的な膨張が、国内の鉱毒被害の激化とパラレルに進行している、という現実を把捉していたのである。

このように、田中正造は日露戦争が始まる前の段階で、戦争と公害が表裏一体の関係にあることを洞察していた。この認識はその後も、彼が書き記す言葉の随所に登場することになる。例えば、一九〇五年一月三一日付の黒澤酉蔵ら宛て書簡では、日露戦争中に谷中村の村民が徴兵されたこと、しかもその徴兵期間中に彼ら自身の「田宅」が奪われたことが証言されている[55]。また、一九一一年二月の請願書では、日露戦争中に「足尾銅山の治外法権及暴勢」が極限に達したこと、つまりロシアではなく、明治政府と古河鉱業が「人民」の敵となり、「人民」に攻撃を仕掛けていたことが繰り返し強調されている[56]。ここには、いとも容易に「人民」の犠牲を要求、欲望する国家と資本の論理が、剝き出しの形で表出している。

もちろん、戦争と公害の表裏一体性という問題は、国家と資本の暴力という次元でのみ捉えられるべきものではない。なぜなら、赤上剛が指摘しているように、田中正造その人でさえ、日清戦争の期間中は足尾の鉱毒被害を訴えることを自粛し、明治政府の方針を積極的に支持していたからである[57]。このことは、戦時中に発生した公害の被害者の声が、上から抑圧されるだけではなく、当事者自身の意志によって封印される場合もある、という事実を如実に物語っている。田中正造が日露戦争前に気付いたのは、まさにこの二重の封印によって、次第に公害の現実が否認されていく、という法則的なプロセスだったのではないだろうか。事実、当時の日本国民が日露戦争の戦況に目を奪われる余り、谷中村の命運にほとんど注意を払わなくなった、ということは先行研究がしばしば指摘しているところである(58)。

以上の分析を補強するために、ここで一度足尾鉱毒事件を離れ、一九三三年に大阪の煤煙公害について同市の保健部長が残した証言を見ておくことにしよう。この証言そのものは、飯島伸子の著書の中で引かれているものである。

西南戦争があって其の後財界の好況に依って煤煙防止の声が止み、不景気になると又煤煙防止の声が起こって来ます。更に日清戦争があって財界の好況に依って煤煙防止の声が一時潜んでしまいま

---

(54) 同書、一六三頁。
(55) 同書、三七一―三七二頁。
(56)『田中正造全集』第四巻、岩波書店、一九七九年、四三一―四四九頁。田中正造は一九〇九年八月、足尾における行政権の活動を「汽車」に喩えた上で、その汽車が「自業自得」の論理を振りかざしながら、「人」を轢き殺していると批判している(『田中正造全集』第十一巻、二八六―二八七頁)。ここでいう「自業自得」の論理は、現代日本で多用される「自己責任」の論理と完全に重なっている。
(57)「田中正造と戦争――日清戦争支持から軍備全廃論へ」、『田中正造没後一〇〇年記念シンポジウム――田中正造とアジア』、二九頁。
(58)『通史・足尾鉱毒事件』、一六九―一七〇頁。

す。そして不景気になるとまたこの声が起こる、更に日露戦争があってまた財界の好況となるに従って煤煙防止の声が潜んで来ます。そして不景気になりますとまた台頭して来ます。更に欧州大戦があって財界が好況に向かひますと煤煙防止は声を潜めまして、不景気になるとまた起こると言ふ風に戦争の好景気と煤煙防止と言ふものは継続的に、循環的に、起こったりやんだりして居ります。誠にこれは面白い現象を呈しております。(59)

この一節は、当時の行政府に関わる人物が残した証言として、確かに興味深い現象を伝えている。この証言内容を踏まえた上で、改めて戦争と公害の関係を考えてみるなら、次のように三つの次元で定義できるように思われる。第一に、国家と資本は、対外的な戦争を想定するその本性によって、国内で公害を引き起こす傾向を宿している。第二に、それにもかかわらず、戦争の期間中は、そうした公害の被害を訴える当事者の声は封印されがちである。第三に、まさにそのことによって、公害の被害は潜在化し、差別の構造は複雑化されていく。私たちは第二節で、「公害発生企業は、内部に労働災害と職業病を生みつつ、外部に公害をもたらすという病理的構造を持っている」(60)というテーゼを紹介したが、上述の三つの観点に基づけば、このテーゼを私たち独自のテーゼとして変奏しておくべきかもしれない。すなわち、国家と資本の結合体は、内部に産業公害を生みつつ、外部に戦争をもたらす、という病理的構造を持っている、と。国家と資本の結合体は、その資本主義的な利益追求至上主義によって国内に産業公害を生み、その軍需生産への傾斜によって国外に戦争を引き起こすのである。このテーゼを証し立てるように、福島第一原発事故後の日本では、原発事故による物理的被害を覆い隠し、軍需生産によって原発事故の経済的影響を補うべく、集団的自衛権を行使可能にする安保法制が可決され、軍事力強化が進められている。このように、国家と資本の緊密な結合体において、内部におけるカタストロフィックな原発事故は、外部に対する戦争と切り離し難く結び付いているのである。[61]

田中正造が日清・日露戦時下の足尾鉱毒被害に見出したのは、まさにこのような病理的構造であった。この病理は恐らく、明治政府のように上からの近代化を断行しようとする諸国においては先鋭的に現れやすいように思われる。とはいえ、そうした病理はまた、国家と資本が要請する差別があり、その差別の構造に基づいて軍備が膨張し、そしてその軍備を強化するための産業が発展する場所では、多かれ少なかれ付いて回る法則でもあるだろう。

足尾鉱毒事件が私たちに教えているのは、戦争と公害は、国家と資本の本性から帰結しうる二つの極限的な事象だということである。戦争と公害は、互いに表裏一体であるにもかかわらず、一方が顕在化している時にはもう一方は潜在化する、という対照的な関係に置かれている。日本近代の最初期において、こうした戦争と公害の関係を鉱毒被害の現場から洞察したのは、田中正造ただ一人であった。ところで、田中正造がこのような洞察を得たのが日露戦争の直前であった、という事実は歴史的に見て示唆的である。なぜなら、私たちが第三部第三章において論じたように、水力発電に基づく差別的な長距離発送電体制が萌芽したのも、まさに日露戦争前後のことだったからである。

(59)『環境問題の社会史』、七八―七九頁。
(60)『通史・足尾鉱毒事件』、二九頁。
(61) この点については、第四部第二章において詳述する。

私たちは本章で、原発事故という産業公害の歴史的諸条件を、日本近代の最初期への遡行を通して照らし出そうと試みた。具体的な分析対象として取り上げたのは、日本各地で発生したあらゆる公害事件の原型というべき足尾鉱毒事件であった。足尾鉱毒事件は、差別としての公害の諸相を浮き彫りにしているばかりでなく、公害によってこの社会の差別がどのように複雑化、重層化するのかを告げ知らせてもいる。足尾鉱毒事件のプロセスを追跡することで、私たちは日本社会に宿る構造的差別と、それに基づく公害の潜在的可能性とがどれほど根深いものであるかを認識できるのである。産業公害としての福島第一原発事故において、同様の構造が今まさに「回帰」している現実を踏まえれば、問題の根深さが私たちにとって切迫したリアリティを持つということは明白である。

私たちはまた、日本近代の最初期に選択された二つの国策――「富国強兵」と「殖産興業」――が、公害としての足尾鉱毒事件をどのように条件付け、必然化したのかを分析した。この分析の過程で示そうとしたのは、一見局所的な異常事態にしか見えない公害という現象が、実は近代の病理を縮図化している、という観点であった。田中正造は、この観点を最も苛烈な鉱毒被害の現場で見出した思想家、活動家であったと言えるだろう。戦争と公害への傾向性を持った日本近代の「無意識の欲望」を、田中正造ほど鋭く見抜いた知識人はいなかった。彼は局所的な現象としての公害を、いわゆる特殊な事例として片付けるのではなく、むしろその背後に、軍備と領土の拡張を志向する近代国家の本性を透視していたのである。

このように部分から全体を一気に洞察する換喩的な想像力を通して、田中正造の観点はおよそ一世紀後の日本の現状にも一つの重要な示唆をもたらしている。事実、足尾鉱毒事件から日清戦争や日露戦争を捉える試みは、ちょうど原発事故から核戦争、核兵器保有の問題を捉えようとする私たちの試みと並行性を持つからである。私たちが暮らす今日の日本は、田中正造が発見した戦争と公害の不可分性という問題を、いまだ解決も超克もできていない。いやそれどころか、足尾鉱毒事件をはるかに上回る規模のカタストロフィックな産業公害が眼前で進行中であるにもかかわらず、まるで何事もなかったかのように、否認の姿勢を貫き続けている始末である。福島第一原発事故の諸断面が足尾鉱毒事件の諸断面と酷似している、ということは本章で繰り返し指摘してきた通りだが、だとすればなおのこと、近代の最初期に日本に取り憑いた病は、今や重症のレベルに達していると考えるべきだろう。「軍事立国」と「工業立国」によって初期設定された日本近代の「反復強迫」は、今日では福島第一原発事故という症候を通して十全に機能し続けている。この重症疾患から抜け出すための道はただ一つ、自らの病を直視し、否認をやめること以外にありえない。私たちが掲げる脱原発の哲学とは、そのような自己治療の試みの別名に他ならない。

第二章　回帰する公害、回帰する原発事故

本章で私たちは、前章に引き続き、産業公害という観点から福島第一原発事故を捉え返していく。日本には、公害を執拗に否認し、結果として公害の激化、拡大を招いてきたという歴史的な経緯が存在する。これは「戦前」と「戦後」の切断を超えて存在する日本近代史の現実に他ならない。私たちはこの認識に基づいて、四大公害の歴史的な条件に遡行し、「戦前」と「戦後」に通底する日本近代の二大国策（工業立国と軍事立国という原理）を改めて抽出してみたい。それは、表面上は平和主義、民主主義という看板を掲げて再出発した敗戦国日本が、どれほど深々と工業＝軍事立国という国家と資本の論理に捕われてきたか、という点を徐々に明るみに出していく作業となるだろう。「戦後」の日本社会は、「戦前」の国家主義的、軍国主義的な体制から、表面的には「民主主義的」で「平和主義的」な体制へと再編されたものの、その本質的な構造は、工業＝軍事立国という国家と資本の論理に依拠した中央集権的統治であり続けてきた。このような「戦後日本」社会の統治システムを、私たちは単に「民主主義」でなく「管理された民主主義」と呼ぶことにしたい。そして、こうした日本近代の病理を最も症候的に教えてくれるのが、公害事件の回帰という法則的な現象であり、福島第一原発事故というカタストロ

フィックな事故＝産業公害は、この法則の拘束力の強さを示す一つの極限的な出来事なのである。私たちの脱原発の哲学が、公害の回帰という日本近代の症候について自己分析を行わねばならない理由は、ここにある。

1　「戦後日本」の公害に関する一視角

1-1　「戦後」の経済成長主義に見られる三重化された否認

水俣病研究で名高い宇井純は、『公害原論』において、日本の「高度経済成長」（一九六〇—一九七四年）は公害の無視によって初めて成立しえた、という認識を提示している。[1] つまりこの時期の日本企業は、生産に伴って生まれる有害物質を処理することなく環境へとそのまま排出し、「公害をタレ流すことによって少ないコストと少ない設備で同じ量だけの生産ができる」体制を築いた、というのである。[2] なるほど、高度経済成長期の全国各地で公害が激化、拡大したことは疑う余地がない。飯島伸子の『公害・労災・職業病年表』と川名英之の「公害・環境問題年表」（『ドキュメント・日本の公害』全一三巻所収）は、公害関連の事件を整理した基礎資料であるが、この二つの年表を確認するだけで、「戦後」の公害事件の件数が「戦前」に比べて圧倒的に多いことは一目瞭然である。[3] 「戦後日本」の公害は、まさに利益追求至上主義という資本の論理を最優先する国策によって無視され、必然的に激化したのである。後述するように、福島第一原発事故というカタストロフィックな事故＝産業公害もまた、東京電力がコスト削減のために津波対策を怠った事実に由来している点で、こうした利益追求至上主義から必然的に生じた事故＝産業公害だと言ってよい。このことは、現在に至るまでの日本近代史の過程で、公害が執拗に回帰し、しかもそのつど否認され続けてきた、という私たちの診断を裏付けるものである。

もっとも、私たちが第四部第一章において詳述した内容を踏まえれば、前段落のような「戦後」観には若干の補足的考察を施しておく必要があるだろう。何よりも忘れてはならないのは、「戦後日本」の利益追求至上主義＝経済成長主義は、その担い手たちの意図や期待にかかわらず、近代初期に打ち立てられた「殖産興業政策」（工業立国）と「富国強兵政策」（軍事立国）の延長線上にある、という現実に他ならない。このような現実は、高度経済成長期に展開された個々の企業活動に注目しているだけではなかなか見えてこない。そこで私たちは試みに、本節と次節にまたがる形で二つの観点を提示してみたい。

何よりも注意すべきは、日本の高度経済成長の土台は朝鮮戦争（一九五〇―一九五三年）の特需景気を通して形成され、そしてまさにこの時期に、敗戦国家日本の再軍備が始まり、現在の自衛隊の原型が整えられた、という点である。例えば、前者に関しては、水俣病という日本最大級の公害事件をもたらしたチッソの社史『風雪の百年』（二〇一一年）の証言が注目に値する。そこでは、朝鮮戦争の特需こそが敗戦後の日本経済の爆発的な成長を可能にした、という観点が明示されているからである。チッソ社史

（1）宇井純、『公害原論Ⅰ』、亜紀書房、一九七一年（『新装版　合本　公害原論』、亜紀書房、二〇〇六年、所収）、二五頁。
（2）『公害原論Ⅰ』、二六頁。
（3）飯島伸子、『公害・労災・職業病年表』、新版、すいれん舎、二〇〇七年（初版、公害対策技術同友会、一九七七年）。川名英之、『ドキュメント・日本の公害』、全一三巻、緑風出版、一九八七―一九九六年。例えば、後者の第一巻、第二巻、第三巻、第六巻、第七巻、第九巻、第十巻には、日本近代初期以降の「公害・環境問題年表」が付されているが、第一巻の「年表」でリストアップされた公害事件の約二割を抜かせば、残りはすべて「戦後」の公害事件である。

の証言を引いておこう。

日本経済を一転して不況からブームに変えたのは、一九五〇年六月に勃発した朝鮮戦争であった。国連軍として出動したアメリカ軍が、軍需関連物資の調達や車両の修理・兵舎の建設などのサービス提供を日本に求めたため、特需と呼ばれる臨時の需要で、日本経済は息を吹き返した。アメリカは大規模な軍備拡張計画を決定し、西側諸国にも軍備拡張を要請したので、世界的な軍拡気運のなかで、世界経済も不況から好況に転じた。特需と世界好況のもと、日本経済は、復興から再建の時代へと向かった。(4)

敗戦後の数年間、日本人は深刻な不況に苦しんでいた。日本がその不況から立ち直ることができたのは、一九五〇年代初頭の朝鮮戦争に際して、占領国アメリカ合州国の命令に従って「軍需関連」の物資調達やサービス提供を請け負ったからである。つまり敗戦国日本の経済復興が可能となったのは、朝鮮半島の人々が戦争の犠牲になることによって、もっと言えば日本がその犠牲を食い物にすることによってであった。事実、当時の日本はいかなる戦火にも曝されることなく、重点産業の規模を「戦前」の水準まで回復したのである。この一九五〇年代の経済復興の目覚ましさについて、環境経済学者の宮本憲一は次のように総括している。「一九五〇年経済成長率一一%、五一年一三%に、鉱工業生産は五〇年二二%、翌五一年には三五%の増大となり、戦前水準に回復した。特需の規模は［朝鮮戦争の］三年間累計で約一〇億ドルに及び、当時の年間輸出高に匹敵するほど大きかった。［……］一九五一年産業合理化審議会は「我が国産業の合理化策について」を発表し、電力・海運・石炭・鉄鋼・化学の重点産業の合理化・技術革新が始まった。生産の増強は公害問題の始まりであった」。[5]このように日本が果たした奇跡的な経済復興は、朝鮮戦争の犠牲という土台を抜きに語ることはできない。高度経済成長の条件は、日本人自身の技術力によってではなく、隣国の人民を二つの国家に引き裂いた戦争の特需景気によって整えられたのである。ただし、国外の犠牲に基づく「生産の増強」は、同時に国内の犠牲としての「公害問題の始まり」でもあった。なぜなら、利益追求至上主義に基づく「生産の増強」は、コスト削減への顧慮から、必然的に生産地に「公害をタレ流す」結果に陥るからである。この意味で、戦後日本が国策として採用した利益追求至上主義＝経済成長主義は、戦争と公害を橋渡しする媒介項として、また戦争と公害の連続性を間接的に示す証拠として機能してきた、と言えるだろう。

ところで、以上で略述したような経済成長主義がまさに日本の再軍備の動向と同時並行していた、という事実も見逃すことができない。現に、冷戦構造を見据えたアメリカ合州国の安全保障政策に基づいて、日本が警察予備隊（現在の陸上自衛隊）を創設したのは一九五〇年であり、陸・海・空に及ぶ現在の自衛隊の原型を造り上げたのは一九五四年であった。つまり、敗戦後の日本において、朝鮮戦争特需による経済の再生は、再び軍事力を保持することと完全に同期していたのである。このことは、その後の日本が、「軍隊不保持」（日本国憲法第九条）という看板にもかかわらず、軍備の増強、拡大を国策として追求し続けてきたこと、そして二〇一四年現在、その軍事費が世界第九位に達していることからも、如実に見て取れるはずである。[6]どのようなレトリックで粉飾しようとも、現在の日本の国策が経済成長主

（4）日本経営史研究所編、『風雪の百年――チッソ株式会社史』、チッソ株式会社、二〇一一年、二一一頁。
（5）宮本憲一、『戦後日本公害史論』、岩波書店、二〇一四年、二七頁。強調引用者。

義と軍備増強主義の一対によって成立していることは明白であり、従ってそれは近代初期に打ち立てられた「殖産興業政策」（工業立国）と「富国強兵政策」（軍事立国）の延長線上にあると言ってよい。次節で述べるような「公害先進国」と名指されるほどの激しい公害は、こうした工業＝軍事立国という論理によってもたらされたのである。

　このように考えてみると、朝鮮戦争後の日本が表向きの国策として掲げてきた「経済成長主義」には、実質上、次のような三重化された否認の契機が折り畳まれている、という点を理解することができるだろう。第一の否認とは、本節の冒頭で示唆したように、公害に対するそれである。四大公害（熊本水俣病、新潟水俣病、イタイイタイ病、四日市ぜんそく）とは、まさにこの第一の否認によって激化の一路をたどった症候的な事例に他ならなかった。第二の否認とは、日本国憲法第九条に対するそれである。憲法第九条が「軍隊不保持」を明記している以上、軍隊としての自衛隊がその憲法に違反していることは疑いえない。つまり再軍備の推進によって形成された自衛隊とは、憲法の規範性、拘束性に対する否認の現れなのである。第三の否認とは、自衛隊の戦闘能力に対するそれである。既に述べたように、自衛隊は実際には「軍隊」なのだから、その存在は明確な憲法違反である。しかし他方で、「自衛隊（Self-Defense Force）」という命名は、それが「軍隊（Army）」ではないと強弁するためのレトリックとして、歴史的に機能し続けてきた。要するに「戦後日本」による表向きの国策としての経済成長主義は、第一に公害の激化という現実を、第二に最高規範としての日本国憲法を、第三に軍事力拡大という国家の本音を、同時に否認する、というアクロバティックな自家撞着と不可分の仕方で継承されてきたのである。

　このような視座に立つなら、「アベノミクス」の名において経済成長神話にしがみつき、「福島第一原発の汚染水は完全にブロックされている」と公言し、集団的自衛権の行使を容認する明白に憲法違反の安全保障法案を国会で強行採決する安倍政権の振る舞いが、公害、日本国憲法、軍事力拡大に対する三重の否認という「戦後日本」の病の縮図であることは容易に理解可能だろう。現に、安倍政権の経済政策「アベノミクス」は、その軍事力拡大、原発維持政策と密接な関係を持っている。安倍政権は二〇一四年、武器輸出を禁じた「武器輸出三原則」を撤廃し、「防衛装備移転三原則」(「防衛装備移転」という耳慣れない言葉は「武器輸出」を言い換えたもの)への政策転換によって武器輸出の容認に踏み切ったが、この動きは、同年の閣議決定による集団的自衛権の行使容認と軌を一にしている。また、二〇一五年九月の安全保障法案可決直前に経団連は、「安全保障関連法案が成立すれば自衛隊の国際的な役割の拡大が見込まれ」、「防衛産業の役割は一層高まる」るので、武器輸出を「国家戦略として推進すべきである」と提言し、法案可決に露骨なエールを送ってもいる。この事実は私たちに、「死の商人」という言葉を想起させずにはおかない(7)。要するに安倍政権は、経済界と一致協力して、「経済成長」のために軍事力拡大を積極的に利用しようとしているのである。日本の原発製造企業(三菱、東芝、日立)が同時に武器製造企業でもあるという事実を想起するなら、こうした経済＝軍事政策に福島第一原発事故の影響が強く作用している点を理解することができるだろう。安倍政権と経済界は、福島第一原発事故以降明らか

(6) SIPRI (Stockholm International Peace Research Institute) による「世界各国の軍事費の動向」(二〇一五年四月)を参照。第一位はアメリカ合州国で、世界全体の軍事費の三四%を計上している。http://books.sipri.org/files/FS/SIPRIFS1504.pdf 自衛隊の誕生から拡大までの歴史的経緯については、以下を参照。前田哲男、『自衛隊の歴史』、ちくま学芸文庫、一九九四年。

(7) 「武器輸出「国家戦略として推進すべき」経団連が提言」、『朝日新聞』、二〇一五年九月一〇日。提言は以下で閲覧可能。日本経済団体連合会、「防衛産業政策の実行に向けた提言」、二〇一五年九月一五日。http://www.keidanren.or.jp/policy/2015/080.html

に斜陽化しつつある原発産業の減益を、軍事産業の拡大によって補おうとしているのであり、それを通じて原発産業の維持にも固執し続けているのである(8)(安倍政権は、斜陽化する原発産業の生き残りをかけて、トップセールスによって国外に原発を売り込み続けると同時に、福島第一原発事故というカタストロフィの後では本来ありえないはずの、国内における新規原発の建設という選択肢さえ放棄していない)。公害、日本国憲法、軍事力拡大に対する三重化された否認の袋小路を脱して、脱原発と不戦主義を実現しない限り、私たちの未来に待ち受けているのは、福島第一原発事故よりももっと取り返しのつかないカタストロフィであろう。

1-2　四大公害の歴史的「起源」から見た高度経済成長

私たちは第四部第一章において、足尾鉱毒被害の構図が、「戦前」も「戦後」も地続きであることを明らかにしたが、同じような問題の構図は、高度経済成長期に大きな脚光を浴びた「四大公害」についても多かれ少なかれ指摘できるように思われる。そこで本節では、前節で述べた事柄を別の観点から捉え直すために、四大公害の中でも症候的な三つのケース(イタイイタイ病、四日市公害、水俣病)における「戦前」と「戦後」に注目する。この作業を通して、もっぱら高度経済成長による負の遺産としてのみ位置付けられてきた戦後公害について、それらの条件が実は既に「戦前」の段階で整えられていたことを指摘してみたい。幸いなことに、本書と同じ問題意識に立って公害の歴史を追跡したジャーナリスト、政野淳子の『四大公害病』が二〇一三年に公刊されているので、この労作を導きの糸にして、宮本憲一の『戦後日本公害史論』も参考にしながら考察を進めていくことにしよう。このような考察は、「公害のタレ流し」を繰り返しておきながらその事実を執拗に否認し続ける、近代日本の症候を明るみに出してくれるはずである。

1-2-1　イタイイタイ病

イタイイタイ病は、富山県の神通川下流地域に暮らす中年の経産婦に多発した、カドミウム摂取が原因の公害病である。(9) 汚染源である三井金属鉱業の神岡工場が神通川に垂れ流しにしたカドミウムは、およそ八五四トンにのぼると推計されている。この公害病は尿細管障害や骨軟化症を主な特徴とし、腰や膝の痛みから始まって、次第に歩けなくなり、転んだだけで骨折するといった症状が報告されている。なかには全身に数十カ所の骨折を持つ患者や、身長が三〇センチも縮んだ患者もおり、その苦痛の凄まじさを如実に物語っている。地元の町医者が最初にこの健康被害に気づいたのは敗戦直後の一九四六年であったが、厚生省が公式にイタイイタイ病を認定したのは、それから二〇年以上も経った一九六八年のことである。

一九七〇年代の不況期には、既に定説と化していた「カドミウム原因説」が、「ビタミンD不足説」によって否認されるなどの混乱も生じた。その際に一役買ったのが、「腎臓病の権威」とされた金沢大学医学部教授、武内重五郎である。武内重五郎は、それまで彼自身が唱えていた「カドミウム原因説」

(8) この点については、廣瀬純との個人的な会話から示唆を受けた。記して感謝する。

(9) イタイイタイ病に関する記述は、以下を参照。政野淳子、『四大公害病』、中公新書、二〇一三年、第三章「イタイイタイ病――救済に挑んだ医師と弁護士たち」。宮本憲一、『戦後日本公害史論』、三五―四〇頁、二四二―二五五頁。宮本憲一によれば、イタイイタイ病が中年の経産婦に多発したのは、彼女たちの日常的な行動範囲が、有害物に二四時間曝露されるためだという(同書、一四頁)。

を覆し、「イタイイタイ病はビタミンDの不足が原因である」とする珍説を発表するのだが、彼の主張がまともな現地調査に基づいていないことは裁判で明らかにされた。このような公害否認の傾向は、「放射能汚染を怖がりすぎて栄養不足になるほうが危険だ」といった昨今流行りの言説に、確実に継承されていると言えるだろう。なお一九七二年には、名古屋高等裁判所が、汚染者である三井金属鉱業に対し、二億二千万円の賠償金の支払いを命令する判決を出している。しかし、公健法（公害健康被害の補償等に関する法律、一九七三年）で認定されたイタイイタイ病患者は一九六人、要観察者は四〇四人、さらに環境省が一九九七年から二〇〇七年までに実施した調査によれば、重度の尿細管障害は一〇〇〇人近くにものぼると考えられており、この公害病が根本的な解決を見ていないことは明白である。[10]

ところで、三井財閥が神通川流域おける鉱山経営に乗り出したのは、一八七四年（明治七年）に遡る。日露戦争が終わった数年後の一九一一年には、同地に三井鉱山が設立されている。第二次世界大戦後の「財閥解体」によって、神岡工場の経営はいったん三井の手を離れるが、一九五二年には再び三井の下に結集してできたのが三井金属鉱業に他ならない。もっとも、その神岡工場による鉱毒被害は、既に明治時代の段階で疑われていたことが報告されている。その歴史的経緯を的確に整理した政野淳子の記述を引いておこう。

神岡鉱業所の鉱害が懸念されるようになったのは一九世紀末だった。明治時代に北陸で発行されていた『北陸政報』（一八九六年四月二四日）は「鉱毒の余害」と報じている。神通川から水を引く「上新川郡新保村大久保村等」の田地の稲の生育が非常に悪く、原因は上流の「飛州」（現岐阜県北部）にある各鉱山から流出した鉱毒ではないかとの憂慮が記されている。

それから二〇年後の大正時代、『北陸タイムス』（現『北日本新聞』一九一六年一一月一日）は「騒ぎ出した鉱毒」の見出しで「三井家所有の神岡鉱山」の鉱毒が大問題となり、農林省の農事試験場の技師による実施の踏査によって、「樹木に及ぼす害毒は甚だしい」こと、「既に三井家に向かって損害賠償を申込んだ」ことが報じられている。

昭和に入ってからも鉱害は続く。第二次世界大戦前には、神通川のアユが死んで川に浮かび、神通川流域の各村長・農会長・水産会らによる「神通川鉱毒防止期成同盟会」が抗議を繰り返したと報じられている。(11)

この一節は、私たちが第三部第三章、第四部第一章において論じたように、日清戦争後や第一次世界大戦中の好況をきっかけに、東京電燈による電力供給や足尾銅山の銅産出量が飛躍的に伸び、それに伴って特に足尾の鉱毒被害が激化した、という事実を想起させずにはおかない。この意味で、神岡鉱業所による鉱毒被害の顕在化は、富国強兵政策と殖産興業政策という近代日本の二大国策によって必然的に方向付けられていた、と見なすことができるだろう。何より、近代初期の段階で実質的な鉱毒被害の多発が指摘されていた、という事実は特筆しておく必要がある。一般的には、高度経済成長期を通して四大公害が激化した、とするのが通説であるが、少なくともその「起源」は既に近代初期に明瞭に形成されて

（10）『戦後日本公害史論』、一頁。『四大公害病』、一六六頁。公健法に関しては以下を参照。『戦後日本公害史論』、四一六―四四〇頁。公健法は以下で閲覧可能。http://law.e-gov.go.jp/htmldata/S48/S48HO111.html
（11）『四大公害病』、一一九―一二二頁。

おり、しかも住民たちの暮らしを繰り返し脅かし続けていたのである。[12]

1-2-2　四日市公害

四日市公害とは、伊勢湾西岸に集中的に立地された石油コンビナートの工場から排出された重油や煤煙による海洋汚染・大気汚染が原因で拡大した被害を指す。[13] まず、一九六〇年三月以降、伊勢湾でとれたコハダやシラスの「異臭」が話題にのぼるようになる。一九六五年五月に公表された三重県水産課の調査によれば、四日市を中心に沿岸四キロで一〇〇％、八キロで七〇％の「重油臭い魚」の分布が判明し、伊勢湾の全面的な汚染が明らかになった。何より、工場から吐き出される悪臭と煤煙によって、頭痛、不眠、食欲不振、ぜんそく、肺気腫などの被害が多発し、近隣の農家には二〇億円相当の経済的損失につながる水稲栽培の被害も見られた。

これらの被害に対する否認の具体例には事欠かない。一九六二年、コンビナートに参画していた昭和石油の総務課長は、工場視察のために訪れた宮本憲一に対して、「戦時中の海軍燃料廠に到着したタンカーが空爆によって沈没し、その油が流出して、臭い魚の原因となった」と嘘の弁解をしている。[14] また、三重県の実業家で、一九六六年から七二年まで四日市市長を務めた九鬼喜久男は、市議会の答弁において、「石油化学には公害はない」（一九六六年一二月一三日議事録）、「四日市の喘息という病気は一般的な病気でございまして、それはどこの都市にも喘息というものはございます」（一九六七年六月一六日議事録）と繰り返し公害の事実を否認したばかりでなく、新たなコンビナートの誘致に踏み切った。[15] この一報を受けて絶望した四日市ぜんそく患者が相次いで自殺している。津地方裁判所が、コンビナートを形成する六社（昭和石油、三菱石油、三菱化成、三菱モンサント化成、中部電力、石原産業）の工場から排出した煤煙と健康被害の因果関係を認め、被告六社に損害賠償の支払いを命じたのは、一九七二年のことである。[16] 公健法で認定された患者は九七六人（一九八八年一二月、認定解除）、公害病が原因で死亡した患者は六四人にのぼる。

このように「戦後」に被害が可視化された四日市公害ではあるが、汚染者である石油コンビナートを誘致した地域は、実のところ「戦前」から重化学工業の拠点として、また軍事基地の要所として機能していた。この点に関しても、政野淳子の記述は極めて的確である。

一九三八年（昭和一三年）、その塩浜の一角に石原産業が進出したのが、工業地帯の歴史のはじまりだ。石原産業の銅の精錬計画が明らかになると、足尾銅山の鉱害を知っていた住民たちによる反対があった。これに対して石原産業は、二万人もの作業員を投入して世界一高い一八五メートルの煙突を

(12) 神岡工場によるカドミウム被害が一世紀に及ぶ歴史を持つことを詳述した文献として、以下を参照。松波淳一、『定本　カドミウム被害百年　回顧と展望――イタイイタイ病の記憶』、桂書房、二〇一〇年。また、最初にイタイイタイ病患者の存在に気づき、治療に尽力した地元の医師による以下の書物も重要である。萩野昇、『イタイイタイ病との闘い』、朝日新聞社、一九六八年。

(13)『四大公害病』、第四章「四日市公害――大気汚染という高度成長の重い影」。『戦後日本公害史論』、一四五―一五七頁、二七二―二九三頁。当時の四日市公害に関する報道記事をまとめたものとして、以下の資料集は貴重である。四日市公害記録写真編集委員会編、『新聞が語る四日市公害――四日市公害判決20年記念』、四日市法律事務所、一九九二年。

(14)『戦後日本公害史論』、一四八頁。

(15)『四大公害病』、一九三頁。

(16)『戦後日本公害史論』、二八六頁。

> 建設し、一九四〇年に完成させている。
> 一九四三年には軍需工場として指定され、近接してはじまったのが第二海軍燃料廠（基地）の建設である。地主農家を畑に集めて売却を迫り建設した。[……]
> 第二次世界大戦の空襲で生産設備の五〇％が損傷失した第二海軍燃料廠の跡地は、終戦から一〇年が経った一九五五年八月、閣議了解「旧軍燃料廠の活用について」に基づいて石油化学工業育成のために払い下げられる。[17]

既に述べたように、石原産業は、例の石油コンビナートの中核的な位置を占める企業である。この引用に基づいて指摘しておきたいのは、次の三点である。第一に、伊勢湾西岸では、一九三〇年代から重化学工業化が進んでいたこと（石原産業は一九四一年、大協石油［現コスモ石油］は一九四三年に操業している）[18]、第二に、石原産業は第二次大戦中、軍需産業に指定され、またその工場の近隣には海軍の燃料基地が建設されたこと、第三に、敗戦後の国策に基づいて、その軍事跡地が石油コンビナート育成のために再利用されたこと、である[19]。このような軍事跡地の再利用という国策が、朝鮮戦争の終戦後（一九五五年）に決定されている、という事実にも特段の注意が必要だろう。つまりこの国策は、一方では第二次大戦中の富国強兵政策と殖産興業政策の土台の上で、また他方では朝鮮戦争の特需景気の中で、初めて可能となったものである。このことと併せて、その前年（一九五四年）には現在の自衛隊の原型ができ上がり、「軍事力拡大」というもう一つの国策が、「経済成長主義」と一対になる形で推進され始めた、という点も改めて想起しておこう（1‐1節を参照）。なるほど、四日市公害の直接的な原因が高度経済成長期の石油コンビナートの操業にある、という事実は疑いえない。しかし、公害発生の条件は、既に

「戦前」の段階で形成されていたのであり、また「戦後」においても「軍事力拡大」と「高度経済成長」という二大国策によって方向付けられていたのである。私たちはこの観点に立つとき、「戦後日本」が平和主義的、民主主義的な体制である、とする通説に対して懐疑的にならざるをえなくなる。日本の社会システムは「戦前」から一貫して、工業＝軍事立国という国家と資本の論理に依拠した中央集権的統治のシステムであった。そして、「戦前」の国家主義的で軍国主義的な統治システムが解体されても、「戦後」においてそれは、「管理された民主主義」という統治システムとして存続しているのである。

1-2-3 水俣病

水俣病は、新日本窒素肥料株式会社（通称チッソ）が、一九三二年（昭和七年）から一九六八年までの三六年間にわたって海に排出したメチル水銀化合物が原因で発生した公害病である。[20] チッソ水俣工場の汚染廃水に含まれるメチル水銀化合物の総量は七〇トンから一五〇トンとも言われており、死亡、麻痺、痙攣などの急性劇症から、知覚障害、視野狭窄、手足の感覚障害まで様々な健康被害をもたらした。中には、母親の胎盤を通して被害を受けた胎児性患者も数多く存在する。熊本学園大学水俣学研究

(17)『四大公害病』、一七三―一七四頁。
(18)『戦後日本公害史論』、一四六頁。
(19) 四日市の海軍基地の半分がアメリカ合州国軍の空襲で焼失した経緯については、以下を参照。創価学会青年部反戦出版委員会編、『伊勢の海は燃えて――海軍燃料廠と四日市空襲』、第三文明社、一九七八年。
(20)『四大公害病』、第一章「水俣病――潜在患者二〇万人と呼ばれる「悲劇」」。『戦後日本公害史論』、二九三―三一五頁、五一七―五二二頁、六九二―七〇一頁。

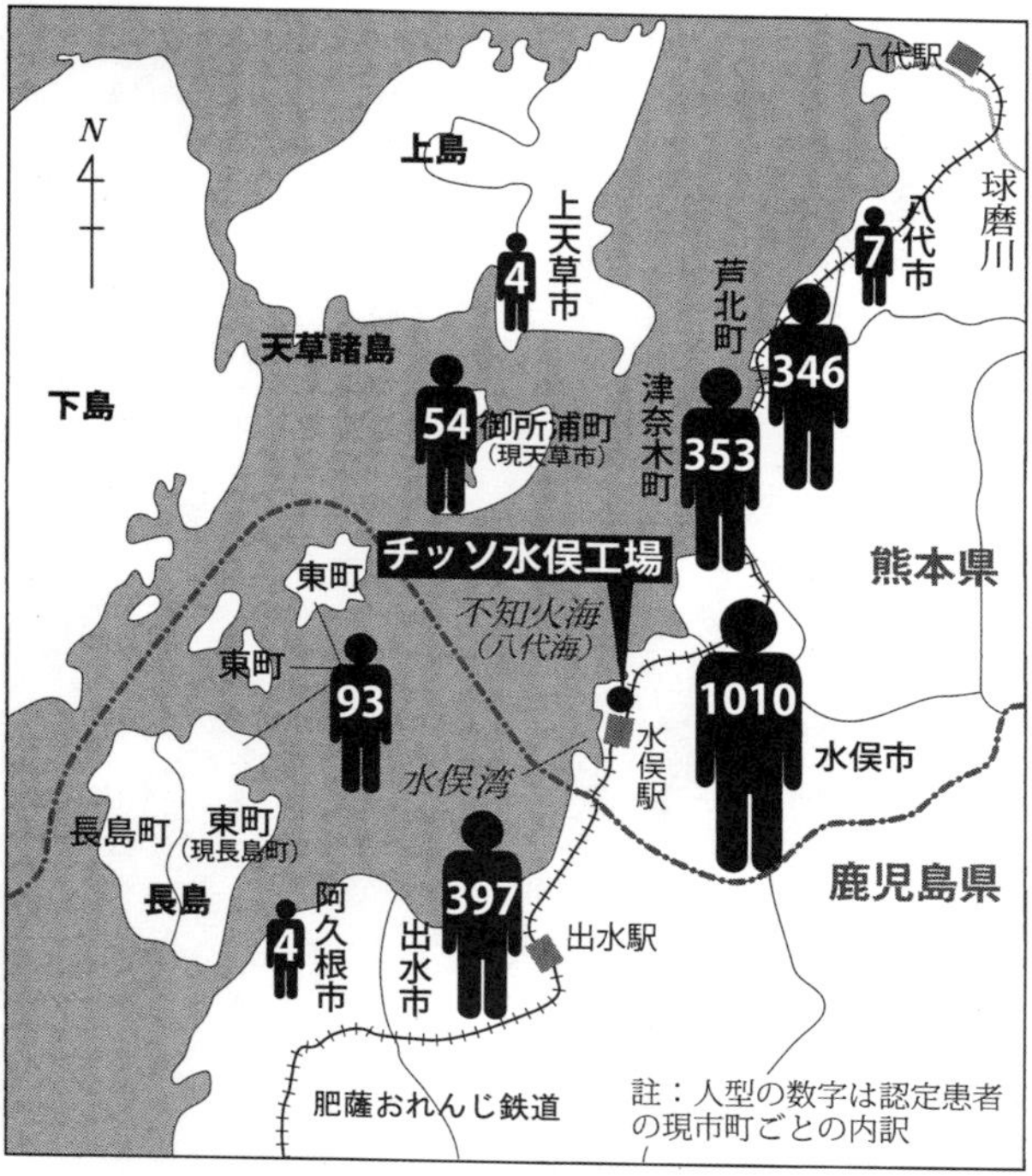

［図１］水俣病発祥地域と概要（『四大公害病』、８頁）

●認定患者数

生存者数620人／累計2275人（2013年６月末現在環境省把握数、熊本県認定数1784人、鹿児島県認定数491人）／申請件数２万3177（2008年現在水俣市把握数）

●1995年水俣病総合対策医療事業対象者数

7286人（熊本県5073人、鹿児島県2213人）

●2009年水俣病被害者救済特別措置法に基づく申請者数（2013年現在判定中）

６万988人（熊本県４万2961人、鹿児島県１万8027人）

センターの説明によれば、その汚染被害は「水俣湾から天草や鹿児島県の長島、獅子島など対岸の島々まで不知火海全体に広がって」いる。[21] 政府から認定を受けた患者数二二七五人、認定申請を棄却された患者数二万人、「水俣病被害者特別措置法」(二〇〇九年)に基づく水俣病総合対策医療事業の申請者は六万人以上にのぼり、自分が水俣病であると声を上げられた人だけで九万人、潜在的な患者総数は現在、不知火海一帯の住民を中心に二〇万人とも推定されている。[22] この公害病は現在も終わっておらず、少なくとも福島第一原発事故が発生するまでは、日本近代史を通して最大級の産業公害であり続けてきた(図1を参照)。

ところで、一般的には、水俣病はもっぱら「戦後」の、それも特に「高度経済成長時代」の負の遺産として受け止められている。なるほど、チッソ水俣工場付属病院において最初の水俣病患者が公式に確認されたのは一九五六年であり、[23] 国家と資本による執拗な否認の繰り返しによってその後の被害が激化、拡大したことは、疑う余地がない。ただし、歴史的「起源」への遡行という私たちの方法に基づけば、この水俣病被害の条件が既に「戦前」には整えられていたことを見逃すわけにはいかない。政野淳子は、「戦前」の水俣で問題化していた被害のあらましを簡潔に描き出している。

(21) 熊本学園大学水俣学研究センター編著、新版『水俣を歩き、ミナマタに学ぶ――水俣学ブックレット No. 12』、熊本日日新聞社、二〇一四年、一四頁。このブックレットは、水俣病関連の「広域地図」を提示し、「見学ポイント」と基礎知識を整理したガイドブックである。「水俣学」の入門書として最適である。

(22) 『四大公害病』、六―八頁。

(23) 新版『水俣を歩き、ミナマタに学ぶ』、「水俣病事件略年表」、六四頁。

チッソは一九三二年のアセトアルデヒドの生産開始後、工場廃水を漁港と百間港の双方に流していたが、漁港にある生け簀の魚が死滅したため百間港だけにした。しかし、百間港では、カーバイド残渣（残りかす）の堆積物が六・五メートルの深さに達し、満潮時以外は船舶が出入りできなくなった。[24]

このように一九三二年の時点で、チッソ水俣工場の汚染廃水によって、「漁港にある生け簀の魚」が「死滅」していた。その後、一九五四年に水俣市茂道の飼いネコたちが狂死し、ほぼ全滅した事実を考えれば、この「生け簀の魚」の全滅は一つの徴候だったと言えるだろう。

むろん、水俣病公害の歴史的な「起源」が「戦前」に見出されるという私たちの主張は、以上のような被害の可視化という事実だけに依拠しているわけではない。ここでは、その主張を裏付けるものとして、チッソの社史『風雪の百年』から二つのポイントを抽出してみたい。

第一のポイントは、第二次大戦中のチッソが、明治以来の二大国策（富国強兵と殖産興業）の一翼を担う巨大コンツェルンに成長していた、という事実である。チッソの前身である日本窒素は、一九〇七年に創業を開始し、曾木電気と日本カーバイド社の提携を通じて、水力発電と化学工業を中軸に据えた経営を推進した。創業時期が日露戦争終戦の二年後であること、水力発電に基づく化学工業の体制を展開したことは、私たちが第三部第三章において論じた東京電燈の成長過程を彷彿とさせるものだろう。その日本窒素の成長がどれほど目覚ましいものだったかについて、チッソ社史は次のように証言している。

> 日本窒素グループの一九四五年八月の規模（払込資本金一二億五二三八万円）は、三井、三菱、住友の三大財閥に比べると小さいが、安田財閥よりは大きく、六財閥と呼ばれた鮎川、浅野、古河、大

倉、中島、野村と比べても、鮎川の日産グループを除くその他五グループより大きい。

鉱工業・運輸業・電気ガス業の総資産学ランキングでは、一九四〇年下期で日本窒素は第九位であり、このあと四一年に合併する朝鮮窒素は第三一位で、両社を合計すると、総資産額では全国第六位に位置している。ちなみに、上位五社は、南満州鉄道、日本製鉄、日本発送電、東京電燈、三菱重工業である(25)。

敗戦直前の時点で、日本窒素のコンツェルンの資産は日本で第六位という巨大な規模に達していた。その背景として、「内地」では水俣工場と延岡工場を拠点として、「外地」では大正末期に日本が植民地化した朝鮮半島の興南工場（「朝鮮窒素」）を拠点として、水力発電、アンモニア製造、化学肥料や火薬（特にダイナマイト）の大規模生産体制を構築していた、という事実を挙げることができる(26)。日本窒素は、工業＝軍事立国という国策路線に基づいて、日本政府による植民地主義政策に加担し、足尾鉱毒事件を引き起こした古河財閥よりも巨大な企業体になっていた。先述したような水俣公害の深刻さの背景は、ここにある。

第二のポイントは、第二次大戦中のチッソが、着実に国家との結び付きを深め、最終的には軍需産業としての役割を果たした、という事実である。例えば、創業後しばらく日本窒素の取締役会長を務めてい

---

(24)『四大公害病』、九頁。
(25)『風雪の百年』、八四―八五頁。強調引用者。以下同様。
(26)同書、五八頁。

た中橋徳五郎は、一九一八年（大正七年）、古河鉱業の相談役でもあった原敬を首相とする内閣に文部大臣として入閣している[27]。また、同社で取締役を務めた仙谷貢は一九二四年、加藤高明内閣（一九二四—一九二六年）の鉄道相として入閣し、後に満州鉄道の総裁に就任している[28]。こうした日本窒素と国家の結び付きは、一九三〇年代後半になると、満州国政府や関東軍との密接なつながりへと進展し、同社は満州国政府の命令により、国策軍需産業の一環として石炭液化事業を請け負うことになった[29]。こうした一連の動向を踏まえてみると、日本窒素が「軍需会社」に指定されたことには何の不思議もない。

一九四四年（昭和一九年）一月一七日には、軍需会社法（四三年一〇月三一日公布）に基づいて、日本窒素は軍需会社に指定された。軍需会社は、全面的に国家管理のもとに置かれ、資金面などで優遇措置が与えられるが、社長は従来の代表権を喪失し、「生産責任者」となって軍需生産の責任を負い、工場長も「生産担当者」に任命され、戦力増強の国家要請にこたえて、ますます軍需事業の遂行に邁進することとされた。軍需会社指定の二日前に野口［創業者の野口遵］は死去し、後任の社長となった榎並直三郎が「生産責任者」に選任されて代表取締役の資格を喪失し、水俣工場長の橋本彦七が「生産担当者」に任命された。工場名も「熊第７０４２工場」と呼ばれるようになった[30]。

この証言が示唆しているように、日本窒素は軍国主義政府によって「軍需会社」に指定され、「全面的な国家管理」の下で、「戦力増強」のための合成ゴム等の大量生産に従事していた。当時、水俣工場長を務めていたのは、敗戦後に初代水俣市長となり、水俣病の否認を繰り返した橋本彦七であった。このように、敗戦後に再出発したチッソは、既に「戦前」の段階でその企業体質を形成していたと言ってよい。高度経済成長時代に拡大の一路をたどった水俣病公害の歴史的な「起源」は、富国強兵と殖産興業の国策路線に則って、植民地主義と軍需生産の体制を推進した日本窒素の基本方針そのものに宿っていたのである。一度こうした観点に立てば、「戦前」と「戦後」を分節しようとする通俗的な考え方が決して自明ではないことが理解できるだろう。私たちはともすれば「戦後日本」を平和主義的、民主主義的なシステムと見なしがちだが、その実態はむしろ、工業＝軍事立国という国家と資本の論理によって中央集権的に統治された、「管理された民主主義」の体制に過ぎなかったのではないだろうか。

1－3 水俣病事件と福島第一原発事故の類似性

私たちはここまで、原子力＝核エネルギーが「平時利用」と「戦時利用」の両側面を併せ持つ（原発と核兵器との本質的な関係性を想起されたい[31]）という点を念頭に置きながら、いくつかの産業公害（足尾鉱毒事件、イタイイタイ病、四日市公害、水俣病）に着目し、それらが一貫して、工業＝軍事立国という国家と資本の論理に依拠した日本近代の統治システムによって生まれたものである、という事実を明らかにしてきた。福島第一原発事故は、多くの公害事件と同様に、工業＝軍事立国という国家と資本の論理に依拠した「戦後日本」の統治システムが引き起こした産業公害である。私たちが執拗に過去の歴史に遡

（27）同書、三四頁。古河鉱業と原敬の密接な関係については、第四部第一章において論じた。
（28）同書、三五頁。
（29）同書、一二四頁。
（30）同書、一四一頁。
（31）この点については、第一部第二章において詳述した。

行し、論述を展開してきたのは、福島第一原発事故という産業公害が、単なる突発的な事故ではなく、日本近代史が抱えた病の一つの縮図として発生したことを示したかったからである。

本節に残された課題は、水俣病の激化、拡大を招いた国家と資本による公害の否認がどのようなものだったのか、そしてその振る舞いは、福島第一原発事故後の日本政府と東京電力の振る舞いとどのような類似性を持つのかを示すことである。

第一に指摘しておきたい類似点は、加害企業と政府による高濃度汚染という事実の否認である。例えば、チッソ水俣工場が排出する水銀値に関しては、熊本大学研究班が既に一九五九年七月の段階で、百間排水口から二〇〇〇ppm以上というデータを検出し、報告していた。このデータは、現在の総水銀の環境基準〇・〇〇〇五mg/ℓに照らせば、その四〇〇万倍に相当する。ところが、チッソも行政もこの報告を無視し、何の対策も取ろうとしなかった。[32] このような汚染の度外視が水俣病の激化につながったということは、原田正純をはじめとする「水俣学」の研究者たちが常に指摘するところである。

一方、福島第一原発事故に目を転じれば、高濃度汚染とそれをもたらした過酷事故を否認しようとする姿勢は、民主党政権当時の野田首相による「収束宣言」に色濃く見て取れる。二〇一一年一二月一六日、野田首相は首相官邸において、「私が本部長を務める原子力災害対策本部を開催をし、原子炉が冷温停止状態に達し発電所の事故そのものは収束に至ったと判断をされる、との確認を行いました」と明言している。[33] この時点で、福島第一原発の原子炉について、既に核燃料棒がメルトダウンしていたこと、つまり不可逆の過酷事故に見舞われていたことは明瞭であった。そもそも「冷温停止」とは、正常に作動している原子炉を止めたときに用いられる表現であり、「レベル七」と評価された巨大事故の形容として適切ではない。実際、この宣言の後も高濃度汚染水の海洋漏出が相次いでおり、特に二〇一三年四月六日には、宣言後としては最悪規模となる約七一〇〇億ベクレルの放射能汚染水一二〇トンが漏洩している。[34]その後、「汚染」の問題はもっぱら「除染」の問題へとすり替えられ、福島第一原発敷地内に関する報道も着実に縮減していった。「汚染水は完全にブロックされている」と公言し、日本各地の原発再稼働を実質的に促そうとする安倍政権の方向性は、このような問題のすり替えの極点をなすものである。

第二の類似点は、加害企業による公害＝事故原因に関する情報隠蔽とその否認である。例えば、一九五九年、チッソ病院院長を務めていた細川一医師は、水銀を含んだ水俣工場の廃液をネコに投与する実験を行い、水俣病患者と同じ発病という結果をチッソに報告していた。チッソはこの「ネコ四〇〇号実験」の実験結果を封印したまま操業を続け、廃液を海に放出し続けた。原田正純医師は、この段階でチッソが汚染廃液の放出を止めるなどの対策を取っていれば、水俣病がここまで深刻な規模の公害に発展することはなかった、と随所で強調している。ところで注意を促したいのは、チッソの社史『風雪の百年』にはこのような情報隠蔽の事実がまったく記述されていない、という点である。『風雪の百年』は、「水俣病」が「公害」であること、チッソがその原因であったことを一言も明記していない。そこでは、情報隠蔽をはじめ、公害原因企業としての責任を厳しく追及した水俣病裁判の知見は完全に無視されている。そもそも六五六頁に及ぶこの大著において、「水俣病発生」の経緯については三頁しか記

(32)『四大公害病』、二二一―二二三頁。

(33) 野田内閣総理大臣記者会見、首相官邸、二〇一一年一二月一六日。http://www.kantei.go.jp/jp/noda/statement/2011/1216kaiken.html　強調引用者。

(34)「漏れた汚染水は120トン　福島第一、地下水に混入か」、『朝日新聞』、二〇一三年四月六日。

述が見られない一方で、チッソが支払った補償金の明細に関しては合計二〇頁近くの説明が記されている[35]。要するに今日でも継続中の公害被害に関する弁明は何一つとしてなく、「水俣病問題の再燃」が原因で「補償問題」への対応を余儀なくされてきたチッソの「風雪」と「苦難」ばかりが強調されている始末である[36]。

ところで、福島第一原発事故について言えば、東京電力が巨大津波の「具体的な予見可能性」を認識した上で、その可能性を故意に無視したことが明らかになっている。福島原発告訴団の海渡雄一弁護士は、東京電力の勝俣恒久元会長、武藤栄、武黒一郎元両副社長の「業務上過失致死死傷容疑」に関連した「解説　強制起訴議決の意義」で次のように述べている。

［二〇〇七年に］東電設計の算出した、福島第一原発の敷地南側の一五・七メートルという津波の試算結果は、原子力発電に関わる者としては絶対に無視することができないものというべきである。［……］東京電力自体が過去に二回の浸水、水没事故を起こしており、土木調査グループの者らが参加していた溢水勉強会を通じて、福島第一原発の一〇メートル盤を大きく超える巨大津波が発生すると、浸水事故を発生させ、全電源喪失、炉心損傷、建屋の爆発等を経て、放射性物質の大量排出という事態を招く可能性があることも示している[37]。

つまり東京電力は、巨大津波とそれによる過酷事故の可能性を知っていたにもかかわらず、「安全対策よりもコストを優先する判断[38]」に基づいて情報を組織的に隠蔽したのである。このような東京電力による「予見可能性」の否認ないし隠蔽が、現在も進行中の福島第一原発事故の原因となったことは疑う余地がない[39]。

第三の類似点は、健康被害とその因果関係に対する加害企業と政府の否認の姿勢である。水俣病事件の歴史においては、チッソが公害原因企業としての責任を免れるために、様々な「専門家たち」の仮説を引き合いに出したという事実が知られている。チッソは、「ネコ四〇〇号実験」の報告後、既に科学的に否定されていた日本化学工業協会理事の大島竹治による「旧陸軍の爆薬説」や、東京工業大学教授の清浦雷作による「有毒アミン説」（この説は、経済企画庁の水俣病総合調査連絡協議会で発表された）などに基づいて、有機水銀と健康被害の因果関係を否認し続けたのである。チッソの社史『風雪の百年』には、この否認の事実に関する記述も皆無である[40]。

一方、福島第一原発事故について述べれば、事故後に放出された大量の放射性ヨウ素が原因となって、福島県内に暮らす子供たちの間で、甲状腺ガンの発症件数が有意に増加している[41]。また、study

(35) 以下を参照。『風雪の百年』、第五章―第七章。「水俣病の発生」については、同書、二八二―二八四頁。「補償問題」については、同書、二八四―二八七頁、三四二―三五一頁、四二三―四二七頁。
(36) 同書、第五章第五節のタイトルは「水俣病の発生と補償問題」、第六章のタイトルは「事業再編と水俣病問題」となっている。
(37) 海渡雄一、「解説　強制起訴議決の意義――市民の正義が東電・政府が隠蔽した福島原発事故の真実を明らかにする途を開いた！」、福島原発告訴団、二〇一五年八月三日。http://kokuso-fukusimagenpatu.blogspot.jp/2015/08/blog-post_4.html
(38) 同前。
(39) この点については、第二部第二章において詳述した。
(40) 『四大公害病』、二六―二八頁。『戦後日本公害史論』、二六四頁、二七一頁。その経緯を克明に描き出した文献として、以下を参照。原田正純、『水俣病』、岩波新書、一九七二年、五四―七〇頁。

2007の『見捨てられた初期被曝』は、福島第一原発由来の放射性ヨウ素による住民の被曝線量が一貫して過小評価されてきたことを、徹底して明らかにしている。(42) ところが東京電力も日本政府も、この厳然たる事実に対しては無視ないし否認の姿勢を貫いているのである。

第四の類似点は、国家が公害被害者よりも加害企業の救済を優先することである。このことは、公害の被害者ではなく、加害者である資本の論理が重視されるということ、つまり公害事件においては国家の論理と資本の論理の同一性が露骨に顕在化するということを意味している。例えば、日本の行政は、実質的に企業犯罪を犯したチッソに対して、現在に至るまで数多くの手厚い優遇策を取ってきた。その具体例には事欠かないが、ここでは宮本憲一の証言に基づきながら、最も症候的な出来事に言及しておこう。

一九七八年六月、政府は「水俣病対策について」という閣議了解によって、チッソに対して熊本県債発行による金融支援をすることにした。県債は補償金支払い額に対してチッソの経常利益が不足する金額にあてることにし、毎年ほぼ四〇〜五〇億円にものぼっている。不況であった第一回から一六回（一九七八年末から八六年七月まで）の金融支援は三八一億円にのぼっている。補償金に占めるチッソ独自の支払いは一三％にすぎず、大部分が県債である。県債は資金運用部が引き受けており、償還期限三〇年（据置五年、元利均等半年賦償還）、金利は政府資金利率である。これを行うにあたって次のような閣議了解がある。「チッソからの返済が履行されない事態が生じた場合は、県債の元利償還については、国において十分の措置を講ずるように配慮する」。この支援措置は水俣病患者の救済という大義名分によってなされているが、これまでの歴史上例が少ないほど手厚い企業優遇措置である。

一企業の救済、それも「犯罪」を犯したといってよい企業の救済に国と県が援助するというのはおそらく、はじめてのケースであろう[43]。

被害者に対する賠償金の支払いは、原則論で言えば、汚染者であるチッソが全面的に負担しなければならないはずである。ところが、当時の福田赳夫内閣（一九七六年一二月―一九七八年一二月）は、国家と熊本県を挙げて汚染者であるチッソの支援を正式決定した。このことは、チッソが創業以来、近代日本の国策に基づいて成長を遂げてきた資本である、ということの証拠だと言えよう。

一方、福島第一原発事故の加害者である東京電力に対し、日本政府が事故前も事故後も数多くの優遇措置を取ってきたことは疑う余地がない。先に掲げた海渡雄一の「解説　強制起訴議決の意義」によれば、東京電力による津波の「予測可能性」に関わる情報隠蔽は、実質上、経済産業省の原子力安全・保安院との一致協力体制を通して進められていた。驚くべきことに、原子力安全・保安院は、福島第一原発・第二原発の津波対策を厳しくチェックした小林勝耐震審査室長に対して、「保安院と原子力安全委員会の上層部が手を握っているのだから、余計なことはするな」、「余計なことをするとクビになるよ」といった組織的圧力を加えていたのである[44]。また、福島第一原発事故後に実施された東京電力への優遇措置としては、同社の所管内における電気料金の一律値上げを挙げておけば十分だろう。具体的に言え

（41）この点については、第一部第一章において詳述した。
（42）study2007、『見捨てられた初期被曝』、岩波科学ライブラリー、二〇一五年。
（43）『戦後日本公害史論』、五二二頁。

ば、東京電力は二〇一二年九月一日より、平均八・四六％の電気料金の値上げを実行している。同社はその理由として、「火力発電の燃料費などの大幅な増加」を挙げているが[45]、原発事故の収束作業に必要な莫大な対策費、原発告訴によって生じうる訴訟費用、原発事故被災者に対する賠償金の支払いなど、福島第一原発事故の発生による様々なコストへの対策が目的として加味されていることは明らかである。このことは、東京電力が自らの加害責任を棚に上げ、放射能汚染の被害を被った当事者自身に事故のコストの一部を負担させている、ということを意味している。要するに東京電力は、資本の論理に基づいて、自社の果たすべき加害責任を、被害者によるコスト負担という形で代替させているのである。日本政府はこのような東京電力の倫理的倒錯を放置したままであり、資本の論理と同一化するこうした国家の論理は、現れ方は異なるにしても、事故前も事故後も本質的に変わっていない。公害事件に際して国家と資本の論理が全開になれば、このように必然的に加害企業に対する優遇措置が先行することになるのである。

第五の類似点は、国家と行政による被害者の切り捨てである。この第五の類似点が、第四の類似点と表裏一体の関係にあることは言うまでもない。このポイントに関しても枚挙に暇はないが、一九七七年三月、石原慎太郎環境庁長官の名前で出された通知「後天性水俣病の判断条件について」（通称、「一九七七年判断条件」）は、事実上、潜在的な水俣病患者の切り捨てを促進したものとして悪名が高い。この「一九七七年判断条件」は、それまでの水俣病の認定基準に厳しい制約を設け、認定患者数を制限しようとする、明らかに政治的な意図に基づくものであった。この点については、政野淳子の証言が簡潔でわかりやすいので、引用しておこう。

これ「［一九七七年判断条件］」は水俣病認定の条件を、魚介類に蓄積された有機水銀を摂取したことがあることと、手足の指先の感覚が鈍いなどの感覚障害に加えて、運動失調、運動失調の疑い、平衡機能障害、両側性の求心性視野狭窄、中枢性障害を示す他の眼科または耳鼻科の症候などとの組み合わせがあること［……］としたものだ。(46)

要するに日本政府は、一九七一年の公健法で示された認定基準を覆し、そこに様々な条件を加えることで、水俣病と認定されうる被害者の救済を実質的に狭める措置を取ったのである。宮本憲一はこの措置を、明確に「被害者を切り捨てる重大な変更」と定義している。(47)

一方、福島第一原発事故に関連して言えば、安倍政権が二〇一五年六月に表明した原発自主避難者に対する住宅支援の打ち切りが症候的である。これは具体的には、避難指示区域外からの避難を決断した三万六千人の当事者たちに対して、政府と福島県が事故直後に決定した避難先住宅の家賃負担を二〇一七年三月を期限として取り止めにする、という決定であり、まぎれもなく被害者の切り捨てに相当する。(48)原発自主避難者たちが取った選択は、産業公害の歴史や公害研究の蓄積を踏まえれば、「予防原則」という一定の合理的な判断に基づくものである。何よりも忘れてはならないのは、そもそも福島第

(44) 特に以下を参照。「解説　強制起訴議決の意義——市民の正義が東電・政府が隠蔽した福島原発事故の真実を明らかにする途を開いた！」、7「第二次告訴事件の検審での解明が待たれる保安院と東電の歪んだ共犯関係」。
(45) 廣瀬直巳社長による「電気料金の値上げについて」を参照。http://www.tepco.co.jp/e-rates/individual/kaitei2012/index-j.html
(46)『四大公害病』、四九頁。
(47)『戦後日本公害史論』、五一九頁。

一原発事故さえなければ、彼らが「自主避難」を決断することもなかった、という端的な事実である。住み慣れた土地から「避難」するという決断は、彼ら自身の主体的な願望に基づいてなされたものではない。ところが安倍政権は、東京電力の加害責任を追及することなく、被害者である原発避難者に対する実質上の切り捨てを促進しようとしているのである。ここにも、公害事件においては加害企業を優遇し、被害者の犠牲を放置しようとする国家と資本の論理が表出している。

以上の比較からも明らかなように、同じ産業公害としての水俣病事件と福島第一原発事故の間には、多くの共通点が認められる。ただし、公害被害の激甚さという観点に立てば、既に十数万人規模の「故郷喪失者」を生んだ原発事故の深刻さは、水俣病事件の比ではない。現に原田正純医師は、二〇一二年六月に逝去する三ヶ月前、次のように述べていた。

この事件［福島第一原発事故］が起こって以来、マスコミがたくさん取材に来ました。今回の事故と水俣病とがだぶって見え、取材に来たのだと思います。確かに、共通点はたくさんあります。被害が非常に大きかったこと、現在なお未解決の問題であること、企業と行政の責任であることなど、共通点はたくさんあるんですが、今回の福島原発事故による放射能汚染の問題は水俣病よりはるかに深刻であると申し上げておきたい。［……］水俣病の問題が半世紀にわたっても解決しないままなのは、明らかに行政と企業の責任です。今回の事故は、仮に、というのもおかしいんですが、きちんと対策をとったとしても、結果が出るのは一〇年も二〇年も先、あるいは、もっと先になる。この点が違っており、水俣病よりはるかに深刻だと思います。また、水俣病ではいろいろな議論があり、裁判もありました。しかし、患者の救済に困るほど症状が分からないことはなかった。私は医者ですが、医者からすれば症状が分かる状態でした。ただ、怠慢でやらないだけでした。今回の原発事故による放射能汚染の場合は、将来どういった形で健康被害として出てくるのか、必ずしも分かっていません。例えば、発がん性の問題も一般のものとどう違うのかなど。そういう意味ですごく深刻です。(49)

これは、半世紀以上に及ぶ水俣病事件の歴史を最前線で見守り続けてきた医師の「遺言」である。この遺言を受けて、私たちは次のように述べなければならない。脱原発の実現は、公害被害の現実が私たちに要請する「切迫した」理念である、と。私たちは、工業＝軍事立国という日本近代史を貫く国策に抗して、またその国策に基づく「戦後日本」の「管理された民主主義」に抗して、脱原発の実現に向けた実践を開始しなければならない。

2　公害の否認としての「国土開発計画」——『資料新全国総合開発計画』を読む

国家と資本の論理に基づく公害の否認は、水俣病事件においてのみ見られるわけではない。一九七〇年が「公害元年」として位置付けられ、日本が世界的に「公害先進国」として悪名を馳せるようになった後も、公害を否認する傾向は執拗に繰り返されている。周知のように、日本の「高度経済成長」（一

(48) 桐島舜、「弱者切り捨ての安倍政権　支援打ち切りで行き場失う福島県の自主避難者たち」、『週刊朝日』、二〇一五年七月一七日号。原発避難については、結論において、復興庁の帰還促進政策との関連性に焦点を当てながら再度言及する。

(49) 宮本憲一・淡路剛久編、『公害・環境研究のパイオニアたち』、岩波書店、二〇一四年、一七九—一八〇頁。

九六〇―一九七四年）とは、一ドル三六〇円という異常な円安に基づいて、原油などの一次産品を格安の値段で発展途上国から輸入することで成立していたに過ぎず、そのような成長の条件は、一九七一年のニクソン・ショックと一九七三年のオイル・ショックによって完全に崩壊してしまった。それにもかかわらず、「経済成長」を最高目標とする「戦後日本」の政治経済システムの変更は、容易なことではなかったのである。

本節では、高度経済成長時代に顕在化した公害の拡大、激化を背景として、国家が表面上は公害の事実を受け入れつつも、実際にはそれをどのように否認してきたのかを、一つの症例に即して観察しておこう。その症例とは、経済企画庁総合開発局が一九七一年に公刊した『資料新全国総合開発計画』[50]（以後、『新全総』と略記）である。これは、当時の建設官僚の幹部、下河辺淳の指揮下で構想され、第六五回国土総合開発審議会（一九六九年四月三〇日）で承認された「国土開発計画」を公刊資料としてまとめたもので、横書き二段組みで七三八頁にも及ぶ大著に仕上がっている。職住近接の原則、都心高層住宅化、都心自動車交通規制論、公害防除加害者負担原則、土地私有権の制限など、現代日本社会の諸原則を打ち出した田中角栄の『日本列島改造論』（一九七二年）[51]が『新全総』の「国土開発」観を下敷きにしていたことは、よく知られている。かつて宮本憲一が指摘したように、「『新全総』は発表後三年、なんらの実績もあげぬまま挫折をしている」[52]が、その構想内容は、政治、官僚、財界による「国土管理」の論理を率直に表現しており、今日に至るまでの国土行政の原型を提示してもいる。本節で『新全総』を症例として取り上げる意義は、ここにある。

では、『新全総』はどのような「国土開発計画」を提示したのだろうか。この資料が明言しているように、構想自体は一九六〇年に提示された「国民所得倍増計画」の延長線上にある[53]。この意味で、その構想が、当時既に破綻の徴候を示していた「高度経済成長」の神話に依拠する案であったことは疑いえない。ただし、『新全総』は大都市の人口過密化を解決するために、大企業の資本による地域開発を誘導しようとした点で、それ以前の地域開発計画とは異なっていた。[54]宮本憲一は『戦後日本公害史論』で、『新全総』の計画を次のように評している。「これまで大都市部に使用していた財政資金を地方都市や農村部に補助金として撒布し、地域開発のための社会資本建設に回せば、過疎化を防止し、企業と人口を分散させうるというのである」。[55]つまり、『新全総』の出発点は大都市における人口の集中であって、何よりも都市問題を解決するために、高度成長期を通じて人口流出の続いた地方農村の過疎問題にも注目した、というのが実状であった。

(50)下河辺淳編、『資料新全国総合開発計画』、至誠堂、一九七一年。
(51)田中角栄、『日本列島改造論』、日刊工業新聞社、一九七二年。
(52)宮本憲一、『地域開発はこれでよいか』、岩波新書、一九七三年、五二頁。
(53)『資料新全国総合開発計画』、一一頁。
(54)『新全総』の策定者たちが、大都市の超過密化に対して危機感を抱いていたことは、以下のような記述から読み取れる。「従来のように、格差是正のために政策的に工業を分散させようというものではなく、大都市の集積の不利益を調整するために、全国土の総合開発の必要性を考える時代である」(『資料新全国総合開発計画』、ii頁)。「わが国の国土利用は、主として、約六〇〇万ヘクタールの農地、約二五〇〇万ヘクタールの森林および四六万ヘクタールの市街地により構成され、全国土の一・二%に過ぎない市街地に人口の約四八%が集中しているが、このうち五八%が東京、大阪、名古屋とその周辺の五〇キロメートル圏内に集中し、最近五ヶ年間における市街地人口の増加分の約七四%がこれらの圏内に集中するといった現状にある」(同書、六六五頁)。
(55)『戦後日本公害史論』、四七五頁。

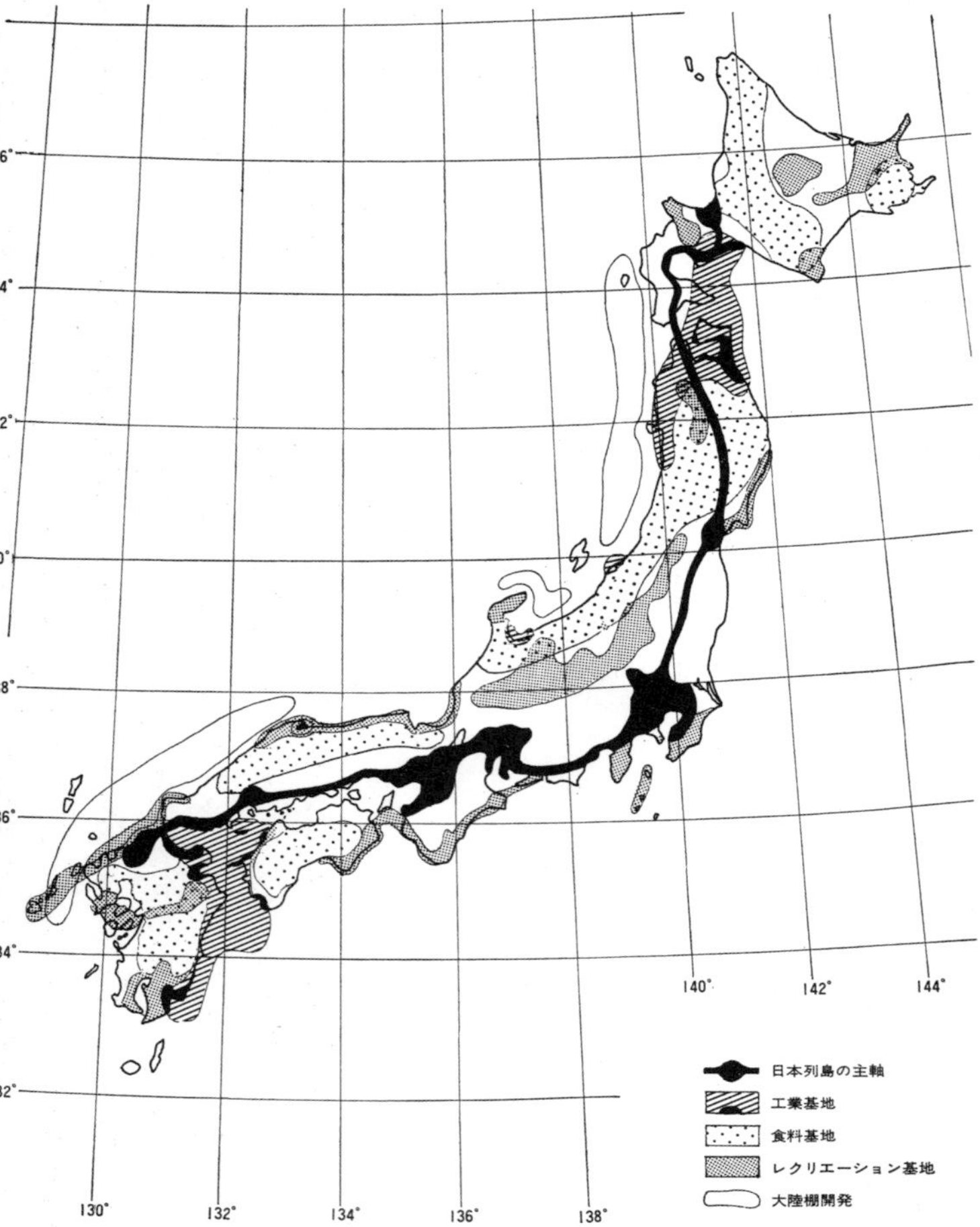

［図２］ 国土利用の構図（『資料新全国総合開発計画』、iii頁）

以上の分析からも推察されるように、『新全総』にはいくつかの根本的な問題点がある。第一の問題点は、あからさまな大都市中心主義である。『新全総』の大都市中心主義は、「はしがき」に掲げられた「国土利用の構図」（図2）に露骨に現れている。

この地図は、大量の人口と産業が集中する東京、大阪、名古屋を「東海道メガロポリス」として組織し、そのベルトの延長線上に、札幌、仙台、千葉、神戸、広島、北九州などを配置している。同じ「はしがき」では、「この図は象徴的な表現ではあるけれども、日本列島を一日行動圏として、一つの都市として、全国土を有効に開発する考え方を示そうとするものである」(56)と述べられているが、「一日行動圏」として構想されているのは、どう見ても「日本列島の主軸」上に配置された諸都市だけである。そして、それ以外の地方は、この「主軸」の住民たちの生活基盤を支えるための「基地」（「工業基地」、「食料基地」、「レクリエーション基地」）として位置付けられている。『新全総』では全編にわたって、執拗に情報化社会における「高速化」と「ネットワーク化」の必要性が訴えられているが、その「高速化」と「ネットワーク化」の中心に位置するのはあくまでも東京、大阪、名古屋などのメガロポリスであって、そもそも北陸、四国、九州地方などで一次産業に従事する住民たちがこの「一日行動圏」に参入する余地は、最初から想定されていない。

第二に指摘したいのは、日本国内の構造的差別の強化、補完こそが『新全総』の思想的根幹を成している、という事実である。この大著においては、「地方の特性」を生かし、「地域の主体性」を引き出す、といった口当たりのよい文言が頻出する。しかしながら、そこで想定される「地域の主体性」は大

(56) 同書、iv頁。

都市中心主義に服従化されることが大前提であり、その特性は、大都市住民の欲求を満足させるための「基地」としての属性でしかない。企業経営をモデルにした次の一節は、このことを強く裏付けている。

新ネットワークの建設は、このような中枢管理機能の集積を有効に利用しながら進める必要がある。ちょうど、企業を発展させるためには、企業経営のトップ・マネージメントを強化するように、東京の中枢管理機能を強化することが、日本全国の地域開発を促進していくことになる。(57)

『新全総』の思想は、このように「企業経営のトップ・マネージメント」に倣って構想された「東京の中枢管理機能」の強化という発想に基づいている。その「国土開発計画」は、日本列島全体を一つの「株式会社」に見立て、東京の主導の下で各地域を効率よく分業させ、高度の中央集権的管理社会として再構築しようとするのである。この計画は、言わば社会的分業を「地域」に「分化」し、大都市以外の地方はすべて「中枢」の快適さや利便性を満たす「基地」として配備しようとする点で、まぎれもなく差別的である。なるほど、それは重工業に基づく企業城下町の形成とはやや方向性を異にしていると言えるだろう。しかし、「地方」をいっそう「中枢」に従属させようとする志向は、何一つとして変わっていない。『新全総』の「国土開発計画」は、国家の論理を資本の論理に同化させ、それを通じて大都市と地方の間の構造的差別を強化、補完し、中央集権的管理社会の推進を企図している。この計画が、どれほど交通・通信のネットワークの画期性を訴え、どれほど「生活圏の広域化」を謳い上げようとも、そもそも「周縁」の住民たちが、個々の地域社会の環境や事情に即して健康で文化的な生活を送るにはどうすればよいのか、という分権的民主主義の思想がその謳い文句の中に入り込む余地は、残されていないのである。[58]

私たちの分析を補完するものとして、『新全総』に関連する宮本憲一の証言を二つ引いておこう。一つ目は『地域開発はこれでよいか』（一九七三年）、二つ目は『戦後日本公害史論』（二〇一四年）からの引用である。やや長くなるが、二つの証言を併せることで、「国土開発計画」の本質的な差別性が浮き彫りになるはずである。

新全総では、この巨大コンビナートを二カ所、この二〜三分の一程度の鹿島コンビナート級のものを数カ所計画している。このようなコンビナートを立地させることは、大都市圏では絶対的に不可能である。そこで、つぎのような遠隔地を候補地にあげた。第二苫小牧、十勝臨海、むつ小川原、秋田、東三河、福井、中南勢、徳島、西瀬戸内、日向灘、志布志。これらの地点は大都市圏のように公害反対運動がおこらないだろうというのが計画者の判断であった。[59]

ＮＨＫテレビにおいて、下河辺淳はむつ小川原や志布志湾を台所にたとえ、一家にとって台所は絶対に必要であり、食物を生産する場所である以上きれいにしたいので、公害はできるだけ防ぐという趣旨の発言をした。このたとえ話は「二全総」［＝『新全総』］の構想を明快に示している。この構想は

(57) 同書、八頁。
(58) 分権的民主主義については、結論において詳述する。
(59) 『地域開発はこれでよいか』、四九頁。

社会的分業を地域的に分化しているので、日本列島を一つの都市＝家のごとくにたとえて、むつ小川原や志布志は台所または便所にして、東京や大阪は座敷か応接間にしようというのである。もし、台所や便所の住民が座敷や応接間でくつろぎたいというならば、新幹線に乗って東京や大阪に来ればよいというのである。(60)

「大都市圏では絶対的に不可能」なコンビナートの立地に「遠隔地」を利用すること。それは、それらの地域では「大都市圏のように公害反対運動がおこらないだろう」という判断に基づくものであり、さらには、当該地域を「台所または便所」と見なす発想に支えられている。このような「計画」が、日本国内の構造的差別を強化、補完するものであることは、火を見るより明らかである。『新全総』の「国土開発計画」は、中央集権的な体制に基づいており、そこで謳われた「地域の主体性」は、「管理された民主主義」の上で初めて成立しうるに過ぎない。

第三に注意すべきは、『新全総』の「国土開発計画」がその根底において、一九七〇年代当時の公害の激化を否認していることである。このことは、前段落までに指摘した二つの観点から見ても明らかだが、ここでは若干、補足的な考察を行っておきたい。『新全総合』の「国土開発計画」を支えているのは、技術革新や開発手法の刷新によって公害を乗り越える、という思想である。この思想を症候的に示す記述を引用しておこう。

国土開発の面では、レーザー利用技術の開発等による情報システムの変革、超高速大容量の輸送手段の開発等による輸送革命、原子力技術の進歩、新材料の出現等による生産形態の変革、海水の淡水

化技術の開発による水利用の変革、住宅建設、都市開発等の技術進歩による環境の変化などが進展するであろう。(61)

この一節が露呈しているのは、技術の革新や進歩に対するナイーヴなまでの信奉と期待に他ならない。このような技術信仰が、『新全総』の隅々に行き渡る経済成長主義と相互補完的な関係にあることは言うまでもない。そもそも七三八頁に及ぶこの大冊の中で、「公害」に割かれている紙幅はたかだか一頁に過ぎず、編者である下河辺淳が本気で公害を考察しようとした形跡は一切見当たらない。(62)確かに、第二編第二章「人間環境の破壊」では、いわゆる「環境汚染」というトピックが提示されているものの、その事例として挙げられるのは、日本と世界各国の大気汚染状況を比較した一般的なデータや、多摩川水質汚染に関する通り一遍のデータに過ぎず、イタイイタイ病、四日市ぜん息、新潟水俣病、熊本水俣病といった四大公害事件については何の言及も登場しない始末なのである。結局、同章の末尾では、「環境汚染」の問題は、「快適な自然環境の実現に加えて、新しい社会的環境の形成をも同時に達成しなければならないという課題」(63)の中で位置付けられるにとどまり、『新全総』における「環境政策」が、実際には「総合国土開発計画」という規定路線の枠内でしか捉えられていない、非本質的なものであることは明瞭である。技術革新や開発計画の刷新によって公害を乗り越えるという「国土開発計画」の思

(60)『戦後日本公害史論』、四七七頁。
(61)『資料新全国総合開発計画』、五頁。強調引用者。
(62)同書、一〇六―一〇七頁。
(63)同書、三七二頁。

想は、それ自体が資本の論理に依拠したものであって、公害の根本的な解決に寄与することはありえない。いやそれどころか、その思想は本性上、公害の発生源としての資本の活動を容認し、健康被害の深刻化を放置する傾向を宿しているのである。公害を乗り越えるという謳い文句によって公害を深刻化させる点で、この思想は「否認」の典型例であると言ってよい。

ご丁寧なことに『新全総』[64]は、新たな「国土開発」の一環として、「余暇」の創出と「レジャー産業」の推進を高らかに掲げている。「国土利用の構図」（図2）で言えば、「レクリエーション基地」の開発がこれに相当するが、ここでも「余暇」や「レジャー」の受益者として想定されているのが大都市住民に過ぎないことは言を俟たない。

最後にもう一つだけ、本書の主題に即して重要なことを付言しておきたい。先に引用した一節には「原子力技術の進歩」という言葉が盛り込まれていた。また、『新全総』第二編第八章第八節は、「既存の大規模開発プロジェクト――パイプライン、原子力発電等」[65]というタイトルが冠されており、「総合国土開発計画」が地方に原発を立地する日本の国策を律儀に継承したものであることを裏付けている。このことからも『新全総』が、地方交付金撒布システムの原型であり、国家と資本の論理に基づいて原発を地方に立地する差別的な構造と親和的であることが読み取れるだろう。事実、オイル・ショック後の一九七四年、田中角栄内閣がエネルギー生産を原子力＝核エネルギーへとシフトさせるべく成立させた電源三法は、まさにそのような差別的な構造を完成の域へと高めるものだった[66]。電源三法のメカニズムについて、田中角栄は次のように語っていたという。

東京に作れないものを作る。作ってどんどん電気を送る。そしてどんどん東京からカネを送らせる。

んだ。[67]

原発を地方に立地し、そこから大都市に「どんどん電気を送る」こと。その見返りに、電気を消費する大都市から集めた「カネ」(電源三法交付金)の一部を地方にばら撒いて、さらなる「開発」を推進すること。そこには、一度でも産業公害が発生すればどれほど大きな「不可逆的絶対的損失」(宮本憲一)が生まれるかを配慮しようとする姿勢は皆無であり、公害によって犠牲を出したところでその犠牲は「中枢」の繁栄が相殺してくれるだろう、という中央集権的な独善的開発観が表出している。電源三法、その土台としての日本列島改造論、さらにはそれらの「原型」としての『新全総』は、高度経済成長が翳りを見せていた転換期にあって、それでも経済成長主義を堅持するために官僚機構がひねりだした誇大妄想の産物でしかなく、そこで想定される「地域の主体性」は、結局のところ「管理された民主主義」の補完物に過ぎないと言えよう。

とはいえ私たちは、その官僚的な誇大妄想が私たち自身を深々と拘束し続けている、という点を自覚しておく必要がある。現に、原発のコストの莫大さを可視化した福島第一原発事故後の今日も、「原発

(64) 同書、三七二頁。
(65) 強調引用者。
(66) 電源三法交付金システムについては、第三部第一章において詳述した。
(67) 『アサヒグラフ』、一九八八年六月一〇日号。この発言は一九八八年当時のものではなく、柏崎刈羽原発に関する田中角栄の過去の発言を、彼の支持者が回想したものである。以下に引用されている。清水修二、『原発になお地域の未来を託せるか』、自治体研究社、二〇一一年、七七頁。

を動かさなければ、経済が維持できない」といった欺瞞的な言説は跡を絶つことがない。十数万人の原発避難者を出した過酷事故を目撃しておきながら、住民の生活よりも「経済」を優先しようとするこの種の思考方式は、ほとんど病的である。私たちが構想する脱原発の哲学は、このような「戦後日本」の病からの離脱の試みなのである。

3　原発事故の回帰、自己治療の切迫性

私たちはこれまで、「戦前」と「戦後」の日本を貫く工業＝軍事立国という国家と資本の論理と、その論理に基づいた中央集権的統治について検討してきた。その際に、日本近代史の過程で執拗に繰り返される公害事件こそ、工業＝軍事立国という国家と資本の論理を明るみに出す症候である、という観点に立ってきた。福島第一原発事故は、こうした産業公害の極点をなすカタストロフィックな出来事であり、日本近代の社会システムから生じた一つの必然的な結果である。公害被害の現実を否認し、福島第一原発事故の出来事性を過小評価することは、この工業＝軍事立国という国家と資本の論理に基づいた中央集権的統治、すなわち「管理された民主主義」を追認することを意味している。

さて、本章を締め括るにあたり、私たちは改めて本書の主題である原発事故に視点を戻してみたい。ここで取り上げるのは、世界中の原子力発電所で起きた重要事故の年表である。すぐに見るように、公式に確認されているだけでも、原子力発電所に関連する重要事故は絶え間なくグローバルな規模で発生し続けている。なるほど、スリーマイル、チェルノブイリ、フクシマが、未曾有の過酷事故であったことは疑いえない。しかし、私たちが本節で掲げる「重要事故」の年表の中に位置付け直してみると、こ

の世界史的な三大事故の見え方も変わってくることだろう。つまり、これらの三つの原発事故は起きるべくして起きたに過ぎないことが理解できるはずである。以下の年表は、原子力総合年表編集委員会『原子力総合年表——福島原発震災に至る道』（二〇一四年）に基づいて、年代ごとに段落分けし、二〇一一年までに起きた世界中の「重要事故」を列挙したものである[68]。やや長めの記述となるが、一つ一つの事例をたどり続けることで、どれほどこの世界において原発事故が頻発してきたかが否応もなく感じ取れるはずである。

一九四〇年代　四五年八月、アメリカ合州国（以後、アメリカと略記）・ロスアラモス国立研究所で、臨界事故。二人被曝、うち一人死亡。／四六年五月、同国立研究所で、臨界事故。八人被曝、うち一人死亡。

一九五〇年代　五二年一二月、カナダ・チョークリバー実験炉で、燃料棒溶融。四〇〇〇トンの汚染冷却水が漏出し、原子炉建屋内も汚染。／五七年九月、ソ連・チェリャビンスク再処理施設で、高レベル放射性廃棄物タンクが爆発。四〇万人が被曝し、汚染地区居住者の五分の一が白血球減。「レベル六」と認定。／五七年一〇月、イギリス・ウィンズケール軍事用プルトニウム生産炉で、ウラン燃料が燃焼。一四人被曝。「レベル五」と認定。／五八年五月、カナダ・チョークリバー研究炉で、燃料棒が発

(68) 原子力総合年表編集委員会、『原子力総合年表——福島原発震災に至る道』、すいれん舎、二〇一四年、「G原子力関連事故、G1　重要事故」、七六七—七七二頁（私たちによる要約）。

火。原子炉建屋内が汚染され、被曝者が発生。／五八年一〇月、ユーゴスラビア重水減速炉で、即発臨界事故。六人被曝、うち一人死亡。／五八年一二月、アメリカ・ロスアラモス国立研究所で、即発臨界事故。三人被曝、うち一人死亡。／五九年一一月、アメリカ・オークリッジ国立研究所再処理施設で、爆発事故。建物外へプルトニウムが漏出。

一九六〇年代　六一年一月、アメリカ・国立原子炉試験場で、即発臨界事故。三人が死亡し、建屋内が汚染。／六二年四月、アメリカ・ハンフォード再処理工場で、臨界事故。四人が病院収容。／六二年七月、アメリカ・ユナイテッド・ニュークリア社核燃料回収工場で、即発臨界事故。三人被曝、うち一人死亡。／六三年二月、日本原子力研究所で、爆発事故。放射能汚染。／六三年一一月、イギリス・ウィンズケール原発で、事故発生。六人被曝。／六四年四月、イギリス・ドーンレイ実験炉で、使用済み燃料が無遮蔽状態。一時、炉室内の放射線が高レベルになる。／六四年七月、アメリカ・ウッドリバー・ジャンクション核燃料回収工場で、臨界事故が二回発生。二人被曝、うち一人死亡。／六六年一〇月、アメリカ・実験用高速増殖炉で、炉心溶融事故。／六六年一〇月、フランス・カダラッシュ実験炉で、タンク破損。／六七年三月、イタリア・ラティーナ原発で、炉心燃料の二〇パーセントが溶融。／六七年七月、日本・京都大学研究用原子炉で、二人被曝。／六八年、ハワイ・オアフ島北西部で、ソ連・原子力潜水艦が爆発。七〇人の乗組員が死亡。／六九年一〇月、フランス・サン・ローラン・デゾー原発で、ウランの炉心融解事故。

一九七〇年代　七〇年八月、イギリス・ドーンレイ実験炉で、ナトリウム漏洩による火災事故。／七一年一月、日本・京都大学研究用原子炉で、一人被曝。／七一年七月、日本・東海原発で、制御棒装置取り出し中に三人被曝。／七三年六月、アメリカ・ハンフォード再処理施設で、四三万七千リットルの高レベル放射性廃液が地中漏洩。／七三年九月、イギリス・ウィンズケール使用済み核燃料再処理工場で、火災発生。三五人被曝。／七四年一月、アメリカ・オンタリオ原発で、燃料冷却プールで作業員が被曝。／七五年三月、アメリカ・ブラウンズフェリー原発で、ケーブル火災。一時、炉心冷却不能の事態になる。／七五年一一月、ソ連・レニングラード原発で、放射能漏れ事故（当時、事故情報は公開されず）。／七五年一二月、東ドイツ・グライフスバルト原発で、火災事故。一時、冷却喪失状態（一九九〇年まで公開されず）。／七六年一月、アメリカ・クーパー原発で、爆発事故。／七六年七月、フランス・高速増殖炉フェニックスで、ナトリウム漏洩事故。／七六年一一月、アメリカ・マイルストーン原発で、臨界事故。／七八年一月、カナダ北西部で、ソ連・原子炉搭載人工衛星が墜落。汚染された粉塵が六〇キロメートルにわたり飛散。／七八年三月、アメリカ・ランチョセコ原発で、制御システムが誤動作。／七八年六月、西ドイツ・ブルンスビュッテル原発で、放射能漏れ事故。／七八年一一月、日本・福島第一原発で、定期点検中に五本の制御棒が抜け落ち、臨界事故（二〇〇七年三月に初めて発覚）。／七九年三月、アメリカ・スリーマイル島原発で、炉心溶融事故。八〇キロメートル内の住民が被曝。「レベル五」と認定。／七九年四月、イギリス・ウィンズケール再処理工場で、高レベル放射性廃液が二〇年間にわたって漏洩していたことが判明。／七九年七月、イギリス・ウィンズケール再処理工場で、火災事故。六人被曝。／七九年九月、アメリカ・ノースアンナ原発で、配管破裂。建屋内が汚染され、原子炉が緊急停止。／七九年一〇月、アメリカ・プライレ原発で、配管破裂。放射能が漏出し、原子炉が緊急停止。

一九八〇年代　八〇年三月、フランス・サン・ローラン・デゾー原発で、炉心溶融事故。「レベル四」と認定。／八〇年四月、フランス・ラ・アーグ核燃料再処理工場で、漏電火災事故。一時、高レベル放射性廃液が冷却不能状態になる。／八〇年六月、アメリカ・ブラウンズフェリー原発で、七六本の制御棒の挿入に失敗する。／八一年七月、日本・東海原発で、制御棒取り出し中に三人の作業員が被曝。／八二年一月、アメリカ・ギネイ原発で、配管破裂。原子炉が緊急停止。／八二年四月、フランス・高速増殖炉フェニックスで、発火事故。／八二年一二月、フランス・高速増殖炉フェニックスで、放射能漏れ事故（八三年二月にも同様の事故が発生）。／八二年一二月、南アフリカ・クーバーグ原発で、四つの爆発事故。／八三年八月、カナダ・ピカリング原発で、冷却材喪失事故。／八三年一一月、イギリス・セラフィールド核燃料再処理工場で、高放射性廃棄物を数回、アイリッシュ海に放出。／八四年八月、ベルギー沖で、四五〇トンの六フッ化ウランを積載したフランス貨物船が沈没。／八六年四月、ソ連ウクライナ共和国・チェルノブイリ原発で、水蒸気爆発が発生。一三四人が高線量被曝し、うち二人が直後に死亡、二八人が三ヶ月以内に死亡。「レベル七」と認定。／八六年五月、西ドイツ・ハム＝ユントロップ原発で、放射能漏れ事故。／八六年一〇月、大西洋バミューダ島沖で、ソ連・ミサイル原子力潜水艦が沈没（二つの原子炉、三四個の核弾頭を搭載）。／八六年一二月、アメリカ・サリー原発で、配管破裂。八人が死傷。／八七年三月、フランス・高速増殖炉スーパーフェニックスで、ナトリウム漏洩事故。／八七年七月、アメリカ・ノースアンナ原発で、配管破裂。放射性冷却水が漏洩。／八九年一月、福島第二原発で、原子炉再循環ポンプ部品が損傷し、運転停止。／八九年四月、ノルウェー沖で、ソ連・原子力潜水艦が沈没（二本の核ミサイルを搭載）。四一人が死亡。／八九年一〇月、スペイン・バンデロス原発で、発電機冷却用水素の引火事故。

一九九〇年代　九〇年七月、フランス・高速増殖炉スーパーフェニックスで、ポンプトラブルが発生し、運転停止。「レベル二」と認定。／九〇年一二月、ドイツ・ジーメンス社ハナウMOX燃料工場で、爆発事故。二人被曝（四月、六月にも事故が続発）。／九一年二月、日本・美浜原発で、配管破断。原子炉が緊急停止。「レベル二」と認定。／九一年七月、ソ連・ビリビノ原発で、放射能汚染水の漏出事故。「レベル三」と認定（八月、ビリビノ原発近くで放射性廃棄物輸送中に交通事故が発生、付近一帯が汚染される）。／九一年七月、ソ連・スモレンスク原発で、違反運転。「レベル三」と認定。／九二年一月、日本・動燃東海高レベル放射性物質研究施設で、硝酸プルトニウム溶液が漏洩。二人の作業員が被曝。／九二年三月、ロシア・レニングラード原発で、配管破裂。環境中に放射能が放出される。／九二年八月、カナダ・ピッカリング原発で、重水漏れ事故。二三〇〇兆ベクレルの放射性トリチウムがオンタリオ湖に流入。／九二年九月、イギリス・セラフィールド再処理工場で、プルトニウム硝酸塩溶液が漏出。「レベル三」と認定。／九三年二月、ロシア・コラ原発で、外部電源喪失。「レベル三」と認定。／九三年二月、フィンランド・ロビーサ原発で、配管破損。「レベル二」と認定。／九三年三月、インド・ナローラ原発で、タービン建屋火災事故。原子炉を手動で緊急停止。「レベル三」と認定。／九三年四月、ロシア・シベリア・トムスク再処理工場で、火災発生。敷地外も高放射線量となり、作業員たちも被曝。「レベル三」と認定。／九三年一〇月─九四年末、アメリカ・多くのBWR炉で、シュラウド溶接部に亀裂発見。／九三年一二月、日本・動燃東海分離精錬工場で、放射性物質が飛散。四人被曝。「レベル二」と認定。／九四年三月、フランス・FBR実験炉ラプソディー解体中に、ナトリウムタンク爆発事故。一人死亡、四人重軽傷。／九四年七月、中国・広東大亜湾原発で、冷却水漏れ事故（二月、五月には電気系統の事故も発生）。／九五年一一月、中国・天津電線工場で、二人被曝。／九五年一一月、ウクライナ・チェルノブイリ原発で、原子炉建屋内が放射能汚染。「レベル三」と認定。／九五年一二月、日本・高速増殖炉もんじゅで、ナトリウム漏れ事故。「レベル一」と認定（事故直後のビデオ隠しが発覚）。／九七年三月、日本・動燃東海低レベル廃棄物アスファルト固化施設で、火災と爆発が発生。「レベル三」と認定。／九七年四月、日本・ふげん原発で、重水漏れ事故。一一人被曝（過去二年間で、一一回の重水漏れ事故が発生していたことが判明）。／九七年六月、フランス・ラ・アーグ再処理工場で、大西洋に排出される廃液から海水の一七〇〇万倍の放射能を検出。／九九年六月、日本・志賀原発で、定期点検中に臨界事故（二〇〇七年、事故隠しが発覚）。「レベル二」と認定。／九九年七月、日本・ふげん原発で、重水漏れ事故（ふげんでは九二年八月以来、一九回目の重水漏れ事故）。／九九年七月、日本・敦賀原発で、五一トンの冷却水が漏洩。／九九年九月、日本・JCO転換試験場で、臨界事故。三人の作業員が被曝、うち二人死亡。この他、従業員八〇人、防災関係者六〇人、近隣住民七人が被曝。「レベル四」と認定。／九九年一二月、フランス・ブレイエ原発で、ジロンド川洪水により原子炉建屋が浸水。一時、外部電源喪失状態となる。「レベル二」と認定。

二〇〇〇年代　〇〇年八月、日本・泊原発の放射性廃棄物処理建屋内廃液タンクで、作業員が転落死亡。／〇一年一一月、日本・浜岡原発で、配管破断。建屋内が汚染される。「レベル一」と認定。／〇二年三月、アメリカ・デービスベッセ原発で、定期点検中に原子炉容器上蓋に欠損発見。「レベル三」と認定。／〇二年八月、東京電力が八〇年代後半から九〇年代前半まで二九件の事故隠しを行っていたことが判明。／〇二年一一月―一二月、中部電力、東北電力、東京電力で、配管ひび割れのデータ隠しが判明。「レベル一」と認定。／〇三年四月、ハンガリー・パクシュ原発で、定期点検中に燃料集合体が破損し、放射性ガスを放出。「レベル三」と認定。／〇四年八月、日本・美浜原発で、配管破裂。作業員が五人死亡、六人重軽傷。／〇五年四月、イギリス・セラフィールド再処理工場で、配管破損。「レベル三」と認定。／〇六年一一月、日本・東京電力の柏崎原発、福島第一原発、東北電力の女川原発、関西電力の大飯原発において、データが改ざんされていたことが判明。福島第一原発三号機の臨界事故隠しも発覚。／〇七年七月、日本・東京電力の柏崎原発で、中越沖地震により火災発生。使用済み燃料プールからあふれた汚染水が日本海に流出。／〇八年七月、フランス・トリカスタン原子力施設で、ウラン廃水が近くの河川に流出。／〇九年五月、カナダ・チョークリバー実験炉で、二〇〇トンのトリチウムを含む重水が漏出し、オンタリオ湖に流れ込む。／〇九年一二月、日本・浜岡原発で、放射性廃液が漏洩。二九人被曝。「レベル一」と認定。

二〇一〇年代　一〇年一〇月、中国・大亜湾原発で、冷却水配管の亀裂から汚染水が漏出。数人の作業員が被曝。「レベル一」と認定。／一一年三月、日本・福島第一原発で、一―五号機の電源がすべて喪失。続いて、一―三号機が爆発し、炉心溶融。「レベル七」と認定。／一一年三月、日本・福島第二原発で、一、二、四号機が津波により浸水。一時、冷却機能喪失状態。「レベル一」と認定。／一一年三月、日本・女川原発で、一時、冷却システムが機能不全。／一一年四月、日本・女川原発で、一時、冷却停止状態。／一一年八月、アメリカ・ノースアンナ原発近くで、地震が発生し、一時、外部電源が喪失状態となる。／一一年九月、フランス・マルクール地区核施設で、溶融炉爆発と火災発生。一人死亡、四人負傷。「レベル一」と認定（後にフランス原子力委員会は、漏洩した放射性物質の数値を、当初発表のおよそ五〇〇倍高い三〇〇〇万ベクレルに修正）。

以上のリストを前にして多言を弄する必要はないだろう。一九四〇年代以降、アメリカ合州国、ロシア（旧ソ連）、イギリス、フランス、ドイツ、カナダ、日本を中心に、世界各地で深刻なレベルの原発事故が頻発し続けてきた。スリーマイル、チェルノブイリ、フクシマという三大事故は、これらの重要事故のごく一部をなすに過ぎない。また、原発事故に関する情報開示には消極的である国家と資本の論理に鑑みれば、ここに枚挙した事例だけでは原発事故の全体像を構成するには程遠い、と見なすのが順当だろう。私たちが暮らす世界は、およそ七〇年間にわたって、不断の放射能汚染の脅威に曝され続けてきたし、今日もその脅威はまったく衰えていない。

原発事故は、様々なタイプの公害事件の中でも最悪の汚染につながりうる産業公害に他ならない。そのような事故が繰り返し「回帰」するこの世界の構造を洞察し、そうした構造からの離脱の道を模索すること、公害被害に対する否認の姿勢を捨て去り、公害の最大の原因と言うべき工業＝軍事立国という国家と資本の論理に加担しないこと、そして何より、工業＝軍事立国という国家と資本の論理に依拠した中央集権的統治、すなわち「管理された民主主義」の変容を模索すること、要するに、「脱原発の哲学」を実践すること――これらの課題は私たちにとって、この上ない「切迫性」（ジャック・デリダ）[69]を帯びていると言ってよい。

（69）私たちは「切迫性」の概念について、ジャック・デリダ『マルクスの亡霊たち』を参照している。そこでデリダは、決して到達することができない未来の無限遠点から現在の私たちのあり方を方向付けるカント的「統制的理念」と区別しながら、「来るべきデモクラシー」あるいは社会変革の「切迫性［imminence］」について語っている。以下を参照。Jacques Derrida, *Spectres de Marx*, Galilée, 1993. 邦訳『マルクスの亡霊たち』、増田一夫訳、藤原書店、二〇〇七年。デリダ的「切迫性」とカント的「統制的理念」の比較については、結論において詳述する。

第三章　公害、原発事故、批判的科学

それにしてもなぜ、公害、原発事故はこれほどまでに「回帰」し続けるのだろうか。そしてなぜ、公害、原発事故はこれほどまでに「否認」され続けるのだろうか。私たちはこれまで歴史的な考察を通して、この問いに対する一つの回答の提示を試みたが、本章では改めて別の角度から考察を行ってみたい。とりわけ「冷戦期」以降の世界および日本には、産業科学とその社会的影響を批判的に考察した科学者たちの系譜が存在する。例えば、本書で繰り返し注目した高木仁三郎をはじめとして、福島第一原発事故後に脚光を浴びた小出裕章や今中哲二などの原子力研究者たち（いわゆる「熊取六人組」）は、この系譜に連なる者たちだと言ってよい。彼らに共通するのは、どこまでも客観的なデータを重視しながら、しかも同時に、政治的、経済的、社会的な立場がそのデータの解釈視点を不可避的に左右することを直視する態度である。このような二重化された態度を支えているのは、産業としての科学は、担い手の意図如何にかかわらず、国家と資本の提供する土台の上でのみ成立しうる、という洞察に他ならない。私たちはこうした批判的科学の観点に立って、そのエッセンスを最も顕著に体現した二人の科学者――レイチェル・カーソンと宇井純――に注目する。私たちが公害、原発事故の「反復強迫」を自己治癒するためには、批判的科学の成果を参照することが不可欠だと思われるからである。本章が目指すのは、上記二人の業績に見て取れる批判的科学の射程を描き出すことであり、さらにはそれを通じて、福島第一原発事故後に工学、医学などの「専門家」たちが行った、あるいは行いつつある事故影響の否認の構造を逆照射することである。

1　レイチェル・カーソンの文明批評

海洋生物学者、レイチェル・カーソンの『沈黙の春』は一九六二年九月、アメリカ合州国で刊行された。日本では一九六四年に翻訳が紹介されるや、ちょうど公害が激化していた高度経済成長期に重なったこともあり、社会的に大きな反響を呼んだ。(1)『沈黙の春』におけるカーソンの考察は、ＤＤＴを初めとする農薬汚染のメカニズムに集中していたが、その批判の矛先は、国策によって推進された産業科学の本性にまで的確に及んでいた。およそ四〇年後、宇井純がこの作品を「今日の環境科学の出発点」と呼んだのは、そのためである。(2)また、福島第一原発事故の事後という観点から読み返してみても、米ソの核実験競争による放射能汚染の現実を直視したカーソンの視点は、古さをまったく感じさせない。(3)レイチェル・カーソンの『沈黙の春』は、まさに時代を超えて再読されるべき第一級の古典作品である。

私たちの問題意識にとって見落とせないのは、『沈黙の春』の第二章から第四章である。なぜなら、これら三つの章では、残りの大半の章で展開される様々な汚染のケーススタディーに基づいて、公害をめぐる原理的な考察が提示されているからである。(4)本節では四つの観点から、これらの章を分析してみよう。

第一に注意すべきは、食物連鎖を通じて濃縮される汚染のメカニズムが実証的に明らかにされている点である。例えばカーソンは、アメリカ合州国・カリフォルニア州のクリア湖において、ブヨを駆除するために散布されたＤＤＤが原因で、元々は一〇〇〇つがい以上もいた水鳥のカイツブリが三〇つがいに激減した、というケースを取り上げている。(5) カーソンによれば、カリフォルニア州当局は、「ＤＤＴよりも魚への影響が少ないから」という理由でＤＤＤを採用し、五千万分の一から七千万分の一に薄めて湖水に投与したという。ところが、カイツブリの激減を受けてＤＤＤの汚染値を調査した結果、湖水では〇・〇二五ｐｐｍ、プランクトンでは五ｐｐｍ、プランクトンを食べる魚は四〇―三〇〇ｐｐｍ、水鳥であるカイツブリは一六〇〇ｐｐｍ、肉食系の魚であるナマズに至っては二五〇〇ｐｐｍという

（1）Rachel Carson, *Silent Spring*, Houghton Mifflin, 1962 ; Penguin Books, 2000. 一九六四年に新潮社から翻訳刊行された初版のタイトルは『生と死の妙薬――自然均衡の破壊者「化学薬品」』である。本書ではその文庫版（レイチェル・カーソン、『沈黙の春』、青樹簗一訳、新潮文庫、一九七四年、改版二〇〇四年）を参考にしつつ、Penguin Books 版から独自訳を試みる。

（2）宇井純、「レイチェル・カーソンを読む――改読のススメ　四〇年前に警告された環境問題の古典（二〇〇四年）」、『宇井純セレクション3』、新泉社、二〇一四年、三一八―三一九頁。

（3）例えば、カーソンは次のように指摘している。「無数の核実験によって大気中に放出されたストロンチウム90は雨や塵に混じり、放射性降下物として地上に到達する。そして土壌中にとどまり、そこで育つ植物、トウモロコシ、小麦などに吸収され、やがては人間の骨に取り込まれ、死ぬまでそこに蓄積されていく」（*Silent Spring*, p. 23. 邦訳『沈黙の春』、一六頁）。

（4）『沈黙の春』、第一章「明日の寓話」は、公害の究極的な帰結を実験的に仮想した一つの秀逸な文学作品である。ただし、その象徴性と寓話性の高さは本書の議論にはなじみにくいので、その分析は割愛する。

（5）*Silent Spring*, pp. 56-60. 邦訳『沈黙の春』、六八―七四頁。

データが検出されたのである。これらの数値が物語るのは、湖水からプランクトンへ、プランクトンからそれを捕食する魚へ、さらにその魚を捕食する鳥類や肉食動物へと、次第に汚染物質が濃縮されていく現実に他ならない。こうした食物連鎖と生物濃縮の最高位に位置しているのが人間であることは、言うまでもないだろう。足尾、水俣、福島などのケースでは、河川や海洋による「稀釈の論理」が持ち出され、「ごく微量の汚染物質なら心配する必要はない」という説明が繰り返されてきたが、そのような説明は、カーソンが提示したデータによってあらかじめ反証し尽くされている。微量の汚染を過小評価する立場には、「生物濃縮」という公害特有の現象に対する視点が致命的に欠落しているのである。

第二に注意を要するのは、ある種の汚染物質は胎盤を通過する、という事実が逸早く指摘されている点である[6]。よく知られているように、胎児性水俣病の発症は、有機水銀が胎盤を通過し、胎児の身体に濃縮されて蓄積したことが原因であった。この因果関係の公的な確認が一九六二年であったことを考えれば、カーソンの発見は同時代的な出来事であったことがわかる[7]。とはいえ、カーソンが洞察した事柄はそればかりにとどまらない。彼女はそこから一歩進んで、女性の子宮を「環境」そのものとして捉える立場を打ち出しているからである。「どんな人間も今や、受精の瞬間から死に至るまで、危険な化学物質に触れることを余儀なくされている[8]」。「胎児が吸収する化学物質は通常、わずかの分量に過ぎないが、子供が大人よりも毒に敏感に反応することを考えれば、その作用を無視するわけにはいかない[9]」。これらの言明の背後には、生理的に最大の弱者である胎児や乳幼児こそが真っ先に化学物質による汚染の犠牲者になる、という原理的な認識が控えている。こうしたカーソンの認識は、より社会的、法的な観点から捉え返すなら、チェルノブイリ原発事故以降に脚光を浴びた「リプロダクティヴ・ライツ」――つまり、安全かつ健康的な環境において、安心して出産、育児する権利――の理念を先取りしたものと見なすことができるだろう。[10] レイチェル・カーソンの「科学」は、単に医学的な法則を客観的に解説するような立場とは一線を画している。公害研究において欠かせないこの独特の境位は、当時、圧倒的に女性人口が少なかった「自然科学研究」を生業としながら、当該分野ならではの男性社会バイアスを実感していたカーソンの、言わば特異な境遇から生まれたと推測される。そして、その特異性こそが、彼女に普遍的な認識をもたらしたのである。[11]

第三に見落とせないのは、軍事技術と化学物質の関係をめぐるカーソンの洞察である。この点について彼女は次のように述べている。

> このようなことになったのは、殺虫力を持つ人工的な合成化学物質を生産する工業が、急速かつ巨

（6）Ibid., pp. 37-38. 邦訳同書、三八―三九頁。

（7）一九六二年一一月、一六人がはじめて患者審査会により「胎児性水俣病患者」または「先天性水俣病患者」として認定された。以下を参照。熊本学園大学水俣学研究センター編著、新版『水俣を歩き、ミナマタに学ぶ――水俣学ブックレット No. 12』、熊本日日新聞社、二〇一四年、「水俣病事件略年表」、六四頁。

（8）*Silent Spring*, p. 31. 邦訳『沈黙の春』、二一八頁。

（9）Ibid., p.38. 邦訳同書、三八頁。

（10）「リプロダクティヴ・ライツ」については、以下を参照。上野千鶴子・綿貫礼子編著、『リプロダクティブ・ヘルスと環境――ともに生きる世界へ』、工作舎、一九九六年。ただし、荒畑寒村は既に一九〇七年の時点で、足尾銅山の「鉱毒」が胎児流産や母乳汚染をもたらしたと告発している（荒畑寒村、『谷中村滅亡史』、岩波文庫、一九九九年、二四頁）。「リプロダクティヴ・ライツ」の観点から見ても、足尾鉱毒事件はまさに公害の原点と言える。

> 大に発達してきたためである。この工業は、第二次世界大戦の落とし子である。化学戦の研究を進めていくうちに、実験室の中で造り出されたいくつかの化学物質に殺虫力があることがわかってきた。この発見は偶然の産物ではなかった。もともと人間を殺すための化学薬品の試験用として、実に多くの昆虫が使われていたからである。
>
> こうして、どうやら果てしなく合成殺虫剤を生産する動向が帰結してしまったのである。これらの薬品は、人工的な過程を経て造られる点で、つまり、実験室の中で巧妙に分子が操作され、原子が置換され、それらの配列が変えられてしまうという点で、戦前の単純な無機系の殺虫剤とは著しく異なっていた。［……］
>
> こうした新しい合成殺虫剤が、無機系の殺虫剤［砒素、銅、鉛、マンガン、亜鉛など］と異なるのは、甚大な生物学的影響を及ぼす点にある。[12]

カーソンはこの一節の少し後で、一九六〇年代当時のアメリカ社会で用いられていた合成殺虫剤の化学構造が、実は一九三〇年代終わり頃にナチス・ドイツの下で開発された毒ガスの化学構造と酷似している、という点を指摘している。[13]『沈黙の春』の著者にとって、「殺虫剤」という名称は、当該薬品の本質を巧妙に隠蔽している点で、欺瞞以外の何ものでもない。公害の原因となる化学薬品は、歴史的に見て、第二次世界大戦中に開発された軍事技術に「起源」を持つからである。元来、人間を殺傷する目的で発明された化学兵器が、第二次大戦後に昆虫駆除のために再利用されるようになった、というのが偽らざる実情なのである。こうしたカーソンの視点は、核兵器と原子力発電を同じ地平で捉えようとする私たちにとって決定的な重要性を持っている。その視点が教えているのは、（一）人間を殺傷する兵器は、環境も破壊すること、（二）軍事技術は産業技術に転用されることで、その本質が見えにくくなること、（三）軍事＝産業技術による環境汚染を通して、その本質が改めて可視化されやすくなること、である。要約すれば、戦争と公害は表裏一体の関係にあり、一方の原因を生み出す技術は、他方の原因にも容易に反転しうる、ということである。カーソンの認識は、「平時利用」と「戦時利用」の境界区分が曖昧な原子力＝核エネルギーのシステムにも応用可能なものと言えよう。現に、カーソンが『沈黙の春』において最大の脅威と見なした化学物質は、原子力＝核エネルギーによって生成される放射性同位体、ストロンチウム90であった(14)。

　第四に指摘しておきたいのは、第二次大戦後を「工業」と「専門家」の時代として定義するカーソンの文明批評的な眼差しである。

（11）レイチェル・カーソンが当時、アメリカ男性社会で受けた数々の差別については、次の伝記に詳しい。Linda Lear, *Rachel Carson: Witness for Nature*, H. Holt, 1997. 邦訳『レイチェル・カーソン『沈黙の春』の生涯』、上遠恵子訳、東京書籍、二〇〇二年。また、以下の評伝はカーソンの思想を簡潔に抽出しており、一読に値する。『レイチェル・カーソン――『沈黙の春』で環境問題を訴えた生物学者』、筑摩書房、二〇一四年。ただし、彼女の思想と生涯の双方を詳述したのは、以下の評伝である。Paul Brooks, *The House of Life: Rachel Carson at Work*, Houghton Mifflin, 1989. 邦訳『レイチェル・カーソン』、上遠恵子訳、新潮社、一九九二年。

（12）*Silent Spring*, pp. 31-32. 邦訳『沈黙の春』、二九頁。強調引用者。以下同様。

（13）Ibid., p. 42. 邦訳同書、四六頁。

（14）Ibid., p. 23. 邦訳同書、一五―一六頁。

現代は専門家の時代である。彼らはみな、自分の専門にばかり目を向け、その専門を含み込むより大きな枠組みには無知であるか、不寛容であるかのどちらかである。また、現代は産業に支配された時代でもある。どんなに犠牲が生まれようとも、金もうけの正当性にはめったに疑いが持たれない。人々が農薬の危害に関するいくつかの明白な証拠をつかんで抗議の声をあげても、彼らはやがてまやかしの鎮静剤を飲まされてしまう。(15)

カーソンはこの言明にあたって、いくつもの根拠を提示している。まず、「工業に支配された時代」という観点に関しては、次のような分析が展開されている。アメリカ合州国では毎年、約五〇〇もの新薬が、それらがもたらしうるネガティヴな効果に関する十分な検証もないまま、次々と市場に出回っている。(16)この現状を突き動かしているのは、大量生産と大量消費のシステムに内在する利益追求の論理に他ならない。事実、アメリカ合州国における合成殺虫剤の生産量は、一九四七年には一億二四二五万九千ポンドだったのが、一九六〇年には六億三七六六万六千ポンドに達し、一三年間で五倍以上の増加を示した。(17)農作物の生産量をできる限り効率よく増大させるためには、生産工程を単純化、均質化するとともに、直近の障害である「害虫」をスピーディーに駆除する必要がある。(18)この生産性効率とスピードこそ、利益追求の論理を支える二つの原理であり、その二つの原理に基づいて正当化されたのが、合成殺虫剤の大量生産だったのである。

一方カーソンによれば、このような時代の「専門家」は、本人の意図如何にかかわらず、ともすれば利益追求の論理を推進するための制度的な補完物となりがちである。彼らが重視するのは総じて、初期設定された産業的な開発目標ばかりである。なるほど、彼らも実験室内での作業には最大限の情熱を注ぎ込むのだが、そこで開発された化学物質が、人工的に管理された実験室とは異なる複雑な自然環境の中でどのような結果をもたらしうるのかについては、まともに熟考しようとすらしない。彼らの注意は「害虫駆除」という目先の目標に集中し、殺虫剤が「益虫」も駆除してしまうことや、生態系の微妙な均衡を壊乱しうることは、念頭にも浮かばないのである。「工業に支配された時代」の「専門家」たちは、「局所的な人為的操作」（福岡伸一）を過信するあまり、それが後世にどのような影響をもたらすのかを見落とすことになる[19]。

レイチェル・カーソンによる四つの観点は、いずれも一つの「センス」に帰着するように思われる[20]。その「センス」とは、複雑な自然から局所的な場面を切り取り、その閉鎖系の内部でしか通用しない法則を一般化し、あたかも中立的に解説してみせる「科学」への根本的な違和感に他ならない。こうした「科学」は、生物濃縮を過小評価し、胎児や乳幼児といった弱者への配慮を欠き、近代的な化学物質の

---

(15) Ibid., p. 29. 邦訳同書、二六頁。
(16) Ibid., p. 24. 邦訳同書、一七―一八頁。
(17) Ibid., p. 32. 邦訳同書、三〇頁。
(18) Ibid., p. 27. 邦訳同書、二二頁。
(19) 福岡伸一、「巻末エッセイ――レイチェル・カーソンが教えてくれたこと」、『レイチェル・カーソン――『沈黙の春』で環境問題を訴えた生物学者』、一八二頁。
(20) 晩年のカーソンはメイン州の豊かな自然環境の中で、早逝した実姉の子供たちを育てながら、「センス・オブ・ワンダー」の概念を着想していた。Cf. Rachel Carson, *The Sense of Wonder*, Harper & Row, 1965. 邦訳『センス・オブ・ワンダー』、上遠恵子訳、新潮社、一九九六年（初版、佑学社、一九九一年）。

歴史的起源に眼を閉ざし、狭い実験室内部の「客観性」を自然環境の全体に適用しようとする。しかも、諸々のデータに関する自らの解釈視点が、実際には利益追求の論理という土台の上で初めて成立している、という現実には徹底して盲目になるのである。逆説的な言い方になるが、化学物質による複雑な健康被害や、害虫の抵抗性の増大といった予測不能の結果は、「工業」と「専門家」の時代における「より大きな枠組み」への盲目が引き起こした必然的な帰結でもある。カーソンの批判的科学は、このように「工業に支配された時代」の「科学」が何を隠蔽し、何の上で初めて可能となり、いかなる原理的な限界を孕み、そしてどのように予測不能の帰結をもたらすのかを析出していく。後で述べるように、福島第一原発事故後に脚光を浴びた「専門家」たちには、こうしたカーソンのような視点、方法が驚くほど抜け落ちている。カーソンの批判的科学は決して全面的に開発を否定するわけではないが、少なくとも開発を自己目的化した産業科学がなぜ倫理を見失いやすくなるのかを冷徹に見据えている。だからこそ、カーソンによるデータ分析は、そのデータを提示する主体の政治的、経済的、社会的立場に関する批判的な分析と不可分な仕方で行われるのである。

2 「公害という複雑な社会現象」――宇井純の科学批判

日本における批判的科学の位置付けを考える上で、宇井純を無視することは不可能である。宇井純はもともと高度成長時代の産業技術者として出発したが、水俣病、新潟水俣病をはじめとする公害の反復と激化を目の当たりにして、産業技術を批判する側に転向した経歴の持ち主である。彼は、東京大学工学部を卒業後、塩化ビニル樹脂の生産を手がける古河系列の会社（日本ゼオン）に就職し、製造工程で使用した水銀の廃棄にも関わっていたが、会社を辞めて東京大学大学院に戻った直後、水俣病の有機水銀原因説を知って衝撃を受け、公害研究を開始することになる。この異色の経歴ゆえに、宇井純の公害研究の出発点には、「自分は図らずも公害加害者の側に立ってしまった」という痛切な反省が控えている。これは海洋生物の生態を研究していたレイチェル・カーソンとは著しく異なる点だろう。この「加害者からの出発」という特異な立場が、公害被害者の現場に通い詰めた彼独自の姿勢につながったばかりでなく、公害の諸相を、科学技術の「専門家」としてではなく、批判的かつ社会科学的な観点から考察する方法へと結実したのである。(21) 彼の著作は膨大な分量にのぼるが、ここでは最初期に公刊された『公害の政治学』（一九六八年）と『公害原論』（『公害原論Ⅰ』、一九七一年）に限定し、その批判的科学の射程を描き出してみたい。この作業を通して、特定の場所の空間線量や諸々の食材の汚染値を割り出しただけで、それらのデータは基準値以下だから危険ではない、と断定する「客観的」な説明が、実は単なる視野狭窄の産物でしかない、ということが明らかになるだろう。福島第一原発事故後に登場した「専門家」たちには、公害とは科学的な現象であるよりも前に「複雑な社会現象」である、という認識が欠落しているのである。(22)

『公害の政治学』と『公害原論』において私たちが注目したいポイントは三つある。第一のポイント

---

(21) 宇井純は『キミよ歩いて考えろ――ぼくの学問ができるまで』（ポプラ社、一九九七年）において、こうした事情を含めた自らの人生の歩みを振り返っている。「加害者からの出発」という宇井純の経歴は、原子力を学びながらその危険性に気づき、原子力廃絶のための研究へと転じたジョン・W・ゴフマン、高木仁三郎、「熊取六人組」など、原子力分野の批判的科学者と共通する。なお、「加害者からの出発」は、『宇井純セレクション3』（新泉社、二〇一四年）の副題に掲げられている。

は、公害の現場を現代日本社会の縮図として捉える観点である。宇井純がこの観点に立つようになった最大のきっかけは水俣病である。彼は『公害の政治学』で次のように述べている。

> 水俣病は、まさしく「小さな町の大きな事件」であった。しかしこの小さな町には、現代日本のあらゆる問題が縮小された形でつめこまれていた。その矛盾が、事件の進展にさまざまな影響を及ぼし、一九六〇年代に入って急増する各種の公害事件の原型を作り上げた。[23]

宇井純によれば、水俣病事件は「各種の公害事件の原型」であった。例えば、水俣市は、チッソの水俣工場のおかげで発展した典型的な企業城下町である。つまり宇井純の喩えを借りて言えば、チッソという産業資本は城下町の「殿様」であり、チッソ工場長としての経歴を背景に多選された水俣市長、橋本彦七は「代官」だということになる。宇井純にとって、このように政治と企業が密着した「小さな町」の現実は、高度成長時代の日本社会のエッセンスを圧縮したものに他ならない。一九六〇年代、これら日本各地の「小さな町」で浮上した諸々の公害事件は、「周縁」の例外的現象であるどころか、産業資本の優遇という「戦後日本」の国策がもたらした必然的な結果だったのである。[24]

以上のような認識は、『公害原論』では「公害の無視による高度成長」という峻厳な表現で言い換えられている。[25]この表現によって宇井純が示そうとしたのは、高度経済成長の「ひずみ」によって公害がもたらされたのではなく、まったく反対に、公害の発生を前提とすることで高度経済成長が成立しえた、という観点である。例えば、「他の諸国」で、「魚にあまり迷惑をかけない程度に排水処理するのに必要なコストは、生産設備の約一〇～二〇％の設備投資が必要だというのが常識[26]」であるが、こうした

「常識」が「戦後日本」の排水処理に適用された形跡は皆無だという。一般に企業とは、「能率をあげる思想」[27]に基づいて「コスト低下」と「過少投資」[28]を追求しようとするものだが、高度成長時代の日本型産業資本主義は、この「能率をあげる思想」を極限まで拡大し、公害が起きても被害を訴える声が可視化されないような、企業城下町に特有の社会的現実を最大限に利用して、成長を遂げることができたのである。

第二に指摘しておきたいのは、宇井純が上述の議論を「公害史」に敷衍しながら、本書で強調してきた認識を共有していることである。その認識とは、戦争と公害は常に既に不可分の関係に置かれている、というものである。『公害の政治学』によれば、「公害の無視」という日本の国策は、決して「戦

---

(22)『公害原論Ⅰ』の冒頭に置かれた「開講のことば」には、「公害という複雑な社会現象」という表現が登場する（宇井純、『公害原論Ⅰ』、亜紀書房、一九七一年［『新装版　合本　公害原論』、亜紀書房、二〇〇六年、所収］、二頁）。私たちはこの表現に、宇井純の思想のエッセンスが凝縮されていると考える。

(23)宇井純、『公害の政治学――水俣病を追って』、三省堂新書、一九六八年、二八頁。

(24)同書、二四―二五頁、『公害原論Ⅰ』、八三―八五頁。宇井純は「産業資本の優遇」に関連して、日本の公害訴訟では、加害企業の経営者は法廷に立たなくてよい、という慣習があることを指摘している（『公害原論Ⅰ』、一六六頁）。加害責任者が被害当事者の肉声を聴く機会を免責されている、というこの現実は、公害の否認につながる制度的要因の一つと言えるだろう。

(25)『公害原論Ⅰ』、二五頁。

(26)同書、二七頁。

(27)同書、六三頁。

(28)同書、二五頁。

後」に選択された方針ではない。例えば、明治時代以降の日本では、全国各地で数多くの公害紛争が発生したが、それらの紛争は、「富国強兵政策」と「殖産興業政策」に反するものとして厳しく取り締まられた。私たちが第四部第一章において論じたように、足尾鉱毒事件はその典型的な事例であった。宇井純はまた、日本が軍国主義政府によって統治されるようになると、「「お国のため」という一言で、私企業の利益を追求する行為がすべて合理化され、反対する運動さえ起こらなかった[29]」と指摘している。例えば、一九四三年（昭和一八年）頃には、国策に基づいて北海道の旭川市に建設されたパルプ工場が大量の汚染物質を排出した結果、石狩川の下流域が「巨大なドブ」と化し、一帯の水田も荒廃したが、戦争中にこの被害を訴える声が上がることはなかった。宇井純が掲げるこの実例は、戦争の遂行が公害の否認につながること、しかもその間も公害の被害は実質的に拡大することを如実に物語っている。田中正造が足尾鉱毒事件と日露戦争の表裏一体性を見抜いたように、『公害の政治学』の著者もまた戦争と公害の解き難い結び付きを明るみに出している。レイチェル・カーソンが、「軍事技術の転用による公害」という観点を提示することで、「戦前」と「戦後」の境界区分に疑いを投げかけたのと同様に、宇井純は、戦争と公害の示す潜在的な位相に注目することで、やはり「戦前」と「戦後」が地続きであることを示唆しているのである。こうした批判的科学の歴史認識は、私たちが第四部第二章において論じたことと正確に対応している。

宇井純の公害研究において第三に注意すべきは、構造的差別の一形態としての公害という観点である。公害と差別の関係について、私たちは第四部第一章において原田正純医師のテーゼに依拠しつつ論じたが、ここでは同じ問題をやや異なる角度から再検討してみたい。まず、この問題を宇井純に倣ってテーゼ化するなら、以下のようになるだろう。

命題一　公害の被害者は、常に体全体で総合的に被害を受けている。

宇井純が水俣病患者の元に通い詰めることで到達したのは、公害の被害者は「生きるか死ぬか」の次元で被害を受忍している、という認識であった。加害者と被害者の間には逆転不可能な権力関係としての構造的差別が存在しており、両者の間には公害の実態に関する認識の乖離が存在するのである。かくして、被害の全体像を本質的に理解するためには、立場そのものを入れ替える以外に方法はない、というのが宇井純の見解となる。この見解に基づけば、例えば「亜硫酸ガス濃度が何ｐｐｍ」といった具合に、特定の汚染物質の数値に基づいて被害状況を判断することは、「全生活的な差別の全体」を見えなくさせる効果を持っている。つまり「加害者」ないし「第三者」は「部分化された指標だけしか受け取ることは出来ない」という構造があらかじめ成立してしまっているのである(30)。

以上で述べた事柄は、汚染の数値化という手続きに内在する原理的な困難に関わるものである。無論、宇井純も数値化それ自体を否定しているわけではない。そもそも彼自身、数値やその比較が有意に示す情報を諸著作で積極的に取り上げている。彼が強調しようとするのは、上述のような数値化にまつわる困難が、放っておけば加害者側の「公害」観を強化、補完しかねない、という現実である。この現実が最も顕著な仕方で明白になるのは、公害発生以降のプロセスにおいてだろう。宇井純はこのプロセスを「公害の起承転結」と名付けた上で、次のように述べている。

(29)『公害の政治学』、一九五頁。
(30)『公害原論Ｉ』、三八―三九頁。

公害というものが発見され、あるいは被害が出る。それに対して原因の研究、因果関係の研究（第一段目）というものが始まりまして、原因がわかる。これが第二段目とします。そうしますと原因がわかっただけで決して公害は解決しない。第三段目に必ず反論が出てまいります。

この反論は、公害を出している側から出ることもある。あるいは、第三者と称する学識経験者から出される場合もあります。いずれにせよ反論は必ず出てまいります。そうして第四段目は中和の段階であって、どれが正しいのかさっぱりわからなくなってしまう。(31)

この一節が描き出す「公害の起承転結」は、「公害発生」、「原因究明」、「反論提出」、「中和」という四つの段階で構成されている。これらのうち特段の注意を要するのは、いったん「原因究明」がなされた後で起こる「第三段目」以降のプロセス、つまり、公害の「発生源」や「第三者と称する学識経験者」が数多くの反論を繰り返し唱え続けるという過程に他ならない。宇井純の診断では、公害が発生するや、ほとんど法則的にこの「中和」への過程が反復されることになる。「真実は一つしかないから、多数の反論と並べられると、どれが真実か事情を知らない人にはわからなくなってしまう」(32)。ところでこの言明が、福島第一原発事故後に生じた言論状況を正確に予告している、という点を見落としてはならない。例えば、福島県における小児甲状腺ガン増加の傾向は、「福島県の子供全員を調べたことで潜在的な甲状腺ガン患者が見つかったに過ぎない」（いわゆる「スクリーニング効果」――なお、スクリーニング効果による「多発」は、一般的なデータによれば二倍から三倍、あるいは多くても六倍から七倍程度に過ぎないが、原発事故後の福島県では二〇倍から五〇倍の多発が確認されている(33)）、「チェルノブイリでは甲状腺ガン患者の増加は事故五年目以降であり、それ以前にガン患者が増えることはありえない」、「そもそもチェルノブイリよりも福島の方が汚染のレベルは低く、甲状腺ガンの増加はありえない」、といった多くの反論によって「中和」されているのである。[34]

公害加害者の責任は、このような「中和」現象を通して必然的に曖昧化されていく。また、肝心の原因の除去は先送りにされるので、当然ながら被害者の側にますます犠牲がしわ寄せされることになる。この間、公然と加害企業に加担する国や自治体の態度が明白になるばかりでなく、生死の淵に立たされた被害当事者に対して、科学的な立証責任を負わせようとする倒錯的な言論が登場するケースさえあるという。[35] 以上の事柄を私たちの言葉で言い換えるなら、次のように定式化することが可能である。

命題二　公害は総じて、加害者側の責任を曖昧化するプロセスをたどりやすい。このプロセスの中で、被害者はさらなる受忍を強いられることになる。

この命題二に関連して見落とせないのは、命題一で述べたプロセス（「公害の起承転結」）で「第三者と称する学識経験者」が果たす機能である。これは批判的科学の射程を理解する上でも重要な論点なので、

（31）同書、九八―九九頁。強調引用者。以下同様。同様の分析は『公害の政治学』にも見られる（一四六―一四八頁）。
（32）『公害の政治学』、一四六頁。
（33）津田敏秀の指摘による。「「福島の子供の甲状腺がん発症率は20～50倍」津田敏秀氏ら論文で指摘」、*The Huffington Post*、二〇一五年一〇月八日。http://www.huffingtonpost.jp/2015/10/08/tsuda-toshihide-fukushima-pandemic_n_8262682.html
（34）福島第一原発事故に関する原子力被害の「中和」については、次節において別の観点から詳述する。
（35）『公害の政治学』、一九八―二〇〇頁。

本節の締め括りとしてここで考察を加えておこう。宇井純は『公害原論』で次のような大学批判を提示している。

現在の工学部あるいは東京大学全体が、業種別の職業訓練所として、出てすぐ使える人間の養成のために大学はつくられてきたということから、このなかでの研究ないし教育はつねにそれぞれ狭い専門の分野で、自分の見通しうる範囲をできるだけせばめた上で、その狭い分野のなかの序列をきそいあう、あるいは自分の優位性を他の人間に対して主張するというものが研究といわれているものの実態であります。

ですから公害のように総合的な被害が、たくさんの自然条件の複合した場合に起るような問題に対しましては、狭い専門から見た場合には、しばしばとんでもない見落しをいたします(36)。

ここには一九七〇年代当時、東京大学に工学部助手として勤務していた宇井純ならではの現場感覚が表出している。言うまでもなく、これは任意の職場の内部告発といった特殊な次元にとどまるような証言ではない。事実、この証言には、第二次世界大戦後を「工業」と「専門家」の時代と見なしたレイチェル・カーソンの文明批評に通じる視点が見て取れるばかりでなく、他ならぬ「工業」と「専門家」の時代の内実が的確に描写されているからである。大学が実質上「業種別の職業訓練所」と化しており、ゆえに「専門家」たちは「自分の見通しうる範囲をできるだけせばめ」ようとする、という厳しい指摘にしても、約四〇年を経た今日もなお生々しいリアリティを放っている。宇井純によれば、まさにそのような「狭い専門の分野」の枠組みでしか問題を見ようとしない「専門家」のあり方が、「公害という複雑な社会現象」に対する不感症の温床となるのである。

以上のような「専門家」のあり方を象徴する事例として、宇井純は新潟水俣病の民事訴訟のケースを紹介している[37]。その訴訟には、「化学」、「統計学」、「医学」など異なる分野の「専門家」たちが次々に出廷しているが、興味深いことに、彼らは個々の専門の枠内で整合的に説明することに終始し、それらの説明同士の間に生じた相互的な矛盾に関してはまったく無頓着であった。このケースが明らかにしているのは、個別的な専門分野の細分化と囲い込みを推進した近代的な大学制度の中で、いつしか学者たちが、異なる学問間の葛藤や齟齬に対する緊張感を失ってしまった、という事実である。

> このように専門に分けて、その専門のわくのなかだけでつじつまを合せようとする技術があるかぎり、公害の被害者は救われませんし、その専門のすき間から必ず公害は出てまいります[38]。

今や宇井純による批判的科学のエッセンスは明らかだろう。批判的科学とは、限定的な「専門性」の名において切り捨てられる公害被害の総合性を注視しようとする立場のことである。この立場に立つ限り、「第三者」を標榜する「専門家」たちの姿勢は、それ自体として懐疑の対象となる。この懐疑の具体的内容をテーゼへと展開すれば、以下の通りである。

---

(36)『公害原論I』、五四頁。
(37) 同書、五九—六一頁。
(38) 同書、六二頁。

命題三　公害においては、誰もが顕在的にであれ潜在的にであれ、意識的にであれ無意識的にであれ、加害者の側か被害者の側かに立つことを余儀なくされる。ゆえに、そこに価値中立的な第三者は存在しえない。

逆に言えば、「客観性」、「価値中立性」、「第三者性」を掲げながら公害の被害実態を語ろうとする者は、それが善意に基づくものであればあるほど批判的な眼差しを向ける必要がある、ということである。彼らの姿勢は、公害被害の総合性を部分化、抽象化することで、結果としてその実態を過小評価し、引いては加害者の立場を補完、強化してしまう傾向を内包しているからである。部分的である他ないデータのみに依拠した者たちの「科学」的な姿勢は、彼らの意図如何にかかわらず、公害被害者の「生活の全体」を抑圧してしまいかねない。彼らに欠落しているのは、公害が、公害加害者と被害者との間の非対称的で逆転不可能な権力関係や、必然的に公害加害者の側に立とうとする国家と資本の論理を包含する「複雑な社会現象」である、という視点である。私たちが公害被害を、自然科学的対象としてのみならず社会科学的対象としても検証すべきだと考えるのは、公害とはまさしくそうした「複雑な社会現象」であるる、という認識ゆえである。繰り返しになるが、福島第一原発事故後に脚光を浴びた「専門家」たちの「客観的」な説明には、このような認識の痕跡すら見当たらないのである。

3 「科学の中立性」というイデオロギー
——津田敏秀、アドルノ＝ホルクハイマー

これまでの考察の中で、私たちは「専門家」という言葉を一貫してカッコで括ってきた。ここでその趣旨を確認しておかなければならない。なるほど、レイチェル・カーソンや宇井純の批判的科学は、専門性なるものの危うさを厳しく追及していた。ここで注意を要するのは、彼らの追及の対象が、あくまでも「専門家」を自称する者たちに限定されていた、という端的な事実である。この事実に着目するときに浮上するのは、ではいったい誰が公害の専門家なのか、という素朴な問いである。私たちの観点から言えば、まさしく批判的科学の継承者こそが公害の専門家に当たる。以下では、二つの観点からこのテーゼについて考察してみたい。

第一に参考になるのは、津田敏秀の証言である。津田敏秀は、環境医学や疫学の観点から批判的な公害研究を進めてきた医師である。彼の研究の特徴は、自らも臨床的な知見を持つ医師でありながら、しかも同時に、医者たちがどのように公害事件の加害者側の論理に加担してきたのかを精密に実証している点である。『医学者は公害事件で何をしてきたのか』（二〇〇四年）において、津田は次のように指摘している。

> 水俣病事件における、自称「専門家」たちは、ほとんどが神経内科の専門家を自称している。すなわち、水俣病の専門家イコール神経内科の専門家と自分たちでまとめてしまったのである。［……］

この決めつけの中で水保病事件においては、神経内科の視点のみが表面に出てしまう。しかし食品衛生の問題も公害問題も、原因あっての病気である。臨床医学の専門家だけで独占するべき問題ではない。この傾向は、わが国の公害事件や薬害事件においてもしばしば見られる現象である。[39]

津田敏秀によれば、水俣病事件において、医学者たちは率先して「水俣病の専門家イコール神経内科の専門家」という性急な決めつけを行った。まさにこのことが、公害の本質的な理解を阻害し、そして公害それ自体の拡大を促進してしまったのである。この証言は、公害事件における「専門家」選びの難しさを如実に物語っている。要するに、何らかの産業公害が発生した際に、どのようなものであれ、特定の分野の学者のみを「専門家」として定義する言説は総じて疑わしい、ということである。この見地に立てば、原発の専門家は原子力工学者であるとか、放射能の人体影響の専門家は放射線医学者であるといった言説がどれほどいかがわしいものであるかが見えてくる。「公害という複雑な社会現象」(宇井純)の歴史が教えているのは、そのように限定的に「専門家」を自称する者たちが、自らの専門に閉じ込もることで率先して視野狭窄に陥り、図らずも公害の激化を助長してしまった、という痛切な事実である。

第二に、多くの「専門家」たちは、自らの専門に閉じ込もるという単なる視野狭窄にとどまらず、国家と資本の論理に依拠して意図的に公害影響を否認してきた。そうした「専門家」の態度について、新潟水俣病患者の診断と運動に尽くした斎藤恒医師は、ある興味深い例を提示している。それは、新潟水俣病に関して、当時新潟大学医学部教授であった椿忠雄が斎藤医師と交わした会話である。椿は新潟水俣病の原因を特定した人物であるが、環境庁の専門家会議の責任者になった一九七三年八月の時点から

水俣病の診断基準を厳格化し、水俣病の認定制度を維持しようとする環境庁の理論的支柱となった人物でもある。(40)

汚染の事実がはっきりして、四肢の感覚障害があれば〔新潟水俣病患者として〕認定しても良いのではないかという私〔斎藤医師〕の質問に対し、椿教授は、「斎藤君、君の言うことはわかる、それは今まで認定されているよりももっとピラミッドの底辺まで認定しろということだろう。しかし、そうなったら昭和電工や国はやっていけるだろうか?」といわれた。

私は驚いて、「椿先生ともあろう人からそんな言葉を聞くとは思わなかった。それは政治的に医学を歪めることではないですか」と言うと、椿教授は「でもねー」と言って黙ってしまった。〔……〕私は椿先生が以前の先生とは違い、環境庁の特別委員会の責任者として、水俣病の幕を引く事のみを考えているように思えた。医学者としてではなく、行政官になってしまった感じがして、その後、直接部屋を訪問する事はやめてしまったのである。(41)

「昭和電工や国はやっていけるだろうか?」というこの椿忠雄の発言は、公害被害を評価する「専門家」

---

(39) 津田敏秀、『医学者は公害事件で何をしてきたのか』、岩波現代文庫、二〇一四年（初版、岩波書店、二〇〇四年）、八九—九〇頁。

(40) 斎藤恒、『新潟水俣病』、毎日新聞社、一九九六年、一四二—一四五頁。宇井純、「医学者は水俣病で何をしたか」、『ごんずい』第五三号、水俣病センター相思社、一九九九年。以下で閲覧可能。http://soshisha.org/gonzui/53gou/gonzui_53.htm#anchor605632

(41) 『新潟水俣病』、一四七—一四八頁。強調引用者。『医学者は公害事件で何をしてきたのか』、一三六頁に一部引用されている。

たちが、国家と資本の論理に積極的に加担し、被害を意図的に過小評価する傾向を持つ、という事実を明確に証し立てている。彼らはしばしば、国や企業から研究費を獲得するために、あるいは行政機構の審議会、各種委員会の委員を務めることで、積極的に国家と資本の論理に取り込まれていき、その結果、国家と資本の論理に沿った公害被害の意図的な過小評価、あるいは「中和」作業に加担することになるのである。

さて、以上で述べた事柄に基づくなら、「公害の専門家」に必要な資質は自ずと明らかである。それは次のような二つの命題に集約することができる。

命題一　自らの専門分野および隣接分野が、歴史的に「公害事件において何をしてきたのか」を批判的に客体化していること。

命題二　環境汚染を、自然科学的な対象としてのみならず、社会科学的な対象としても把握していること。

既に明らかなように、レイチェル・カーソン、宇井純、津田敏秀（そして、ジョン・W・ゴフマン、高木仁三郎、「熊取六人組」、原田正純など、これまで私たちが引用してきた多くの批判的科学者）には、程度の差異はあるにせよ、これら二つの資質が十分に備わっている。これら二つの資質は、どちらも自らの学者としての限界や条件を批判的に捉えられるか否かに関わるものであって、批判的科学とはまさにこのような二重化された境位に基づいて公害を考察する科学である、と再定義できるだろう。

ところで、福島第一原発事故後に登場した自称「専門家」たちは、先に挙げた二つの資質のいずれも持ち合わせていない。原子力工学者としては班目春樹、関村直人、大橋弘忠、また放射線医学者としては山下俊一、中川恵一、そして原子物理学者としては早野龍五などが、その典型である。彼らの言説はいずれも、見かけ上の「第三者性」を標榜しながら、現実には原発事故とその影響を否認し、そうすることで国家と資本の論理を強化、補完しているところに共通点がある。

なるほど厳密に言えば、彼らの間にも、国家と資本の論理に依拠して意図的に原発事故とその影響を否認してきた者たちと、必ずしも意図的にそうしているわけではない者たちとの相違は存在する。例えば、福島第一原発事故当時の原子力安全委員長として「原発は構造上爆発しない」と断言した班目春樹、福島第一原発一号機の水素爆発に際して「爆発弁を作動させた可能性がある」と取り繕った関村直人、「プルトニウムは飲んでも問題ない」、「専門家になればなるほど格納容器が壊れるなんて思えない」と豪語した大橋弘忠は、いずれも原子力工学を専門とする東京大学教授、元教授であり、「原子力ムラ」の構成員として、「第三者」どころかあからさまな当事者性を有している。また、福島県放射線健康リスク管理アドバイザーとして「放射能の影響はニコニコ笑っている人には来ない」と被曝影響を否認した山下俊一は、放射線防護を専門とする長崎大学教授としてICRP委員、チェルノブイリ・フォーラムによるチェルノブイリ報告の執筆者を務めた「国際原子力ロビー」の一員であり、やはり「第三者」どころかあからさまな当事者性を有している[42]。つまり、彼らは明らかに、国家と資本の論理に依拠して

（42）「国際原子力ロビー」については以下を参照。コリン・コバヤシ、『国際原子力ロビーの犯罪――チェルノブイリから福島へ』、以文社、二〇一三年、第一章「国際原子力ロビーとは何か」。なお、チェルノブイリ・フォーラムは、原子力の民生利用を促進する国際機関IAEAに近いため、その評価は対象を狭い範囲に限定して、チェルノブイリ原発事故によるガン死者数を過小評価している。この点については、第一部第一章を参照せよ。

意図的に原発事故とその影響を否認してきた者たちに該当している。(43)

一方、中川恵一や早野龍五は、必ずしも意図的にそうしているわけではない者たちに該当すると思われる。彼らの「啓蒙」活動を支えているのは、「科学の客観性」を追求してきた立場ならではの強烈な自負と使命感であろう。事実、福島第一原発事故直後のこの二人の姿勢を振り返れば、どちらも各自の学問的経歴を背景に淡々と情報発信を続けていたことは明らかであって、そこに国家と資本の論理を強化しようとする積極的な意図が込められていたわけではない。ただし、事故から四年以上の時間が経過する中で、この二人の言説が、徐々に公害被害への否認傾向を強めつつあることも疑いえない。中川恵一と早野龍五は、一定の前提において一定の範囲内で通用するに過ぎない「科学」の領分をいつしか踏み外し、どこまでも不確定な要素を含むはずの健康被害について、性急な「安全」論を繰り返すに至っているからである。目下、福島県内において小児甲状腺ガンの発症件数が有意に増加傾向を示しているにもかかわらず、彼らはその厳然たる事実に対する否認の態度を崩していない。前節で引用した宇井純の言葉を借りれば、彼らの態度はまさしく公害影響の「中和」の過程を構成しているのである。

現在の中川恵一と早野龍五に欠けているのは、いわゆる科学的判断の隙間からこそ公害が生まれ落ちてきた、という歴史的な知見である。その証拠に二人の著作においては、汚染値に関する解説が披露されることはあっても、彼らと同じような学者たちによる安全論にもかかわらず日本各地で公害が繰り返し回帰し、激化してきた歴史については一言の言及もない。(44)要するに、彼らは「科学の中立性」の側に立ちながら、「公害という複雑な社会現象」を直視することを否認しているのである。「福島県の放射能汚染は、人体に影響を与える程度のものではない」という彼らの言説に基づく限り、そこから脱被曝、脱原発の切迫性が導かれることはありえない。彼らの態度は、公害を自然科学的対象としてのみならず社会科学的対象として捉える、という視点を欠いている。「科学」の歴史性と「公害という複雑な社会現象」に対する批判精神を欠いた彼らの「客観的」な態度は、ほとんど致命的な無自覚ぶりを露呈しているという他なく、この限りにおいて彼らもまた国家と資本の論理を強化、補完している、と言ってよい(45)。

本章の考察を締め括るにあたり、ドイツ・フランクフルト学派の哲学者たち、テオドール・W・アドルノとマックス・ホルクハイマーの言葉を引いておきたい。アドルノ＝ホルクハイマーは、第二次大戦中、亡命先のアメリカ合州国で執筆した大著『啓蒙の弁証法』（一九四七年）において、ヨーロッパの全体主義の淵源には近代的な「統一科学」の精神、とりわけその精神の内側に潜在する均質化への欲望があった、と指摘している。次の一節は、その「統一科学」が「中立性」や「第三者性」の名において何を為してきたのかを証言したものである。

> 科学的言語の党派的不偏性のうちでは、力なきものは完全に自らに表現を与える力を喪失し、現存するものだけが、言語の中立的な記号を見いだす。そうした中立性は、形而上学よりも形而上学的である。啓蒙はついにさまざまなシンボルだけでなく、その子孫である一般概念を喰い尽くしてしまった。そして形而上学の中の残されたものは、形而上学がそこから生み出された集団性への抽象的不安以外の何ものでもなかった。諸概念は啓蒙の前では、産業トラストの前での利子生活者同然である(46)。

（43）福島第一原発事故の以前、以後に発せられた「専門家」たちの無責任な発言の奇妙な論理構造については、以下の文献が詳細かつ網羅的に分析している。影浦峡、『信頼の条件——原発事故をめぐることば』、岩波科学ライブラリー、二〇一三年。

アドルノ＝ホルクハイマーによれば、実験と観察、データの収集、帰納による一般法則の算出といった「実証科学」（＝「啓蒙」）の手続きの基底には、「形而上学よりも形而上学的」な「中立性」への欲望が控えている。ところが、その「中立性」ないし「不偏性」は、現実には「党派性」の産物に過ぎない、と彼らは言うのである。その理由は簡単である。今日の実証科学なるものは、国家と資本によって提供された政治的、経済的、社会的な基盤抜きでは片時も存立しえないからである。アドルノ＝ホルクハイマーがわざわざ「産業トラスト」の喩えを用いているのも、そのような現状を踏まえてのことである。こうして、彼らは次のような苛烈な診断を宣告する――要するに実証科学とは、自らを「中立的な記号」として演出することで、その尺度に適合しない要素を排除し、「抑圧的平等」の法則を樹立し、そして結果的には国家と資本の論理を補完することになるのだ、と。「力なきものは完全に自らに表現を与える力を喪失し」という一節は、国家と資本の論理によってプログラミングされた基準が、それから逸脱する諸要素を、次々に「法則」の外へと追放していく現状を表現しているのである。

批判的科学は、上述のような実証科学とは明瞭に一線を画している。批判的科学は決してデータを軽視することなく、しかも同時に、そのデータを成立させる土台への問いを堅持し続けるのである。批判的科学の精神は、国家と資本によって体制化された「実証科学」が何をどのように忘却してしまうのかを見据えようとする。批判的科学の精神を持つ者は、とりわけ環境汚染や公害事件に関して、どんな解

(44) 福島第一原発事故後の放射能汚染に関する二人の著作として、以下がある。中川恵一、『放射線医が語る被ばくと発がんの真実』、ベスト新書、二〇一二年。中川恵一、『放射線医が語る福島で起こっている本当のこと』、ベスト新書、二〇一四年。早野龍五・糸井重里、『知ろうとすること。』、新潮文庫、二〇一四年。この三冊には、彼ら自身のように「第三者を自称する専門家たち」

の介入によって、公害被害が見落とされ、最終的には激化してしまった、という歴史に関する認識が抜け落ちている。このことに加えて、二人の言説には以下に指摘するような理由からも、大いに疑問が残る。第一に、中川恵一は「一〇〇ミリシーベルト以下では健康に影響はない」という主張を執拗に繰り返しているが、一〇〇ミリシーベルト以下の低線量被曝による発ガンリスクについては既に様々な証明がある（この点については、第二部第一章において詳細に論じた）。中川が放射線医である以上、見方によれば、彼はこの問題に利害関係を有する当事者であると考えることもできるだろう（第二部第一章、とりわけそこで引用したゴフマン『人間と放射能』の一節を参照。「原子力や医療放射線を積極的に使用している人たちは、「しきい値」がいずれ見つかるだろう、という願望を絶えず持っている。「しきい値」とは、その値以下の放射線量であれば、被曝しても害はない、という値のことである」）。第二に、早野龍五は著書の中で次のように述べている。「科学というものは、間違えるものなんです。ニュートンの物理学が正しいと思われていた時代に、アインシュタインがある微妙な違いに気付く。そのアインシュタインにも間違えていたことがある。そうやって、科学は書き換えられ進歩していく。限定的に正しいものなんです。だから、科学者は「こういう前提において、この範囲では正しい」というふうに説明しようとする」（『知ろうとすること。』、一七一頁）。その早野が、福島県民の総被曝量の安全性に関して、自らのガン治療に用いた放射線被曝の値（二〇〇ミリシーベルト）を根拠に判定しようとしていることには首を傾げざるをえない。先にも述べたように、一〇〇ミリシーベルト以下の低線量被曝の発ガンリスクについて、私たちは第二部第一章において詳細に論じている。また、早野自身も慎重に言葉を選んではいるが、甲状腺ガンの発症件数が有意に増加傾向を示していることも無視できない。福島県においては既に通常の数十倍の甲状腺ガン多発が確認されており、とりわけ被曝線量の高い地域で甲状腺ガンが多発していること（福島県中通り中部から南部で、約四〇倍から五〇倍の多発が確認されている）、また、福島県による一巡目の検査で異常なしとされた二五人の子供に、二巡目の検査で甲状腺ガンが見つかっていることから（早野自身、「二回目の検査の結果、一回目に比べて新しく見つかる人数が多かったら、原発の事故の影響である可能性が高い」と明言している［『知ろうとすること。』、一一四頁］）これが被曝による過剰発生であることは既に明らかである（この点については、第一部第一章を参照せよ）。また、甲状腺ガンの原因である放射性ヨウ素による「初期被曝」の過小評価については、以下を参照。study 2007、『見捨てられた初期被曝』、岩波科学ライブラリー、二〇一五年。

釈視点も、解釈者の政治的、経済的、社会的な立場によって方向付けられかねない、という点を懸念しているのである。「数値」の「客観性」もまた一つの「文化」でしかないことを明らかにしたのは、科学史家のセオドア・M・ポーターだったが[47]、そのことを誰の目にもわかる形で指し示してくれるのは、症例としての公害事件である。その公害が、近代的な産業資本主義が逢着する一つの必然的な帰結であることを伝えるのは、批判的科学の使命なのである。そして言うまでもなく、私たちが提唱する脱原発の哲学は、この批判的科学の精神を継承するものでなければならない。

（45）なぜ日本ではこのようなことが繰り返されてしまうのだろうか。その要因の一つとして、「環境学」における社会科学の地位の低さを挙げることができる。石弘之は、日本における環境問題の解決の仕方に関して、「工学・農学に偏った自然科学的手法を中心に論じられてきたきらいがあり、社会・人文系の解決手法と車の両輪となっている欧米の環境学科とは対照的である。その背後には、日本人の技術至上主義があり、［……］日本の環境対策が人員を数多く抱え研究費も比較的潤沢だった工・農学部を中心に研究されてきたことが大きい」と指摘している（石弘之、「環境学は何を目指すのか——環境研究の新たな枠組みの構築」、石弘之編、『環境学の技法』、東京大学出版会、二〇〇二年、一八頁。強調引用者）。このような現状の歴史的背景として、石弘之は次の四点を挙げている。（一）一九九二年の国連環境開発会議（「地球サミット」）を境に、日本各地の大学で「環境ブーム」が発生し、次々に「環境」を冠した学科や専攻が設置された。（二）一九九〇年代に新設された日本の「環境」関連の学科や専攻は、「農工理」がほぼ三分の二を占めており、要するに「自然科学系」の主導によるものであった。（三）欧米の大学が「社会からの環境研究の要請」に正面から答えようとしたのに対して、日本の大学は「学内の人員のやりくりや組織の変更でその場をしのいできた」に過ぎない。（四）日本の「環境学」においては、自然科学的、技術主義的な「問題解決」ばかりが重視され、環境汚染の現場から学び、公害被害者の声に耳を傾け、その問題の政治的、経済的、社会的な構造を検証しようとする人文社会科学的な姿勢が抜け落ちてきた（同書、三—三九頁、私たちによる要約）。

（46）Max Horkheimer, Theodor W. Adorno, *Dialektik der Aufklärung: Philosophische Fragmente*, in Theodor W. Adorno, *Gesammelte Schriften*, Bd. 3, Suhrkamp, 1981, S. 39. 邦訳『啓蒙の弁証法——哲学的断想』、徳永恂訳、岩波文庫、二〇〇七年、五五頁。強調引用者。

（47）Theodore W. Porter, *Trust in Numbers: The Pursuit of Objectivity in Science and Public Life*, Princeton University Press, 1995. 邦訳『数値と客観性——科学と社会における信頼の獲得』、藤垣裕子訳、みすず書房、二〇一三年。

結論　脱原発の哲学

1　脱原発、脱被曝の理念

1-1　脱原発、脱被曝の理念の切迫化——ハンス・ヨナス、ジャック・デリダ

私たちは本書を通して、批判的科学、公害研究、環境学、経済学、社会学などの様々な観点から、脱原発の理念が切迫したリアリティを持っていることを明らかにしてきた。チェルノブイリ原発事故、福島第一原発事故というカタストロフィの〈事前〉であれば、来るべき脱原発の必要性が批判的科学者によって主張され、それが大方の無視と冷笑に逢うとしても、事態は言わば「その程度」で済んでいた（むろん、私たちはそのような事態を肯定しているのではない）。しかし、これら二つのカタストロフィが起きてしまった今日、私たちは単に未来の一時点での脱原発を主張するだけでは済まされないような、切迫した現実に直面している。実際、とりわけ福島第一原発事故による放射能汚染の影響をどのように回避、縮減するか、という問いは、日本において生きる私たちにとって喫緊の課題に他ならない。そして、この課題の緊急性、重要性ゆえに、これ以上の放射能汚染の原因となりうる原子力発電のシステムは直

ちに廃絶しなければならない、という結論が導かれるのである。チェルノブイリと福島という二つのカタストロフィックな出来事の〈事後〉では、脱原発の理念は、脱被曝の理念と不可分なものとして考察する必要がある。この二つの理念は今や、遠い未来の一時点で実現されるべき「当為」ではなく、直ちに実現しなければならない切迫した課題となってしまった。カタストロフィの〈事前〉と〈事後〉におけるこのような理念の質的変容について、本節では哲学的に基礎付けてみたい。

まず、厳密を期するために、上述した切迫性の概念を、二つの次元で捉え直すところから始めよう。第一の次元は、文字通り、脱被曝＝脱原発の切迫性である。本書で繰り返し指摘してきたように、福島第一原発事故以後の福島県において小児甲状腺ガンが有意な増加傾向を示していること、その増加が福島第一原発事故による放射能汚染の影響であることは、既に疫学的に立証されている(1)。原発事故による健康被害の可視化は、脱原発の理念、脱被曝の理念を、遠い未来の世代に対する責任としてのみならず、現在時あるいはいまここにおける切迫した理念として語る必要がある、と私たちに厳命しているのである。

第二の次元は、近代日本の病の自己治療に関わる切迫性である。本書の第三部、第四部において論じたように、ここで言う「病」とは、日本近代史を通して執拗に繰り返されてきた公害の「否認」という症状を指している。近接過去から現在に至るまで回帰し続ける公害の「否認」を止め、公害被害の現実を直視することもまた、私たちにとってまさに切迫した課題である。そして、上記二つの切迫性は、事実上、互いに不可分の関係に置かれていると言ってよい。なぜなら、原発事故というカタストロフィは、近代的な公害事件の極点として捉えられるべき出来事だからである。福島第一原発事故の〈事後〉に公害史を検証し、脱被曝＝脱原発の理念を追求することは、必然的に公害否認の反復強迫を自己治療することを含意している。私たちが脱原発の哲学を構想するのは、現在時あるいはいまここにおける脱被曝の理念を提示し、近接過去から現在まで続く公害否認という病を克服することを企図しているからなのである。

それでは、チェルノブイリと福島のカタストロフィの〈事前〉と〈事後〉における脱原発の理念の質的変容は、哲学的にはどのように捉えることができるのだろうか。チェルノブイリと福島のカタストロフィの〈事前〉に関して言えば、ハンス・ヨナス(一九〇三―一九九三年)の「未来世代への責任」概念が、またその〈事後〉に関しては、ジャック・デリダ(一九三〇―二〇〇四年)の「切迫性」概念が、それぞれ無視しえない重みを持っている。ハンス・ヨナスは、本書の第一部で言及したギュンター・アンダース(一九〇二―一九九二年)と同じく、ナチス・ドイツの台頭を受けてイギリス、パレスチナ/イスラエルを経てアメリカ合州国に亡命したドイツ生まれのユダヤ系哲学者であり、ハイデガー、アレントと近しい点で、アンダースとほぼ同一の哲学サークルに属していた。(2) ここで注目したいのは、ヨナスが晩年に著した大著『責任という原理』(一九七九年)である。彼はこの著作において、「従来の倫理学」とは異なる「新しいタイプの命法」、すなわち「未来世代への責任」を考慮した倫理学を打ち立てなけ

(1) この点については、第一部第一章において論じた。

(2) ナチズムの台頭を経て亡命を余儀なくされた、ドイツ生まれのユダヤ系哲学者であるアンダースとヨナスが、共通して近代科学技術の暴力性とカタストロフィの問題に関心を寄せていた、という事実は極めて興味深い。それは、ホロコーストという「カタストロフィ」、そしてそれを可能にした「絶滅技術」を我が事として引き受けざるをえないユダヤ系という彼らの出自と、恐らく強い関係を持っていたはずである。

ればならない、と主張して、次のように述べている。

新しいタイプの人間の行為に適した命法、新しいタイプの行為主体に向けられた命法は、次のようになるだろう。「汝の行為のもたらす因果的結果が、地球上で真に人間の名に価する生命が永続することと折り合うように、行為せよ」。否定形で表現すると、「こうした生命が将来も可能であることが、汝の行為がもたらす因果的結果によって破壊されないように、行為せよ」。あるいは簡単に言うと、「人類が地球上でいつまでも存続できる条件を危険にさらすな」。あるいは、再び肯定形を使えば、「汝が現在選択する際に、人間が未来も無傷であることを、汝の欲する対象に含み入れよ[3]」。

ヨナスがこの一節で提示しているテーゼの射程を理解し、それが脱原発の理念にとってどのような意義を持つのかを理解するためには、三つの補助線を引く必要がある。第一に指摘すべきは、科学技術の進歩という論点である。ヨナスによれば、現代の科学技術は、人間自身による制御を超えて、累積的に自己増殖する特性を持っている。現代においては、指数関数的な加速度に基づく科学技術の進歩を通して、技術革新そのものが自己目的化しているのである。このように自己増殖化、自己目的化した科学技術のシステムは、技術革新以外の目的、すなわち自然環境の均衡や、人間自身の生存に対する配慮を欠落させずにはおかない[4]。いやそれどころか、最先端の技術の領域においては、「人間そのものが技術の対象になっている[5]」、というのがヨナスの診断なのである。このように人間自身を搾取する現代科学技術のシステムの下では、近接した未来の一時点で人類の生存そのものが危機に陥るのではないか、という悲観的な予測が現実味を持つようになった。「好ましい予測よりも好ましくない予測を優先しなければならない[6]」、「科学技術の可能な成果には、未来の人間の実在を丸ごと、あるいはその本質を丸ごと危機に陥れる可能性がある[7]」――ヨナスがこうした強い危機感を表明する上で念頭に置いていたのはとりわけ、一九七〇年代当時から既に爆発的な進歩を開始していた「遺伝子操作」技術であった[8]。しかし、私たちの問題意識から見れば、「人間そのもの」を「技術の対象」とし、「未来の人間の実在を丸ごと[……]危機に陥れる可能性」を持つ技術の典型例は、言うまでもなく、核＝原子力技術に他ならない。また、ヨナスはいわゆる「技術」の破壊性のみに関心を集中させているが、そもそも「技術の自己生成的展開」（ナンシー）をもたらす最大の動因は国家と資本の論理である、という事実も忘れてはならない[9]。いずれにせよ、ハンス・ヨナスが一九七九年に提唱した「未来世代への責任」概念は、ヨナス自身の意図如何にかかわらず、核＝原子力技術（核兵器と原発）が未来世代にもたらしうるカタストロフィの脅威を考える上で十分に有効である。事実、ギュンター・アンダースが「人類は全体として殺害

（3）Hans Jonas, *Das Prinzip Verantwortung: Versuch einer Ethik für die technologische Zivilisation*, Insel, 1979; Suhrkamp, 1984, S. 36. 邦訳『責任という原理――科学技術文明のための倫理学の試み』、加藤尚武監訳、東信堂、新装版、二〇一〇年（初版、二〇〇〇年）、二二頁。
（4）Ibid., S. 26-32. 邦訳、一四―一九頁。
（5）Ibid., S. 47. 邦訳同書、三二頁。
（6）Ibid., S. 70. 邦訳同書、五六頁。
（7）Ibid., S. 80. 邦訳同書、六六頁。
（8）Ibid., S. 52-53. 邦訳同書、三七頁。
（9）この点については、第一部第三章において詳述した。

されうるものである」[10]という命題を提示したのは、まさに核兵器のシステムの暴走リスクを念頭に置いていたからであった[11]。このアンダースの命題を倫理学的な観点から捉え返せば、それをヨナスが定式化した「人類が地球上でいつまでも存続できる条件を危険にさらすな」という命法に変換することができることは疑いえない。

第二の論点は、未来世代への構造的差別である。あらかじめ付言しておけば、「構造的差別」は私たちの用語であって、ヨナス自身の用語ではない。ただし、ヨナスが「未来世代への責任」概念を通して考慮していたのは、まさしく現在世代と未来世代の間に横たわる非対称的、不可逆的な関係性であった。その認識の一端は、「汝が現在選択する際に、人間が未来も無傷であることを、汝の欲する対象に含み入れよ」というテーゼのうちに垣間見られる。しかし、現在世代による未来世代への構造的差別、という観点を明白に打ち出しているのは、やはり以下の一節であろう。

> 現に存在していないものは、権利要求を掲げない。そのため、その権利を侵害されることもない。存在するようになれば権利を持つかもしれない。だが、いつか存在するようになるだろうという可能性だけに依拠して権利を認められることはない。そもそも、実際に存在する以前には、存在する権利などない。存在を要求する権利は、存在するようになってはじめて生じる。だが、こうしたまだ存在していないものにこそ、私たちの求める倫理学は関わってくる。この倫理学の責任原理は、権利という観念から、同時に相互性という観念からも完全に自由でなければならない[12]。

ヨナスによれば、「従来の倫理学」の目的は、現に存在しているもの同士の「権利要求」を互いに満たし合うことであった。つまりそれは、現在世代の当事者間で、どのように約束の相互性、共有可能性を確保するか、という問いに終始するものであった。ところで、こうした倫理学の枠組みの中では、「まだ存在していないもの」としての未来世代の生存や幸福は考慮されることがない。特に、前述のような科学技術システムの脅威が明確になりつつあるにもかかわらず、同時性、相互性を追求する「従来の倫理学」のみに依拠し続けるなら、「現に存在しているもの」による「まだ存在していないもの」への差別の構造を補完、強化してしまうことになるだろう。ヨナスが「未来世代への責任」という新しい倫理学を提唱したのは、このように世代間に存在する非対称性という観点を重視していたからである。この意味において、ヨナスによる「新しい倫理学」は、私たちの脱原発の哲学と密接な関わりを持っていると言えるだろう。事実、本書で繰り返し指摘してきたように、原子力発電とは、それを稼働させればさせるほど、長期的な管理を必要とする大量の放射性廃棄物を発生させずにはおかないシステムである。このシステムにおいては、現在世代の電力消費のために原発を維持し続けたその分だけ処分不可能な放射性廃棄物が増大し、その管理とそれに起因するカタストロフィの危険性が未来世代へと押し付けられることになる。原子力発電は、現在世代による未来世代への構造的差別を補完、強化する症候的な事例

(10) Günther Anders, *Die Antiquiertheit des Menschen, Bd. I: Über die Seele im Zeitalter der zweiten industriellen Revolution*, C. H. Beck, 1956, S. 242. 邦訳『時代おくれの人間（上巻）——第二次産業革命時代における人間の魂』、青木隆嘉訳、法政大学出版局、一九九四年、二五五頁。

(11) この点については、第一部第一章において詳述した。

(12) *Das Prinzip Verantwortung*, S. 84. 邦訳『責任という原理』、六九頁。

なのである。現在世代の「幸福」が未来世代の「犠牲」の上に成立している、という構造を認識すること。そしてそれゆえに、ヨナスの提唱する「未来世代への責任」概念を真剣に考慮すること。――これらの思考は、脱原発の哲学にとって必要不可欠な手続きに他ならない(13)。

第三の論点は、カントの統制的理念に対する批判である。ヨナスは『責任という原理』において、カントの統制的理念は、プラトンの善のイデアのような超越的で「垂直」的な道徳的理想を、時間座標における無限の未来から私たちを道徳的に規定する理想として「水平」化した、と評価している。しかしヨナスによれば、カントの言う統制的理念とは、人類の歴史の中で「到達可能な」目標では決してなく、その目標に「あたかも到達可能であるかのように」未来の無限遠点から現在の私たちを方向付ける理念のことでしかなかった(14)。逆に言えばそれは、道徳的理想の実現可能性を無限遠点の未来に先延ばしにすることで、事実上、現在世代の切迫した行為の必要性を不問に付す危険を秘めた理念でもあった、ということになる。ヨナスが提唱する「未来世代への責任」概念は、カントの統制的理念とは明瞭に一線を画している。ヨナスは、人類の存続に対する科学技術の脅威が、未来の無限遠点においてではなく、より近接した未来の一時点においてカタストロフィックな仕方で現実化するだろう、と考えており、そうしたありうべき未来におけるカタストロフィを避けるための現在世代の行為の重要性を認識していたからである。この意味で、ヨナスの「未来世代への責任」概念は、未来にカタストロフィを引き起こす危険を持ち、放射性廃棄物を際限なく未来世代に押し付けずにはおかない原子力発電のシステムを批判するために有効な概念である、と言うことができる。

しかしながら、チェルノブイリと福島においてカタストロフィが既に実現されてしまった現在では、ありうべき未来のカタストロフィや「未来世代への責任」（ヨナス）を媒介する必要さえなく、現在時あるいはいまここにおける脱原発＝脱被曝の「切迫性」（デリダ）が導かれねばならない。ここでヨナスから離れ、デリダ『マルクスの亡霊たち』（一九九三年）を参照しよう。その中で彼は、「来るべきデモクラシー［démocratie venir］」という理念の「切迫性［imminence］」について語っている。(15)「来るべきデモクラシー」とは、例えばスラヴォイ・ジジェクがデリダを批判して述べるような意味で、決して実現されることがなく「永遠に約束のままにとどまる」ような理念ではない。(16) デリダにおいて、「来るべきデモクラシー」とはむしろ現在時における「切迫性」あるいは「切迫した」理念であって、現在の政治的諸矛盾と未来の政治的非決定性を直視しつつ、「来るべきデモクラシー」という社会変革を「切迫して到来させねばならない」と命じる「政治的厳命［injonction politique］」を意味しているのである。(17) 私たちはここで、「来るべき［à venir］」を「切迫して到来させねばならない」という強い意味で解釈し、「来るべきデモクラシー」の「切迫性」を強調する読解を選択する。(18) そうした意味においてのみデリダは、「来

（13）福島第一原発事故後の今日、「未来世代への責任」を真剣に論究している思想家として、大澤真幸の名前を挙げておこう。大澤は、「未来世代への責任」概念を一歩推し進め、現在世代と未来世代との連帯はいかにして可能か、という問いを立てている。以下を参照。大澤真幸、「未来は幽霊のように?」、「可能なる革命（5）」、『atプラス』第一一号、太田出版、二〇一二年、一五八—一六八頁。

（14）*Das Prinzip Verantwortung*, S. 227-228. 邦訳『責任という原理』、二一五—二一六頁。

（15）例えば以下を参照。Jacques Derrida, *Spectres de Marx*, Galilée, 1993, pp. 59-69. 邦訳『マルクスの亡霊たち』、増田一夫訳、藤原書店、二〇〇七年、七九—九三頁。

（16）Cf. Slavoj Žižek, *Did Somebody Say Totalitarianism?: Five Interventions in the (Mis) use of a Notion*, Verso, 2001, pp. 152-160. 邦訳『全体主義——観念の（誤）使用について』、中山徹・清水知子訳、二〇〇二年、青土社、一八三—一九一頁。

るべきデモクラシー」の切迫性を、カント的な統制的理念の無限遠点の未来に対置していたのである。

ここで問題になっているのは、こうした間隙（隔たり、失敗、不一致、離接、調整不全、« out of joint »であること）においてのみ生じうる、約束の概念としてのデモクラシーの概念そのものである。だからこそ、私たちは常に、来るべきデモクラシー［démocratie *à venir*］について語ることを提案しているのであり、それは、未来の現在における未来のデモクラシー［démocratie *future*］でもなく、カント的意味での統制的理念でさえなく、あるいはユートピアでもない――少なくとも、それらの到達不可能性が、いまだ、未来の現在［*présent futur*］という時間形式、あるいは、生き生きとした現在［*présent vivant*］の未来様態という時間形式を取る限りにおいて(19)。

ここでデリダが述べているように、「来るべきデモクラシー」とは、カント的な統制的理念の未来の無限遠点のように、決して「到達不可能」な「未来の現在」の時間に位置するものではなく、むしろ現在時における「切迫した」理念であり、さらに言えば「切迫して実現されるべき」理念である。私たちはこの観点に立って、デリダの「切迫性」の概念を、チェルノブイリと福島のカタストロフィの〈事後〉において再解釈することを提案する。そのような再解釈によって、現在時あるいはいまここの放射能汚染を直視しながら、脱原発＝脱被曝の理念を「切迫して実現しなければならない」と厳命する新たな倫理学が浮上するだろう。チェルノブイリと福島のカタストロフィ以後、脱原発＝脱被曝とは、まさしく現在時あるいはいまここにおける「切迫した」理念であり、脱原発＝脱被曝に対する私たちの切迫した責任は、チェルノブイリと福島以前に比して、極限まで増大しているのである。

1-2 多様なる脱被曝の擁護

前節において私たちは、ハンス・ヨナスの「未来世代への責任」概念、ジャック・デリダの「切迫性」概念を対比することで、チェルノブイリ原発事故、福島第一原発事故の〈事前〉においては、ヨナスが言うように、未来に起こりうるカタストロフィとそれを避けるという「未来世代への責任」を考慮するだけで十分であると考えられていたが、チェルノブイリ、福島という二つのカタストロフィの〈事後〉である今日においては、脱被曝＝脱原発の実現可能性を、デリダ的な意味で現在時における「切迫した」理念として捉えなければならない、と主張した。この脱被曝＝脱原発の理念は決して、実現不可能であるがその理念性において現在世代の行為を規定する「統制的理念」でもなければ、未来の一時点におけるカタストロフィを想定し、それを媒介して現在世代の行為を規定する「未来世代への責任」の理念でもない。脱被曝＝脱原発の理念は、チェルノブイリ、福島のカタストロフィ以後には、現在時における「切迫した」理念であり、同時に、私たちがその「切迫性」を直視し、それを実現するための手段を一つ一つ実行していけば、まぎれもなく実現可能な理念なのである。この点について論じるため

（17）デリダは『マルクスの亡霊たち』の随所において、「現在［présent］」の「非自己同一性［non-identité à soi, non-contemporanéité à soi］」について論じている。私たちはこの「現在」の「非自己同一性」を、現在時における「切断［rupture］」あるいは社会変革の切迫性と解釈する。例えば以下を参照。*Spectres de Marx*, p. 62. 邦訳『マルクスの亡霊たち』、八三頁。

（18）この点については、以下で詳細に論じた。佐藤嘉幸、『権力と抵抗――フーコー・ドゥルーズ・デリダ・アルチュセール』、人文書院、二〇〇八年、4・6章。

（19）*Spectres de Marx*, p. 110. 邦訳『マルクスの亡霊たち』、一四九頁。

に、本節ではまず、福島第一原発事故後に私たちの生活圏に拡散した放射能汚染をどのように回避、縮減するのか、そしてそのための条件とは何か、についていくつかの視点を提示したい。

まず、現在時あるいはいまここにおける脱被曝を考える上で必要なのは、個々の当事者が置かれた状況を最大限に尊重する姿勢である。本節では、「強制避難者」、「残留者」、「自主避難者」、「帰還者」といった四つの立場に注目するが、このようなカテゴリーでは汲み尽くせない複雑な事情が個々の当事者のケースだけ存在することは、既に指摘されている[20]。この点を踏まえれば、どれか一つの立場の正当性だけを主張したり、それとは異なる立場を貶めるような議論は厳に慎まなければならない。私たちが本書で提案したいのは、あくまでも個々の異なる立場に即した多様なる脱被曝を実現すること、そしてそのための選択肢を保証、拡充することである。むろん、この多様なる脱被曝の実現可能性を確保するにあたり、福島第一原発事故後の放射能汚染の危険性を直視することは不可欠であるが、その危険性の認識に基づいて、すべきこと、できることも数多く存在する。ところが、それらはいまだ十分に実現されていないか、あるいは広く認知されないままにとどまっている、というのが現状である。この意味で、たとえ福島第一原発事故による被曝当事者の個別具体的な事情を捉え尽くすことは不可能であるとしても、せめて被曝状況の概略を俯瞰し、そこにどのような問題が表出しているのかを理解することは避けて通れない作業だろう。福島第一原発事故の加害者である東京電力と日本政府が、一貫して被曝状況の調査を怠り、問題の否認を続けているだけに、この点はなおさら強調しておかなければならない。

では、多様なる脱被曝の実現可能性の条件を考える上で、私たちはどのような被曝状況を念頭に置く必要があるのだろうか。この点については、何よりも一人当たりの年間被曝限度量をめぐる日本政府の決定（それは経済的＝社会的コスト縮減を優先した政治的判断であった）、その決定に由来する諸々の帰結を無視することができない[21]。日本政府は、福島第一原発事故後に発表されたＩＣＲＰ声明に基づいて、事故前までは一ミリシーベルトとされていた一般公衆の年間被曝限度量を、二〇ミリシーベルトに引き上げるという決定に踏み切った。この年間被曝限度量二〇ミリシーベルトという新基準に基づいて、福島県浜通りの広大な地域の住民に避難指示が出されたのである。その後、日本政府は、事故直後よりも放射線量が減少し、年間被曝が二〇ミリシーベルト以下に収まると推定される地域に関して、順次、住民たちの帰還を促す姿勢を明示している。二〇一五年一〇月現在、政府は、「帰還困難区域」、「居住制限区域」、「避難指示解除準備区域」という境界区分に基づいて、避難指示解除準備区域の住民、避難指示区域外からの避難者（いわゆる「自主避難者」）に対して、公的支援の打ち切りとセットになった帰還促進政策を進めている。政府はさらに、居住制限区域、避難指示解除準備区域を二〇一七年三月までにすべて解除し、また解除時期にかかわらず二〇一七年三月で避難慰謝料の支払いを打ち切る方針を明言している。このように区域ごとの線引きに基づいて漸進的に帰還を促進しようとする日本政府の姿勢は、同じ原発事故によって被曝した当事者たちの間に、公的支援や賠償金などをめぐる細切れの分断をもた

---

(20) 以下を参照。宇都宮大学国際学部附属多文化公共圏センター・うつくしまＮＰＯネットワーク・福島乳幼児妊産婦ニーズ対応プロジェクト編、『福島県内の未就学児を持つ家族を対象とする原発事故における「避難」に関する合同アンケート調査』、二〇一二年。http://cmps.utsunomiya-u.ac.jp/news/fspyouyaku.pdf　宇都宮大学国際学部附属多文化公共圏センター編、『福島乳幼児・妊産婦支援プロジェクト（ＦＳＰ）報告書　２０１１年４月〜２０１３年２月』、二〇一三年。https://uuair.lib.utsunomiya-u.ac.jp/dspace/handle/10241/9246　同センター編、『２０１３年　北関東地域の被災者アンケート調査　福島県からの避難者アンケート調査　資料集』、二〇一四年。https://uuair.lib.utsunomiya-u.ac.jp/dspace/handle/10241/9232

(21) この点については、第二部第一章において詳細に論じた。

らしており、近代日本の公害史に見られた社会現象がまたしても私たちの目前で反復されている。私たちはこのような認識に基づいて、福島第一原発事故による被曝当事者を四つの立場に分類し、それぞれの立場が事故後に置かれてきた苦境を略述してみたい(22)。

（一）強制避難者――最も高濃度の放射能に汚染された福島県浜通りの一部地域の住民を指す。長年暮らしてきた故郷を一瞬にして奪われたことに絶望するばかりでなく、事故直後の放射能の大量放出によって家族を被曝させたことに苦悩する当事者も多い。同郷者たちが避難先でばらばらになった結果、コミュニティが崩壊したというケースも相次いでいる。一見、手厚く賠償金を支払われているように見えるが、現実には行政からの十分な説明もないまま、故郷が放射性廃棄物の「中間貯蔵施設」の候補地にされるなど、彼らの苦悩は深まるばかりである。いつになったら住み慣れた家に帰れるのかも不明なまま、時間だけが経過することに疲弊し、衰弱死する高齢者や、絶望のあまり自殺する者も後を絶たない。補償金の受け取りをめぐっていわれのない妬みを受けたり、被曝が原因で家族が差別を受けるのではないかという不安に苛まれてもいる。福島県中通りに避難した当事者は、その避難先も汚染されているという厳しい現実がある。さらに、日本政府が設定した「帰還困難区域」、「居住制限区域」、「避難指示解除準備区域」という境界区分により、同じ強制避難者という立場にもかかわらず、細切れのような分断が持ち込まれている。

（二）残留者――日本政府による避難指示は出されていないものの、事故前に比べてはるかに高濃度の放射能に汚染された、主として福島県中通りの地域の住民を指す。人口の多い福島市、郡山市は、この地域の中心都市である。特に乳幼児のいる家庭には、子供の被曝を軽減するために、外遊びを制限したり、地元産食材を買わないように努めたりするなど、恒常的な不安感を抱える当事者も少なくない。このような放射能対策をめぐる認識のずれのために、夫婦、親族、近所、知人との間で人間関係が悪化するケースも報告されている。育ち盛りの子供を外遊びさせられないことによるストレスばかりでなく、将来的に福島出身という理由で子供が差別されるのではないかという心配も絶えず、当事者たちの孤立感、不安感は持続している。原発事故への政府や東電の対応に根本的な不信感を持つとともに、補償や賠償をめぐる線引きについては不公平感を感じている当事者も少なくない。被曝軽減の一環として子供の保養を試みているが、交通費、宿泊費などが高額にのぼるので、当事者の経済的な負担感は増している。また、除染の費用、線量計の購入、将来を見越したガン保険加入など、平時ではありえない出費を強いられている世帯もある。

(三) 自主避難者——日本政府による避難指示が出ていない諸地域からの避難を、独自に決断した当

(22) 四つの立場の記述に関しては、注20で紹介した三つの文献の他に、以下の文献も参考にしている。山下祐介・市村高志・佐藤彰彦、『人間なき復興——原発避難と国民の「不理解」をめぐって』、明石書店、二〇一三年。関西学院大学災害復興制度研究所・東日本大震災支援全国ネットワーク・福島の子供たちを守る法律家ネットワーク編、『原発避難白書』、人文書院、二〇一五年。成元哲編著、『終わらない被災の時間——原発事故が福島県中通りの親子に与える影響』、石風社、二〇一五年。これらの文献は、福島第一原発事故の被災当事者の苦境を俯瞰するために不可欠な基礎資料である。また、以下の文献は「原発避難」の問題を考える上で重要である。除本理史、『原発賠償を問う——曖昧な責任、翻弄される避難者』、岩波書店、二〇一三年。阪本公美子・匂坂宏枝、「3・11震災から2年半経過した避難者の状況——2013年8月栃木県内避難者アンケート調査より」、『宇都宮大学国際学部研究論集』、第三八号、二〇一四年。高橋若菜、「福島県外における原発避難者の実情と受け入れ自治体による支援——新潟県による広域避難者アンケートを題材として」、『宇都宮大学国際学部研究論集』、第三八号、二〇一四年。

事者を指す。山形県や新潟県は福島県からの避難者を数多く受け入れており、その三、四割は自主避難者であるとされている。彼らは事実上、避難を強いられた当事者であるが、「自主避難」という言葉の響きゆえに、彼らに対する世間の無理解は総じて大きい。避難先の生活に馴染めない、就労先が見つからない、出費がかさむ、避難元の家族、親戚、知人の非難や無理解に苦悩するなど、精神的、経済的な困難に直面しているケースが少なくない。避難先で母子が一対一のまま孤立している場合も散見される。避難元への愛郷心はあるものの、一時帰郷するたびに汚染レベルがほとんど下がっておらず、落胆や新たな不安に駆られる当事者もいる。また、父親が避難元に残って仕事を続ける場合、避難元と避難先との二重生活による経済的な負担感は小さくない。震災直後は、東北の高速道路無料化などの公的支援が行われていたが、既にその支援も終了しており、二重生活による出費はかさむ一方である。なお、今後は避難元が「避難指示解除準備区域」に指定された強制避難者にも、このような自主避難者の苦境と同様の現象が生じるのではないか、と指摘されている。

(四) 帰還者——一度は自らの意志で避難したものの、避難元への帰還を決断した当事者を指す。避難生活による経済的な負担感が大きい、避難元に残る家族と離れ離れの生活を続けるのは難しい等々、帰還の決断に至る理由は、当事者によって様々である。自分なりに納得して帰還する当事者もいる一方で、避難元の汚染レベルが高止まりしていることを心配する当事者もいる。また、避難する前までは通常の付き合いをしていた避難元のコミュニティから快く受け入れてもらえないのではないか、という不安を抱くケースもある。

以上の記述からも明らかなように、四つの立場はそれぞれに固有の事情を抱えている。(23) ただし忘れてはならないのは、これらの立場は、全員が福島第一原発事故という産業公害の被害を受けた当事者である、という意味で、本質的に共通しているということである。「公害被害の当事者」という観点に立てば、表向きの差異にもかかわらず、四つの立場を苦境に追いやる共通の土台が見えてくるのである。この点について、四つの観点から整理してみよう。

第一に、彼らはみな、事故以前に作り上げてきた生活の基盤を根こそぎ奪われている。これを法的な言葉で表現すれば、福島第一原発事故の被害を受けた被曝当事者たちは、「健康で文化的な最低限度の生活を営む権利」（日本国憲法第二五条）を著しく侵害されている、ということになるだろう(24)。言うまでもなく、この権利を侵害する加害者は、直接的には東京電力であり、より根源的には、国策として原発を推進してきた日本政府に他ならない。現行の日本国憲法の見地に立つ限り、東京電力と日本政府は事故後の五年間を通じて、憲法違反を冒してきた、と結論することができる。

第二に、彼らへの補償や賠償は、加害者である東京電力と日本政府によって主導されている。このように加害者が被害者の処遇を決めるという事態が著しく倒錯的であることは、確認するまでもないだろう。これと表裏一体の関係にある事実として、東京電力と日本政府が情報開示に消極的な姿勢を貫き、

---

(23) 繰り返しになるが、この状況はあくまでも類型的な記述に過ぎない。例えば、避難先での様々な苦境を脱し、前向きに生活再建に取り組んでいる当事者、「いつまでも被災者と呼ばれたくない」と感じている当事者も存在する。以下を参照。高橋若菜・田口卓臣編、『お母さんを支えつづけたい――原発避難と新潟の地域社会』、本の泉社、二〇一四年、二九頁。しかし、原発事故さえなければ現在のような被害状況は生まれなかった、ということも事実である。この意味で、被害状況の調査と俯瞰は、現在最も必要な作業であろう。

自らの加害責任を曖昧化してきた、という事実も想起しておく必要がある。例えば、福島第一原発事故の進捗状況に関して、東京電力は一貫して情報公開に後ろ向きであった。また、日本政府によるＳＰＥＥＤＩの放射能汚染予測情報の隠蔽は、私たちの記憶に刻み込まれている。日本政府の「安全・安心」キャンペーンにもかかわらず、当事者たちが不信感を抱き、放射能不安を拭えずにいるのは、ごく当然の帰結であると言える。なお、加害者が被害者の処遇を決めるという倒錯的な事態は、足尾鉱毒事件、熊本水俣病事件など、日本近代の公害史において常態化してきた現象である[25]。

第三に、当事者はみな、国家と資本の論理に基づいて、様々な点で細切れの差別、分断を受けている。例えば、強制避難者の出身地に放射性廃棄物の「中間貯蔵施設」を設置すること、強制避難者と自主避難者の間に賠償、補償などの面で線引きをすること、避難指示区域再編を通して強制避難者の間に複数の境界区分を導入すること――現れ方は異なるものの、これらの施策に通底しているのは、当事者たちの個別具体的な事情を勘案しながら対応策を決めていくという論理とは正反対のそれであり、要するに、経済的＝社会的コスト縮減を最優先する国家と資本の論理に他ならない。日本政府と東京電力は、当事者の被曝不安を一切考慮に入れようとしないばかりでなく、むしろその当事者間の差別、分断を重層化することで、自らの加害責任を曖昧化しているのである。福島第一原発事故の〈事後〉に進められてきたこのような差別、分断の重層化は、もともと国策として推進されてきた原子力発電というシステムにおける構造的差別を補完、強化する施策として捉える必要があるだろう。

第四に、当事者たちが受けた被害の実態は、事実上、日本政府と東京電力によって否認され続けている。例えば、福島県内に住む子供たちの甲状腺検査を通じて、甲状腺ガン発症が有意の増加傾向を示していることが確認されているにもかかわらず、日本政府も東京電力もこの事実を否認し続けてきた。また、日本政府は、福島第一原発事故による被曝当事者の実態調査をほとんど実施していない。この行政の姿勢が顕著に表れているのは、「原発避難」問題においてである。研究者、弁護士、市民団体の協力によって刊行された『原発避難白書』（二〇一五年）は、次のように指摘している。

原発避難の特徴は、避難期間が長期に及ぶことと、避難が極めて広い地域にまたがることだ。放射能汚染がすぐには消えないうえに広範囲であるためだ。

長期の避難は被災者の生活や精神に重い負担をもたらし、広域避難は被災者の状況把握を困難にする。それだけに、まず避難者数という基本データを正確に捉えることが必要だ。

しかし政府はそれを避けているかのごとく情報の集約を怠っており、避難者数の推移を把握することさえままならないのが現状である。

政府が避難者の定義を定めないことにより、「原発避難」の存在は曖昧になり、被害の総体は覆い隠されていく。[26]

（24）福島第一原発事故後の「健康を享受する権利の侵害」を指摘した文献として、以下を参照。清水奈名子、「危機に瀕する人間の安全保障とグローバルな問題構造——東京電力福島原発事故後における健康を享受する権利の侵害」前・後編、『宇都宮大学国際学部研究論集』、第三九号、二〇一五年。その上で、私たちは一歩進んで、そうした「権利の侵害」が明確に日本国憲法違反に当たることを付言しておきたい。このような福島第一原発事故後の権利の侵害について、立憲主義を標榜している憲法学者、法哲学者たちの反応が鈍いことは、極めて不可解である。

（25）この点については、第四部全体を通じて詳細に論じた。

このように、事故後の五年間を通して、日本政府は当事者に関する情報の集約を怠り、被害の総体を曖昧化する方針を貫いてきた。後述するように、復興庁の「帰還促進政策」は、こうした行政の基本姿勢から必然的に生じた帰結である。さらに、安倍政権による日本全国の原発再稼働の方針も、本質的には以上のような公害否認の一環として打ち出されている。だからこそ、私たちはそれぞれの施策を個別的に捉えるのではなく、それらに通底する国家と資本の論理の一貫性を抽出し、総体として批判していく必要があるのである。

以上の考察を踏まえれば、脱被曝の概念を「被曝線量を減らすことができればそれでよし」というレベルの議論に止めてはならないことは明らかだろう。福島第一原発事故による当事者たちは、大量の放射性物質の拡散によって生活の基盤を奪われ、「健康で文化的な最低限度の生活を営む権利」を侵害され続けてきた。そうである以上、私たちが提唱する脱被曝は、当事者それぞれの生活の基盤を回復し、侵害された権利を取り戻すことと不可分の試みでなければならないだろう。福島第一原発事故後の切迫した課題としての脱被曝は、当事者それぞれの立場や意志に即した実践でなければならないし、その実践を後押しする補償や支援とセットにして構想されなければならない。その意味でも、どれか一つの当事者の立場の正当性だけを主張することは、的外れであるばかりでなく、前向きな実践や議論にとって害悪ですらあるだろう。特に放射能汚染の圏外に住む者たちは、当事者の苦境への理解を抜きに性急な価値判断を下すべきではない。他方で、当事者たち自身も、国家と資本の論理が自分たちの間に持ち込んだ分断に引きずられることなく、それぞれの持ち場で可能な脱被曝とはどのようなものか、そして分断や対立の連鎖に回収されない相互的な権利回復への道筋とはどのようなものなのかを、冷静に考えてみる必要があるかもしれない。

私たちが強調したいのは、多様なる脱被曝の方法を擁護するためには、当然ながらそれぞれの当事者の立場や意志に即した選択肢が確保されていなければならない、ということである。より具体的に述べてみよう。第一に、安倍政権が二〇一五年六月に表明した自主避難者に対する住宅支援の打ち切りは、当事者を切り捨てる「棄民」政策である[27]。自主避難者にとって、住宅支援の打ち切りは、避難先での生活の基盤が奪われるという深刻な現実に直結している。それは、彼ら自身が望まない避難元への帰還の可能性を増すことであり、そして「帰還」とは彼らにとって、脱被曝という実践に最も逆行する事態である。一方、仮に帰還を避けるために避難先にとどまろうとすれば、それは彼らにとって、住宅支援によって成立していた生活の不安定化を意味せずにはおかない。自主避難者の脱被曝と権利回復を第一に考えるなら、安倍政権や復興庁が経済的＝社会的コスト縮減優先の発想に基づいて決定した住宅支援の打ち切りは、厳しく批判されるべきである。福島第一原発事故は、原発推進という日本の国策がもたら

(26)『原発避難白書』、一二頁。同書によれば、二〇一五年現在、日本政府が公表している原発避難者数は「十二万人」とされている。しかし、同書の共著者の一人である毎日新聞記者、日野行介は次のように指摘している。「関東地方で避難者も多い埼玉県は「正確な把握が難しい」として、事実上「みなし仮設」に住む避難者のみを避難者数として復興庁に報告していた。これに対して、避難者を支援している『福玉便り』編集部は「支援している感覚として、この避難者数は少なすぎる」として、独自に県内全六三市町村に避難者数を照会したところ、六七七〇人（二〇一三年二月）、五八八五人（二〇一四年一月）となり、いずれも同時期の県報告分の約二倍に上った。調査結果は『福玉便り』に掲載してきたほか、一部全国紙が埼玉版で報道したが、埼玉県はそれでも集計方法を見直さなかった」（同書、三二頁）。日野行介によれば、似たような例は、神奈川県でも見られたという（同書、三三頁）。

(27) この点については、第二部第一章、第四部第二章において詳細に論じた。

した産業公害である以上、その公害被害の当事者である自主避難者の生活に対し、政府が責任を負うのは当然である。また何より、自主避難者に対する日本国民の無理解、冷淡さも大きく是正される必要がある。

第二に、福島県内外の汚染地で暮らす残留者が安心して保養できるように、日本各地で機会や選択肢が拡充されなければならない。保養は、汚染地での生活を続ける当事者にとって、脱被曝を実現するための重要な手段である(28)。ところが、日本政府は保養の重要性を完全に無視しており、実質的には一部の市民団体がそれぞれの現場で保養の機会を提供しているというのが現状である。第一の例と同様、このことに最も責任を負うべき日本政府が問題を否認、放置し続けている以上、汚染圏外に住む者たちが、どれだけ残留者の苦境を理解し、どれだけ市民レベルの連帯の輪を広げていけるかが鍵となるだろう。なお、チェルノブイリ原発事故によって高濃度の放射能汚染に見舞われたウクライナやベラルーシでは、脱被曝の一手段としての保養の実効性が裏付けられている、という事実も付言しておきたい(29)。

第三に、汚染地で暮らす当事者たちの熟議に基づく放射能測定のシステムが、整備、拡充されていかなければならない。地域の放射線量の測定、避難、保養が広い意味での「住」に関わる脱被曝だとすれば、農産物等の汚染値測定は「食」に関わる脱被曝の試みであると言えよう。私たちが強調したいのは、生存の条件としての食住における脱被曝の選択肢が、それぞれの地域の風土や特性に即して、民主主義的に確保されなければならない、ということである。脱被曝の選択肢は、上から一方的に与えられるのではなく、当事者が十分に納得できる仕方で確保される必要がある。例えば福島県内では、いくつかのＮＰＯ法人が立ち上がり、地域の放射線量、食材の市民測定をはじめとして、ホールボディカウンター、甲状腺検診、子供の保養プロジェクトといった住民主体の多面的な活動が展開されている(30)。このような実践例は、今後多様で、分権的で、住民参加型の脱被曝のシステムを実現していく際に、一つのモデルケースとなるだろう。

第四に、高濃度汚染地で暮らす残留者の切実な願いを考えれば、除染を全否定するような議論はそろそろ封印されなければならない。なるほど、事故直後に繰り返し指摘されたように、「除染」とは、ある地点の汚染物質を別の地点に移動させるという意味で、実質的に「移染」に過ぎない、ということはまぎれもない事実である。しかしながら、居住空間や日常的な行動範囲の汚染レベルを少しでも軽減したいという当事者の願いはあまりに当然の要求であり、原発事故によって奪われた権利の回復のためにも最低限、実現されなければならない事柄である。ただし、日本政府が推進している除染事業は、おおむね汚染圏外の業者によって請け負われており、原発事故の被害によって、事故の被害を受けていない「中央」のゼネコン企業が経済的に潤う、という歪んだ社会構造をもたらしている。[31] こうした歪みは、私たちが再三にわたって指摘してきた構造的差別の一環として捉えられるべき事柄であり、当然ながら

(28) 市民団体による保養支援の一例として、「沖縄・球美の里」を参照。http://www.kuminosato.com

(29) ウクライナに関しては、以下を参照。DVD『チェルノブイリ28年目の子どもたち』、OurPlanet-TV、二〇一五年。また、ベラルーシに関しては、以下を参照。田口卓臣・高橋真由編、『ベラルーシから学ぶ私たちの未来――チェルノブイリ原発事故と福島原発事故を振り返る』、宇都宮大学国際連携シンポジウム報告書、二〇一二年。http://www.kokusai.utsunomiya-u.ac.jp/fs/pdf/tabunkah_1.pdf この報告書には、ベラルーシで様々な脱被曝の方法を実践してきたミンスク市日本文化情報センター、辰巳雅子の貴重な証言が収められている。

(30) 福島県内で実践されている様々な脱被曝の試みは、「ふくしまの今とつながる相談室toiro」発行の情報誌『color2015』において紹介されている。

強く批判されなければならない。除染は、汚染圏外に拠点を置いた企業の利益に吸収されるのではなく、汚染地域の住民たちの自治、福利に還元されるような仕方で進められる必要がある。この意味で、福島県内と同等の高濃度汚染に見舞われた栃木県北部において、市民主体の除染活動を展開するNPO法人「那須希望の砦」の活動は、一つのモデルケースとなるだろう(32)。

第五に、強制避難者の故郷(とりわけ福島第一原発の周辺地域)において放射性廃棄物の「中間貯蔵施設」を設置するという計画については、徹底した熟議の必要性を指摘しておきたい。なぜなら、この問題は、私たちがこれまで真剣に考えることを放棄してきた、ある根本的なアンチノミーに関わっているからである。そのアンチノミーを、以下のように互いに対立する二つのテーゼとして定式化することができるだろう。

命題一　放射性廃棄物の「中間貯蔵施設」を強制避難者の故郷に設置することは、福島第一原発事故によって最大級の犠牲を強いられている当事者に対してさらなる犠牲を強いる、ということを意味している。

命題二　放射性廃棄物の「中間貯蔵施設」を強制避難者の故郷以外の場所に設置することは、福島第一原発事故による高濃度の放射能汚染を免れた地域の住民にとって将来的な被曝リスクを拡大する、ということを意味している。

命題一は、「これ以上、原子力発電のシステムに内在する構造的差別を補完、強化してよいのか」という問いに関わっている。「そうしてよい」と見なす立場は、当事者が築き上げてきた生活の基盤を、二重、三重に簒奪してよい、と表明しているに等しい。このような立場は、谷中村の村民に対して、二重、三重の犠牲を強いることになった足尾鉱毒事件のケースを想起させずにはおかない[33]。要するに、強制避難者の故郷に「中間貯蔵施設」を押し付けることは、事実上、原子力発電のシステムが持つ内的な論理を維持し続け、日本近代史の公害事件の本質を「回帰」させることを含意しているのである。

一方、命題二は、「高濃度汚染を免れた地域の人々が、将来的にどのように脱被曝の可能性を確保できるのか」という問いに関わっている。汚染リスクの軽減という脱被曝の課題を真剣に踏まえれば、「汚染物質は高濃度汚染地域に集中させるべきである」という主張は、正当性を持つばかりでなく、合理的ですらあるように見える。しかしながら、この一見、正当的、合理的な立論の背後に控えているのは露骨なまでの差別的な心性である、ということも疑いえない。しかも、このような心性は、原子力発電による「犠牲のシステム」の下で成立してきた多数の人々における現状追認の姿勢と同一であるがゆえに、細心の注意を要するだろう。

私たちの考えでは、この二つのテーゼが提示するアンチノミーを揚棄する解決策は、残念ながら存在しない。私たちが現段階で明言できるのは、福島第一原発事故によって最大級の「犠牲」を強いられて

(31) 例えば以下を参照。「除染受注問題　ゼネコン　新たに2事業、無競争」、『東京新聞』、二〇一三年八月三〇日。

(32) 以下を参照。田口卓臣、「記録　栃木県北地域と「隠れた被災者」——市民による除染と子どもの安全のための活動を事例として」、『福島乳幼児・妊産婦支援プロジェクト（ＦＳＰ）報告書　２０１１年４月～２０１３年２月』、一二一—一六頁。ＮＰＯ法人「那須希望の砦」については以下を参照。**http://nasutoride.jp**

(33) この点については、第四部第一章において詳細に論じた。

きた強制避難者の肉声に耳を傾けることなく、彼らの故郷に「中間貯蔵施設」を設置しようと企てることは倫理的に許されない、ということだけである。

1-3 「帰還」イデオロギー批判

本節を締め括るにあたって、多様なる脱被曝の実現可能性を最も阻害する要因について指摘しておきたい。その要因とは、復興庁が中核となって推進してきた「帰還」イデオロギーである。復興庁の基本方針は、福島県内の故郷から避難した当事者たちに対して、それぞれの故郷への「帰還」を促すことである。この方針の問題点は、最初から結論ありきの大前提に立ち、事実上、帰還以外の選択肢の可能性を排除している点にある。当然ながら、このように排他的な方針は、私たちが提案する多様なる脱被曝の理念に逆行するものであり、従って、多様なる脱被曝の理念の実現可能性を確保するためには、「帰還」イデオロギーの批判を欠かすことはできない。言うまでもないことだが、敢えて帰還を選択した当事者の意志は最大限に尊重されなければならないし、彼らが帰還先のコミュニティで孤立しないための支援は喫緊の課題である(34)。ただし、当事者による「帰還」の選択は、行政権力によって方向付けられたものではなく、当事者自身の納得に基づいていることが不可欠である。ところで、復興庁の基本方針は、こうした当事者の自発的な意志を尊重するものではなく、当事者の被曝状況からも著しく乖離していると言わざるをえない。

それでは、日本の行政権力は、どのような動機に基づき、どのような方法によって、避難者たちの帰還を推進しようとしているのだろうか。そしてそれは、どのような帰結をもたらしているのだろうか(35)。この点については、社会学者、セシル・浅沼＝ブリスの考察が参考になる。彼女の考察に基づいて日本政府、復興庁の「帰還」イデオロギーを分析することで、私たちが目指すべき理念の輪郭が改めて明確になるだろう。

日本政府、復興庁の方法については、既に本書の随所で断片的に言及してきた。ここで再確認すれば、民主党・国民新党の連立政権である野田政権が二〇一二年に開始した避難指示再編（つまり「避難指示区域」の「帰還困難区域」、「居住制限区域」、「避難指示解除区域」への再区分）、自由民主党・公明党の連立政権である安倍政権が二〇一五年六月に表明した自主避難者に対する住宅支援の打ち切りなどは、日本政府の方針を明瞭に示している。日本政府の説明によれば、年間被曝限度量二〇ミリシーベルトというＩＣＲＰの「防護基準」に基づくなら、それ以下の汚染レベルまで下がった区域に関しては帰還が可能である、というわけである。しかしながら、何度でも指摘しておかなければならないのは、ＩＣＲＰの「防護基準」とは、福島第一原発事故後に日本政府が突然採用したものに過ぎず、事故前に政府が採用していたのはその基準の二〇分の一、すなわち年間被曝限度量一ミリシーベルトだった、ということである。[36] このように、福島第一原発事故後に行われた「防護基準」の改変は、日本政府が引き合いに

(34) 以下を参照。『お母さんを支えつづけたい』。
(35) セシル・浅沼＝ブリス、「現実を超えて──あるいは概念から虚構的な理想空間が創出されるとき　原子力カタストロフィの際に原子力国家が移住・避難に対して行う管理について」、渡名喜庸哲訳、『神奈川大学評論』、第七九号、二〇一四年。フランス語原文も含めて、以下の「市民科学者国際会議」のサイトで閲覧可能。本章における引用はすべて、同サイトに掲載された翻訳、フランス語原文に基づく。http://csrp.jp/posts/1896
(36) この点については、第二部第一章において詳細に論じた。

出す「科学的根拠」の恣意性を物語るばかりでなく、政府が原発事故の被害に対する責任を負うつもりがないという事実をも明確に示している。要するに、日本政府の帰還促進政策とは、単に福島県への帰還者を増やすことにとどまらず、原発事故によって被害にあった当事者たちへの公的支援を縮減、廃止していくことを目的としているのであり、その政策を支えているのは、政府の決定に従うことなく「自主的」に避難している者たちに対しては支援や補償の必要性はない、というコスト縮減優先の統治論理なのである。福島第一原発事故の直接的な責任は東京電力にあり、より根源的には原発を国策として推進してきた日本政府にもその責任があるはずだが、避難指示再編や自主避難者への公的支援の打ち切りは、こうした国家と資本が担うべき責任を、一人一人の個人に転嫁し、曖昧化する機能を果たしている。この意味で、帰還促進政策とは、国家自身の責任を被害当事者の責任にすり替えるという、倒錯と欺瞞に満ちた方法なのである。

ところで、こうした日本政府の帰還促進政策は現在、福島県内で繰り返し開催される「リスク・コミュニケーション」のワークショップを通して、執拗に強化、補完されている。ここで言う「リスク・コミュニケーション」とは、「過剰な防護」、「マスクの着用」、「学校の校庭やプールの使用や食べ物に関するさまざまな制限」はストレスの原因となり、精神的な不調につながりかねず、放射能汚染そのものによる健康影響よりもはるかに有害である、という倒錯した論理を喧伝する、行政主導のキャンペーンを指している。このキャンペーンに協力しているのは、福島県の行政の論理に寄り添う福島県立医科大学だけでなく、IAEA、ICRP、UNSCEAR（原子放射線の影響に関する国連科学委員会）など、私たちが繰り返し本書で批判してきた国際原子力ロビーに属する組織である。以下に引用するセシル・浅沼＝ブリスの考察は、これらの組織の方法、動機を、当該組織の担当者自身の証言によって見事に裏付けている。

福島県立医科大学と笹川記念保健協力財団が共催した、福島での第三回国際専門家会議において、［……］UNSCEARやIAEA安全基準委員会委員も務めるアーベル・ゴンザレス氏にとって、すべてはコミュニケーションの問題である。［彼は、］保護にはコストがかかること、人口の一部分を避難ないし移住させることは目標にはなりえないことを何度も指摘した［……］。WHOのエミリー・バン・デベンダーも、［……］こう結論づけている。「いずれにしても、私たちはコスト＝ベネフィットの賭けに勝たねばなりません」。そのために、そしてまた明らかに確認される人口流出を止めるためには、安心感を創り出すということが今後の課題となる。この課題を引き受けるというのは国際放射線防護委員会（ICRP）のジャック・ロシャールであるが、彼はそのために、とりわけ「住民に対し、彼らの日常の一部をなす被曝ということの新たな要素を受け容れてもらう」と言う。彼らはみな、住民の内部被曝を測定するのに十分なデータはないということについては了解しているのだが、いずれにしてもそれは懸念すべき事柄のうちには入らないようだ。ロシャールによれば、重要なのは、しきい値を設定することではなく、「個別的な手段によるチェルノブイリのような手本に基づいた避難というプロセスをやめることで、人々に安心を取り戻し、汚染された環境のなかで日常生活の自己管理をできるようにする」ことである(37)。

(37)「現実を超えて」、『神奈川大学評論』、第七九号。強調引用者。

福島第一原発事故による被曝者の保護にはコストがかかること。人口の一部分を避難ないし移住させるという選択肢は放棄し、「コスト＝ベネフィットの賭け」に勝たねばならないこと。そのためには、被曝当事者たちに対し、「彼らの日常の一部をなす被曝」を「受け容れ」させなければならないこと。いやそれどころか、避難の選択肢を否定することで、逆説的に人々に「安心」を与え、汚染された環境下での「日常生活の自己管理」へと積極的に誘導すること。——これらの証言はすべて、国際原子力ロビーに属するIAEA、ICRP、UNSCEARの担当者たち自身の口から発せられたものである。彼らの証言に通底しているのは、被曝当事者である住民の健康管理よりも経済的＝社会的コスト縮減を優先するという、新自由主義的な統治技法に他ならない。つまり「リスク・コミュニケーション」とは、経済的＝社会的コスト縮減優先の論理に基づいて、汚染地の外に避難するという選択肢を全面的に否定する、排他的イデオロギーなのである。それは、外見的には被曝不安の緩和、安心の増大を謳っているものの、現実には経済的＝社会的コストの縮減を第一目的として、当事者に対して被曝を受忍させようとする思想である(38)。端的に言えばそれは、被曝当事者たちに被曝の「自己管理」を強要することで、統治に関わる経済的＝社会的コストを縮減しようとする、新自由主義権力の論理である、と要約することができる(39)。

上述のような「リスク・コミュニケーション」の方向性は、日本政府、復興庁の帰還促進政策の方向性と完全に一致している。セシル・浅沼＝ブリスの試算によれば、二〇一四年の時点で避難指示再編の影響を受ける住民の人口は七万六四二〇人である(40)。そのうちの六七％、すなわち五万一三六〇人は、「避難指示解除準備区域」の住民に相当している。つまり、差し当たり五万人強の当事者に対する公的支援のコストを縮減することが、日本政府、復興庁の帰還促進政策を支える本音であり動機なのである。このように考えてみれば、日本政府の帰還促進政策とは、実質的には「棄民」の論理に基づいて被曝当事者を切り捨てる容認し難い施策であると言える。[41] そして、一度、日本政府が「棄民」の論理を志向しているという事実が見えれば、以下に引用する過酷な現実はまさに必然的な帰結である、ということも理解できるはずである。

---

(38)「リスク・コミュニケーション」の担い手として、民間団体「福島のエートス」の名前も挙げておこう。「福島のエートス」は、住民による被曝の「自己管理」と被曝受忍を目的として、ＩＣＲＰのジャック・ロシャールがベラルーシで設立した、「エートス・プロジェクト」をモデルとしたものである。「福島のエートス」の活動には、ロシャール自身がかなり密接に協力している。以下を参照。コリン・コバヤシ、『国際原子力ロビーの犯罪——チェルノブイリから福島へ』、以文社、二〇一三年、第二章「エートス・プロジェクトの実相から」。「福島のエートス」の活動については、以下のブログを参照。http://ethos-fukushima.blogspot.jp/

(39) この点については、第二部第一章において詳細に論じた。

(40)「現実を超えて」、『神奈川大学評論』、第七九号。

(41) 復興庁による原発事故被災者支援政策の欺瞞に関しては、以下を参照。日野行介、『福島原発事故　被災者支援政策の欺瞞』、岩波新書、二〇一四年。日野によれば、復興庁のキャリア官僚による「暴言ツイッター」事件は、「被災者支援」の理念を骨抜きにした同庁の「棄民」政策を象徴している。さらに、これと同様の政策は、福島県内に住む子供たちの甲状腺検査（「県民健康調査」）を進める政府や実施主体の福島県にも認められるという。このような政策に従って、政府と福島県は被曝の健康影響を否認し、被曝当事者への健康対策や補償のコストを抑えようとしているのである。これは、近代日本の数々の公害において繰り返されてきた公害否認の論理とまったく同一のものである。以下を参照。日野行介、『福島原発事故　県民健康管理調査の闇』、岩波新書、二〇一三年。

第一原発に隣接する自治体ごとの死者数の分布を見ると、浪江町は三三三人、富岡町は二五〇人、双葉町は一一三人、大熊町は一〇六人であり、これらの自治体の全住民のうち八〇二人の死者が、原発事故による帰結として数えられる。そのうちの五五人は、この半年のうちに記録されたものだ。『福島民報』は二〇一四年七月二一日の記事で自殺者数が再び上昇しているという内閣府の発表を報じ、警鐘を鳴らしている(42)。

一般に用いられている「原発事故関連死」という価値中立的な表現は、日本政府の棄民の論理を隠蔽する一種のレトリックである。同様に、「自殺者数」という表現もまた、当事者の「自殺」が、日本政府の棄民の論理によって方向付けられたものであることを覆い隠してしまう別種のレトリックである。汚染地に暮らす住民に被曝の「自己管理」を強要する新自由主義権力の論理は、当事者たちの「関連死」をすべて、「自発的意志に基づく選択」と解釈し、切り捨てていくだろう。この意味において、日本政府の「帰還」イデオロギーは、私たちが提言する多様なる脱被曝の理念に真っ向から対立している。「帰還」イデオロギーは、一人一人の当事者が、それぞれの現場で、それぞれの望む仕方で脱被曝を追求する可能性を全面的に退けようとするのである。「帰還」イデオロギーはまた、経済的＝社会的コスト縮減優先の論理に基づいて、人間的生を、国家と資本を延命させるための手段へと貶める。人間的生を目的と見なす脱被曝＝脱原発の哲学にとって、日本政府、復興庁の方針は最大の阻害要因である。私たちは、「帰還」イデオロギーによって振り撒かれる「安全・安心」の笑顔に騙されてはならない。その笑顔の向こうに控えているのは、多様なる脱被曝の可能性の条件を切り崩し、人間的生の価値を愚弄する新自由主義権力の冷笑に他ならない。

2　脱原発の実現と民主主義

2-1　脱原発をどのように実現すべきか

次にわたしたちは、福島第一原発事故後の二〇一一年に、二〇二二年までの脱原発を決定したドイツの例を検討し、ドイツとの比較において、日本がどのような方法で脱原発を実現すべきか、そして、脱原発を通じてどのような社会、どのような民主主義を実現すべきかを考察しよう。

東西冷戦の最前線であり、核兵器の配備のために核の恐怖が日常的なものであった西ドイツでは、オイル・ショックを契機に原発の大量建設が開始された一九七〇年代から、激しい反原発運動が存在し、とりわけヴィール原発、ブロックドルフ原発建設反対運動は、メディアでも盛んに取り上げられた。これらの激しい反原発運動と、司法による建設中止命令によって、ヴィール原発、ブロックドルフ原発は、既に一九七〇年代に建設中止を余儀なくされている。また、同じく激しい反対運動によって、一九七九年には、ゴアレーベン再処理施設の建設が連邦政府によって撤回されている。

反原発運動「発祥の地」であるヴィールや、ヴィール近郊の大学都市フライブルクでの原発反対運動は、原発廃止を党是とする緑の党創設の契機となった。[43] 一九八〇年に設立された緑の党は「制度化され

(42)「現実を超えて」、『神奈川大学評論』、第七九号。
(43) 以下を参照。川名英之、『なぜドイツは脱原発を選んだのか――巨大事故・市民運動・国家』、合同出版、二〇一三年、第一章、第二章。

た社会運動[44]」とも呼ばれ、その環境政策と、「底辺民主主義［Basisdemokratie］」と呼ばれる新しい民主主義の理念によって、徐々に支持層を拡大していく。「底辺民主主義」とは、分権的な直接民主主義を実現することであり、その直接民主主義の理念は、国民投票や、市民による公務員、代議員、諸機関の監督として実現される、と定義されていた。一九八〇年の「ザールブリュッケン連邦党綱領」は次のように述べている。

> 底辺民主主義政策とは、集中を排した直接民主主義を実現し強化することである。市町村やサークルは自治権と、広範囲の自律性を維持する。とはいえ、まとめ役の機関を置いて、多大な抵抗の中でもエコロジー政策を推進し、州および連邦レベルの国民投票を行って直接民主主義を実現することが必要である。底辺民主主義の中心思想は、すべての公務員、代議員および諸機関を底辺部が監督し、いつでも彼らを交代させることができることにある[45]。

また、環境政策について、一九八〇年の緑の党綱領「緑の党は何をしようとしているのか」は、以下のように原発の廃棄と再生可能エネルギーへの転換を明確に主張している。

> 既成政党の影響で、核エネルギーのようなものでさえもっと拡充しようと誰もが思い始めた。その結果、核廃棄物の最終保管施設を岩塩の中に設けざるを得なくなり、ハリスバーグ［スリーマイル島原発事故］のようなカタストロフィが今にも顔をのぞかせそうな状況がもたらされた。最終保管施設では、高濃度の放射線が数千年にわたって消えずに残り、それが生物圏から安全に遮断されることもな

い。それは多くの次世代の生命を脅かし続けるのである。

核エネルギーの使用は民主主義と種々の基本権を危険に曝しているだけでなく、安全性に関する高いリスクのために、我が国に警察国家と監視国家（原子力国家）への道を歩ませている。諸国への原子力機器の輸出は平和を危険に陥れるものである。それゆえ私たちは、すべての原子力施設の計画、建設、操業、輸出をただちに停止するよう求める。

現在のエネルギー生産は燃焼による方法を用いているので、多大なエネルギー損失（例えば排熱）と後の環境破壊を招く。エコロジー的エネルギー政策はこうした方法に代えて、環境と調和し、再生可能で、生産機構を非集中的に組織したエネルギー源（太陽、風力、水力、バイオガスなど）からエネルギーを取り出したいと考えている。つまりエコロジー的エネルギー政策は、環境との調和という枠組みの中でエネルギー消費を安定させることに努めるのである。(46)

（44） Wolfgang Rüdig, "Phasing Out Nuclear Energy in Germany", in *German Politics*, Vol. 9, No. 3, 2000, p. 46.

（45） »Das Saarbrücker Bundesprogramm«, Kurzfassung von Hans-Werner Lüdke, in Hans-Werner Lüdke, Olaf Dinné, hrsg., *Die Grünen: Personen - Projekte - Programme*, Seewald, 1980, S. 212. 邦訳「ザールブリュッケン連邦党綱領」（ハンス＝ヴェルナー・リュトケによる要約）、ハンス＝ヴェルナー・リュトケ、オーラフ・ディネ編、『西ドイツ緑の党とは何か――人物・構想・綱領』、新井宗晴・石井良他訳、人智学出版社、一九八三年、二九三頁。

（46） »Wahlplattform: Was wollen Die Grünen?«, in *Die Grünen*, S. 251. 邦訳「緑の党は何をしようとしているのか（一九八〇年六月一二日付連邦議会選挙綱領）」、『西ドイツ緑の党とは何か』、三四七頁。

このように、緑の党の綱領は、単に脱原発を主張するだけでなく、脱原発を実現するために再生可能エネルギーを普及、促進すること、さらには非民主主義的な「原子力国家」のあり方を批判し、民主主義の諸制度をより直接民主主義的なものへと変革することを、既に結党時に主張していたのである。緑の党による直接民主主義への呼びかけが政治制度としてどの程度ドイツ社会において実際に実現されているかは別として、これら二点は、私たちが後に述べる、脱原発によって実現されるべき社会のイメージに極めて近い。

一九八六年にチェルノブイリ原発事故が起き、ドイツの一部が放射性物質によって汚染されると、反原発運動はさらに勢いを増した。チェルノブイリ原発事故の翌月、一九八六年五月の世論調査によれば、原発反対は西ドイツ人口の六六%を占めたのである。[47] そうした反原発を主張する世論と緑の党の存在に影響を受けて、原発を肯定していた社会民主党は、一九八六年八月の党大会で、脱原発政策へと劇的に綱領を転換する。またこれに合わせて、ドイツ労働組合連盟も、脱原発路線へと方針を転換する。以下にその社会民主党の綱領を引用する。

（一）社会民主党は、原子力エネルギーが短い過渡的なものでしかないことを学んだ。党は核を使わず、より安全で、環境保護の上からも好ましいエネルギーへの移行を達成する。西ドイツにある稼働中の原発一九基を今後一〇年間に段階的に停止する。
（二）新規の原発建設は認めない。[48]
（三）代替エネルギーを開発する。

このような脱原発政策への綱領転換にともなって、社会民主党が政権を握っていたノルトライン・ヴェストファーレン州は、建設中であったカルカー高速増殖炉について、一九八六年七月にその建設を中止し、運転許可を取り消した。[49] 脱原発のための現実的な政策が、ドイツにおいて動き出したのである。東ドイツと西ドイツの統一を経て、ついに一九九八年に、社会民主党と緑の党の連立政権が成立する。両党は協議の上、二〇〇〇年に、全原発の二〇二一年までの廃止を決定した。その基本合意は以下の通りである。

(一)一九基の原発の平均寿命は三二年とする。各原発は運転開始から、それぞれ平均三二年で全廃する。

(二)新しい原発の設置は認めず、耐用年数に達したものから順次廃棄していき、二〇二一年までにすべての原発を廃止する。

(三)使用済み核燃料の再処理は二〇〇五年七月一日までとし、それ以降は最終処分場での貯蔵に限定する。

(四)当面、中間処理場で貯蔵することを認める。[50]

---

(47)『なぜドイツは脱原発を選んだのか』、一一六頁。
(48)同書、一一八頁。
(49)同書、一一九頁。
(50)同書、一五六頁。

また他方で、社会民主党と緑の党の連立政権は、脱原発を実行に移すために、再生可能エネルギーの普及拡大を支援する「再生可能エネルギー法」を二〇〇〇年に制定、施行した。この「再生可能エネルギー法」に基づく固定価格買取制度によって、その後ドイツでは、再生可能エネルギーが爆発的に普及することになる。固定価格買取制度とは、再生可能エネルギー電力を発電の種類別、規模別などの条件別に定められた固定価格で一定期間購入し続けることを電力会社に義務付け、その購入財源は電気料金に組み込んで消費者から徴収し、社会全体で負担する、という方式である。電力買取価格は、再生可能電力発電事業者の受け取る買取期間中の電力販売総額が総必要費用を上回るようになっている。その結果、設備所有者は経済的損失を被ることなく、むしろ若干の利益が得られることになるため、市民や地域住民なども含む多様な主体による再生可能エネルギー資源の取り組みが進み、普及が促進されるのである。[51] 固定価格買取制度は、このようにして再生可能エネルギーの普及拡大を社会全体で支援、促進するものである。

環境経済学者、大島堅一によれば、二〇〇〇年に制定された「再生可能エネルギー法」の制度の特徴は以下の諸点からなっていた。

(一) 再生可能エネルギーの電力系統への優先接続という原則が確立されている。この原則は非常に重要である。なぜなら、再生可能資源が存在する地点に電力系統が設置されていなかったり、系統容量が十分でない場合、これを理由に電力系統に接続できなければ、再生可能資源が豊富に存在したとしても、再生可能エネルギーの普及が進まないからである。

(二) 電力買取価格が、原則として二〇年の固定額で定められている。ドイツでは、一九九八年の電力自由化後、電力小売価格が市場で決定されるようになっていた。電力自由化の下であっても、買取価格が絶対額で示されれば、再生可能電力の買取価格が安定し、再生可能エネルギーの経営上のリスクが軽減される。再生可能エネルギー法の下で、再生可能エネルギー発電事業者の経営リスクはほぼなくなったとされる。

（三）買取価格に逓減率が定められている。つまり、買取価格は年が経つにつれて逓減していくのである。この狙いは二つある。第一に、技術革新が進むにつれて発電単価が下がることに対応するためである。第二に、再生可能エネルギーの早期導入を促すためである。買取価格が逓減していくことがあらかじめわかっているため、再生可能エネルギー発電事業者はできるだけ早く発電設備を設置しようとする。(52)

二〇〇九年にキリスト教民主・社会同盟と自由民主党の保守・中道右派連立政権である第二次メルケル政権が成立すると、翌年この政権は、財政赤字削減を理由として、原発の耐用年数を平均一二年延長するという脱原発期限延長政策を打ち出した。しかし、二〇一一年三月に福島第一原発事故が起きたことで、原発の延命に反対する世論の動向に敏感なメルケル政権は、突如、脱原発政策へと政策を転換する

(51) 和田武、『飛躍するドイツの再生可能エネルギー――地球温暖化防止と持続可能社会構築をめざして』、世界思想社、二〇〇八年、一六頁。
(52) 大島堅一、『再生可能エネルギーの政治経済学――エネルギー政策のグリーン改革に向けて』、東洋経済新報社、二〇一〇年、二〇八―二〇九頁（私たちによる要約）。

ことになる。二〇一一年四月、メルケル首相は「安全なエネルギー供給のための倫理委員会」を設置し、今後のエネルギー供給体制について「倫理的」観点から議論するよう要請した。メンバーは、リスク社会学者のウルリッヒ・ベック、環境学者のミランダ・シュラーズをはじめ、科学技術界、カトリック、プロテスタント教会のトップや、社会学者、政治学者、経済学者、哲学者、実業家、労働組合議長などからなっているが、原子力工学者や電力会社関係者は一切含まれていない。なぜなら、本委員会の目的は、原発も含めたエネルギー生産の今後のあり方について、技術的、経済的観点からではなく、「倫理的」観点から検討するものだったからである。(53)

エネルギー生産の方針について、「倫理委員会」は公聴会や、倫理委員会での集中的討議を行い、同年五月三〇日に、「一〇年以内に原子力エネルギーから撤退できる」とする倫理委員会報告を提出した。報告書の要点は以下の通りである。

(一) 原発の安全性が高くても、事故は起こりうる。
(二) いったん原発事故が起こると、他のどんなエネルギー源よりも危険である。
(三) 次世代に廃棄物処理などを残すことには倫理的問題がある。
(四) 原子力より安全なエネルギー源が存在する。
(五) 地球温暖化問題もあるので、化石燃料を代替として使うことは解決策にはならない。
(六) 再生可能エネルギー普及とエネルギー効率化政策で、原発を段階的にゼロにしていくことは、将来の経済のためにも大きなチャンスとなる。(54)

これらの提言に、私たちはほぼ同意することができる。とりわけ、原発の安全性がいかに高くても事故は起こりうるのであり、それが大事故になれば、その影響は戦争と同程度にカタストロフィックな被害をもたらさざるをえない、という論点、そして放射性廃棄物を次世代に残すことには倫理的問題がある、という論点は、私たちが本書の最初から何度も指摘してきたことと重なっている。

「倫理委員会」と並行して行われていた、技術者たちによる原子炉安全委員会によるドイツ国内の原発の安全評価報告は、同年五月一六日に「ドイツの原発は航空機の墜落を除けば比較的高い耐久性を持っている」と答申した。しかし、メルケル首相はその報告には従うことなく、倫理委員会の報告をもとに同年六月、二〇二二年までに脱原発を完了するという方針を打ち出すことになる。(55) こうして、いったん脱原発を延期したドイツは、福島第一原発事故を契機として、再び脱原発政策へと復帰したのである。

このようにドイツの脱原発決定までの歴史を振り返ってみるなら、私たちはそこから以下の二点を理

(53) ドイツには、純粋に技術的、経済的問題以上のより深い道徳的、倫理的問題を検討する「倫理委員会」という制度があり、例えば、二〇〇一年以来、生命科学の倫理的問題についての社会的対話を進めるために「国家倫理審議会」が設置されている。審議会は、自然科学、医学、進学、哲学、社会科学、法学、環境学、経済学など各分野のメンバーからなっている。以下を参照。ミランダ・シュラーズ、「日本の読者のみなさんへのメッセージ」、吉田文和、ミランダ・シュラーズ編訳、『ドイツ脱原発倫理委員会報告』、七頁。
(54) 吉田文和、「ドイツ脱原発の「なぜ」と「どのように」」、『ドイツ脱原発倫理委員会報告』、一四四―一四五頁。
(55) 同書、一四四頁。

解することができる。

第一に、ドイツでは、核兵器の配備を背景として、一九七〇年代から既に反原発運動が活発であったし、司法、行政による原発や原子力施設の建設中止命令を、既に一九七〇年代に引き出している。また、メディアは一九七〇年代から反原発運動を積極的に取り上げており、反原発運動を支援する批判的科学者集団（例えば、一九七七年に設立された環境シンクタンク、エコ研究所など）(56)も存在した。日本においても、一九七〇年代以降に誘致された原発の設置は住民による反対運動のため困難になったが、裁判闘争においては対照的に、反原発派が伊方原発訴訟において批判的科学者集団の支援を得て善戦したにもかかわらず、最終的には敗訴している(57)。

第二に、ヴィール原発反対運動から生まれた、脱原発を主張する環境政党、緑の党が一九八〇年代から一定の勢力を保持しており、それに影響を受ける形で、それまで原発を容認していた社会民主党とドイツ労働組合連盟も脱原発へと方針転換した。そして、一九九八年の社会民主党と緑の党の連立政権樹立によって、一気に脱原発と再生可能エネルギー拡大への道が開かれた。また、いったん決まった脱原発の流れを否定しようとする保守政権による揺り戻しの動きも、福島第一原発事故とそれに伴う反原発運動によって、決定的に道筋を断たれたのである。他方、日本では、一九七二年に社会党が反原発の方針を明確にして反対運動を支援したが、残念ながらそれは国政レベルでの政策決定に影響を及ぼすことはなかった。実際、社会党は、一九九四年の村山内閣の成立によって政権の座に着くと同時に、「現実路線」である原発容認へと政策を転換し、反原発の方針を撤回している。また、一九九八年に結党された民主党も、福島第一原発事故まで、原発容認（二〇〇六年以降はむしろ積極的な原発推進）(58)を党の基本政策としていた。

つまり、ドイツの歴史家ヨアヒム・ラートカウが述べるように、ドイツにおける反原発運動は、市民運動、メディア、政治、行政、司法、科学の「相互作用」によって、ついに政府による脱原発の決定へと結実したのである。これは、反原発運動が住民運動とそれ以外のアクターの間に広範な「相互作用」を生み出すことのできなかった日本と、決定的に異なる点である(59)。

ドイツはこれまでに、日本のようなカタストロフィックな原発事故を起こしていない。そのドイツでさえ、福島第一原発事故後に保守政党も含めた全政党が脱原発に同意し、脱原発へと復帰したのである。ドイツは二〇二二年までに脱原発を実現するという、エネルギー生産システムの緩やかな移行を想定しているが、福島第一原発事故のようなカタストロフィックな事故を起こし、しかも二年にわたって全原発が停止しても電源供給を原発なしでまかなえていた日本は、脱原発を即時実現すべきである、と私たちは考えている(60)。

---

(56) 以下を参照。高木仁三郎『市民の科学』、講談社学術文庫、二〇一四年（初版、『市民の科学を目指して』、朝日選書）、第I部第二章「専門的批判の組織化について」。

(57) 伊方原発訴訟については、第二部第二章において詳述した。

(58)「原発、不可欠と容認　民主が積極推進に転換」、共同通信、二〇〇六年七月二五日。

(59) Joachim Radkau, »Eine kurze Geschichte der deutschen Antiatomkraftbewegung«, in Bundeszentrale für politische Bildung, hrsg., *Ende des Atomzeitalters?: Von Fukushima in die Energiewende*, 2012. 邦訳「ドイツ反原発運動小史」、『ドイツ反原発運動小史——原子力産業・核エネルギー・公共性』、海老根剛・森田直子訳、みすず書房、二〇一二年。

(60) 日本国内の原発は、二〇一二年五月から七月、二〇一三年九月から二〇一五年八月までの期間、全機が停止していたが、電力供給に支障は生じなかった。

日本は、福島第一原発以後の二〇一二年七月に、ドイツと同様の固定価格買取制度を導入しており、自然エネルギーの導入が着々と進んでいる。とりわけ晴れた真夏のピーク時に発電量が多くなる太陽光発電の普及と、節電の普及（節電は隠れたエネルギー源であると言われる）によって、全原発が停止していた二〇一五年八月前半の時点で、一年の電力需要のピークである真夏にも、電力供給は余裕を持って行えるようになった。従って、電力供給という観点からは、原発に依存する必要はもはやまったく存在しないのである。(61)

しかし、実際に脱原発を実施するためには、そのための政治的な手段を確保しなければならない。二〇一四年の世論調査によれば国民の七七％が脱原発に賛成しているにもかかわらず、(62)与党自由民主党は依然として原子力エネルギー推進を続けている。選挙における争点は常に経済問題でしかなく、原子力政策はまったく争点にはなっていない。このため、脱原発は、日本国民の「一般意志」（ルソー）にもかかわらず、現段階では実現の見込みがまったく立っていない。

日本には、ドイツの緑の党のような環境政党は存在せず、野党第一党である民主党のエネルギー政策も、有力な支持母体の一つである電力労連（原子力ムラの一翼を担い、原発維持を主張する、まさしく「当事者」の一つ）との関係で極めて曖昧である。(63)このことは、日本国民の「一般意志」が脱原発であるとしても、イニシアティヴを取って脱原発を実現しうる政党が存在しない、ということを意味している。また言うまでもなく、与党である自由民主党は、経済産業省、原子力ムラと露骨に結びついて、あからさまな原発回帰路線を打ち出している。

以上のような日本に固有の状況により（ただし、同様の状況は、恐らく日本以外の多くの国にも共有されているだろう）、(64)脱原発を実現する手段は国民投票以外には存在しない、と私たちは考えている。つまり、国民投票によって、脱原発を行うか否かを国民の意志として決定すればよいのである。

もし国民投票によって脱原発が決定されれば、福島第一原発を含むすべての原発は各電力会社から切り離し、国有化して廃炉作業を進め、原発以外の資産を持たない日本原子力発電は廃炉専門企業へと組織転換して各原発の廃炉作業を支援するべきである。電力会社は、原発の廃炉を決めるとその年に巨額の損失を計上しなければならず、場合によっては債務超過に陥らざるをえない、という経営上の理由から、自主的に廃炉を決断することが困難である。[65] そうした観点から、私たちは廃炉のための全原発の国有化を主張しているのである。また言うまでもなく、脱原発とともに、核燃料サイクル事業からも全面的に撤退し、東海、六ヶ所核燃料再処理工場、高速増殖炉もんじゅは、すべて廃止すべきである。

脱原発を実現し、国家による地方の服従化という構造的差別を解体するためには、電源三法交付金は

(61)「太陽光、ピーク時肩代わり　夏の電力需給　猛暑、晴れて本領」、『朝日新聞』、二〇一五年八月八日。

(62)朝日新聞の二〇一四年三月の調査による。「原発再稼働「反対」59％」、『朝日新聞』、二〇一四年三月一八日。

(63)民主党のエネルギー政策は「二〇三〇年代に原発ゼロを可能とするようあらゆる政策資源を投入する」というものであり、明確に脱原発の期限を設定しておらず、また脱原発の実現を明言してもしていない。

(64)実際、福島第一原発後に、東京都と大阪市で、原発稼働の是非を問う住民投票条例制定のための署名運動が行われ、東京都で三二万三〇七六筆、大阪市で五万五四二八筆の署名が集まり、それぞれの議会に住民投票条例案が提出されたが、それらの条例案は議会によって否決された。住民投票請求を議会が否決できるという現在の地方自治システムには、直接請求に必要な署名数を超えた多数の民意を議会が簡単に否定しうるという点において、大きな問題がある。「原発」国民投票の運動の推移と現在については、以下の「みんなで決めよう「原発」国民投票」のホームページを参照。http://kokumintohyo.com/

(65)「原発廃炉なら4社債務超過　損失計4兆円超　経産省試算」、『朝日新聞』、二〇一二年六月一八日。

直ちに廃止し、その財源である電源開発促進税を、福島第一原発事故の事故処理と全原発の廃炉作業に用いられる「脱原発税」へと組み替える必要がある。福島第一原発事故というカタストロフィックな事故を起こした日本では、事故処理と脱原発のための費用を国民全体で負担することが避け難く必要になるが、そのためには、構造的差別の手段であった電源開発促進税を「脱原発税」へと転換して脱原発のために使用することが、最も合理的な方法であろう(66)。

国民投票の具体的な制度設計については、今井一『「原発」国民投票』(67)の提案が参考になる。国民投票は、原発の稼働継続または廃止、新規建設の是非を問う「原発国民投票法」を国会で制定することによって、行うことができる。日本国憲法は、憲法改定以外の国民投票の規定を定めていないが、法的拘束力を持たず、結果を政府や議会が参考として政策を決定するような諮問型国民投票なら実施可能である。

脱原発のような、全国民の未来に関わる重要な政策決定に関しては、国民投票の実施が不可欠である。なぜなら、先に述べたように、原発問題は、間接民主主義下の議会選挙においては、これまでまったくと言っていいほど争点化されていない主題だからである。実際、二〇一一年三月以後の衆議院、参議院選挙において、脱原発の問題が主要な争点として設定されたことはない。それは、原発推進勢力である自由民主党も含めたほとんどすべての政党が脱原発、あるいは脱原発依存を主張しており、一見どの党に投票しても同じであるような見かけが作られているからである。しかし、そのような見かけとは逆に、二〇一二年の衆議院選挙以後与党である自由民主党は、一貫して原発推進の姿勢を変えていない。例えば、二〇一四年一二月の衆議院選挙時に、自由民主党は「原発依存度を可能な限り低下させる」と主張していた。しかし選挙後の二〇一五年七月、経済産業省は、二〇三〇年の電源構成比率において原発の割合を二〇―二二％とすることを決定した。これは、既存の原発をすべて再稼働させ、その運転期間を四〇年から六〇年に延長し、さらには建設中の原発のすべてを稼働させることを含意しており[68]、自由民主党の先の選挙公約とは正反対の方向性を意味している。これらの点を考慮するなら、代表制民主主義と官僚機構が国家と資本の論理に依拠して中央集権的に統治する「管理された民主主義」[69]の下では、脱原発を実現することは限りなく不可能に近い。

そこから私たちは、現在の代表制民主主義に可能な限り直接民主主義的要素を導入するために、国民の発議で法的拘束力を持った国民投票を実施できるという、国民投票の導入を主張したい。国民投票には一般に、イニシアティヴとレファレンダムという二つの種類がある。イニシアティヴとは、憲法や法律の制定、改廃について、一定数の請求によって国民の発議権を認め、その発議の採否を決定すべく行われる国民投票であり、レファレンダムとは、議会で採択された憲法や法律の制定改廃案、国際条約の批准などについて、それに効力を持たせるか否かを決定すべく行われる国民投票である。言わば、イニシアティヴとは、国民の発議による下からの国民投票であり、レファレンダムとは、議会の発議による上からの国民投票である[70]。私たちは、上からの論点設定ではなくむしろ下からの民主主義を重視する観

(66) 電源三法システムとその廃止、電源開発促進税の「脱原発税」への転換の提案については、第三部第一章において詳述した。
(67) 今井一、『「原発」国民投票』、集英社新書、二〇一一年。
(68) 以下の吉岡斉のインタビューを参照。「経産省案「原発比率20～22％」は非現実的だ　どうする電源構成〈3〉九州大学・吉岡教授」、東洋経済オンライン、二〇一五年五月二日。http://toyokeizai.net/articles/-/68379
(69) この点については、第四部第二章において詳述した。

点から、イニシアティヴのみを国民投票制度として制定することを提案する。

2-2 脱原発によってどのような社会を実現すべきか

前節において述べたように、脱原発とは民主主義の問題であり、日本において脱原発を実現するためには、国民投票という直接民主主義的な手段が必要である。国民投票の実施によって、すべての有権者が脱原発という問題について集中的に勉強し、議論し、投票すること、それこそが、直接民主主義の要素を取り込んだ新しい民主主義を実現する一手段となるだろう。実際に、地方自治体レベルでの住民投票が実施されたケースを見れば、多くの場合に有権者の集中的な勉強、議論、投票という流れを観察することができる。(71) ハンナ・アレントは、そのようなタイプの直接民主主義を、「評議会民主主義」と呼んでいる。(72)

では私たちは、脱原発によってどのような社会を実現するべきなのだろうか。重要なのは、原発のような集中的（あるいは中央集権的）、秘密主義的、非民主主義的なエネルギー生産システムを廃棄し、再生可能エネルギーを中心とした、分権的、情報開示的、民主的なエネルギー生産システムへと作り変えることである。原発によってエネルギーを生産する社会とは、例えば原発大国フランスのように、官僚機構が中央から国家＝社会システムのすべてを設計し、統御するような中央集権的社会である（それに対して、ドイツは各州政府の自律性を多くの点で認める連邦国家であり、そのような構造が、連邦政府から独立した州政府による原発政策を可能にし、最終的には脱原発を可能にした）。原発を推進する中央集権的、秘密主義的、硬直的な政治＝社会システムを、オーストリアの作家・ジャーナリスト、ロベルト・ユンクは「原子力国家［Atomstaat］」と呼んでいた。(73) 無論、日本もおおむねフランスと同様の強力な官僚機構を持った「原子力国家」である。私たちはまた、工業＝軍事立国という国家と資本の論理に依拠して原発を推進する中央集権的統治システムを、「管理された民主主義」と呼んだ。そのような意味において、脱原発とはまさしく民主主義の問題であり、「管理された民主主義」をより直接民主主義的な根源的民主主義《ラディカル・デモクラシー》へと変容させる手段の一つに他ならない。

官僚機構は、政権がいかに交代しようとも、また、どれほどカタストロフィックな原発事故が起きようとも、一貫して従来通りの政策を実行しようとする。原子力国家とその官僚機構の本質的性格とは、「何が起きようとも自らの前提、原理を決して変えない」という極めて硬直的なものなのである。日本の原子力政策は、政権ではなくむしろ経済産業省が、九電力＝地方独占体制を通じて隅々までコントロールしている。官僚機構の秘密主義的、硬直的、非民主主義的性格は、外部からのチェックとコントロールがなければ決して変わることはない。従って、官僚機構に対しては、独立した市民委員会による政策のチェック、コントロールを義務化し、その硬直的、秘密主義的、非民主的性格を打破することが必要となるだろう。

（70）『「原発」国民投票』、二三―二四頁。

（71）以下を参照。今井一、『住民投票――観客民主主義を超えて』、岩波新書、二〇〇〇年。

（72）Cf. Hannah Arendt, *On Revolution*, The Viking Press, 1963; Penguin Books, 1990, Ch. 6 "The Revolutionary Tradition and Its Lost Treasure". 邦訳『革命について』、志水速雄訳、ちくま学芸文庫、一九九五年、第六章「革命的伝統とその失われた宝」。また、アレントにおける評議会の理論を参照しつつ、イオニアのイソノミア（無支配）について考察した以下の書物も参照。柄谷行人、『哲学の起源』、岩波書店、二〇一二年。

このように、脱原発とは単に原発を廃棄するという技術的な問題ではない。むしろ、脱原発の実現を通じて、代表制民主主義と官僚機構が（工業＝軍事立国という）国家と資本の論理に依拠して中央集権的に政策決定を行うような「管理された民主主義」を、直接民主主義的、分権的で、国家と資本の論理に依拠しない根源的民主主義《ラディカル・デモクラシー》へと変革することが問題なのである。

日本は既に、ドイツと同様の固定価格買取制度を導入しているが、九電力＝地方独占体制が、自らの原発を動かすために再生可能エネルギーの受け入れ容量を制限しており、結果として再生可能エネルギー増加量も制限されてしまっている。この点から、日本もドイツと同様に、再生可能エネルギーの電力系統への優先接続という原則を法律によって確立すべきである。再生可能エネルギーの優先接続の原則が存在しなければ、いくら多くの再生可能エネルギー資源が日本に存在するとしても、それを実際にエネルギーとして活用することはできない。日本はそもそも風力発電だけで全エネルギー消費をまかなうことができるほど、再生可能エネルギーのポテンシャルを持っている。[74]にもかかわらず、九電力＝地方独占体制によって再生可能エネルギー資源の活用に制限が加えられているとすれば、それはまさしく、「原子力国家」と九電力会社が、従来通り原発と中央集権的政治＝社会システムの維持を意図しているからに他ならない。

二〇一六年四月には、日本でも電力自由化が予定されている。しかし、国家と資本の論理を繰り返し批判的に分析してきた私たちの立場からすれば、電力自由化は単なる市場主義への移行であってはならない。再生可能エネルギーの普及には発送電分離が不可欠だが、そのためにはとりわけ、送電部門を私企業ではなく公的機関として再編し、再生可能エネルギーの電力系統への優先接続を実現することが必要である。つまり、送電部門を「社会的共通資本」（宇沢弘文）[75]として、再生可能エネルギーを電力系統に優先的に接続することが必要なのである。

再生可能エネルギーを有効に活用するためには、全国規模の送電網を確立する必要がある。現状では、九電力＝地方独占体制ゆえに、地方ごとの電力融通体制が確立されていない。再生可能エネルギーにはそれぞれ適地がある。日照量が多く太陽光発電に適した関東地方以南、風況が良く風力発電に適した北海道、東北地方、そして地熱発電に適した北海道、東北、九州地方などである。今後は、各地方の再生可能エネルギーによって生産された電力を、地方を超えて融通し合うべく、日本全国を一体とした送電網の確立が必要となるだろう。[76]

さらに、九電力＝地方独占体制と、原発による大規模集中的な電力生産システムを打破するために

（73） Robert Jungk, *Der Atomstaat : Vom Fortschritt in die Unmenschlichkeit*, Kindler, 1977. 邦訳『原子力帝国』、山口祐弘訳、現代教養文庫、一九八九年（初版、アンヴィエル、一九七九年）。

（74） 以下を参照、eシフト編、『脱原発と自然エネルギー社会のための発送電分離』、合同出版、二〇一四年、第四章、竹村英明、「発送電分離とともに解決すべき課題」、六二―六三頁。同書で竹村は、環境省が二〇一一年四月に公表した『平成22年度　再生可能エネルギー導入ポテンシャル調査』（https : //www.env.go.jp/earth/report/h23-03/）を参照して、次のように述べている。「環境省の導入ポテンシャル調査を見ると、日本での風力発電のポテンシャルがとても大きいことがわかります。陸上風力は特に東北や北海道が大きく、その導入ポテンシャルは発電容量（出力）で二・八億キロワット。洋上風力は北海道を中心として導入ポテンシャル一六億キロワットと推計されています。風力発電の場合、一キロワットの発電設備から年間二一〇〇キロワット時という量の発電ができるとされていますから、陸上と洋上をあわせて一九億キロワットの風力発電設備が作り出す電気の量は、約四兆キロワット時になります。日本の電力消費量の四倍です」。

（75） 例えば以下を参照。宇沢弘文、『社会的共通資本』、岩波新書、二〇〇〇年。

は、再生可能エネルギー市民発電所を普及、拡大させていくこと、それによって電力生産システムを大規模集中的形態から小規模分散的形態へと再構築していくことが必要である（図1「デンマークにおける小規模分散型エネルギーへの転換」を参照。デンマークはエネルギー効率が特に高い国として知られ、二〇三〇年までに消費電力の九〇％を再生可能エネルギーによって生産することを目指している）。自然エネルギー資源はその地域固有のものであり、それゆえ、地域に根ざして暮らす市民の手でエネルギーとして活用されるべきであろう。そのために、固定価格買取制度は、電力会社による固定価格での電力買い取りを義務化し、経済的リスクを最小化することで、市民の手による自然エネルギー資源の開発を支援しているのである。

ドイツでは、多くの再生可能エネルギー発電所が、地域に住む市民たちが共同出資する市民再生可能エネルギーファンド、NPO、あるいは協同組合形式で運営されている。二〇一二年のデータによれば、ドイツの再生可能エネルギー発電設備の全出力は七六・〇二ギガワットであり、洋上風力発電など市民による支出が期待されていない大規模発電施設を除いた七二・九ギガワットのうち、一般個人所有の二五・二％、市民再生可能エネルギーファンド、協同組合、NPOなどによる市民出資の市民エネルギー組織九・二％をあわせると、三四・四％、出力にして二五・〇二ギガワットが狭義の市民所有の設備なのである。(77)

この中でもとりわけ協同組合方式での運営は、本書の趣旨にとって最も重要である。なぜなら、協同組合方式での運営は、出資額にかかわらずすべての出資者が一人一票を持ち、市民発電所をより地域に根ざした民主的なものにするという特性があるからだ。(78) 私たちはとりわけ協同組合形式による市民発電所が、今後日本でも多く生まれることを期待している。

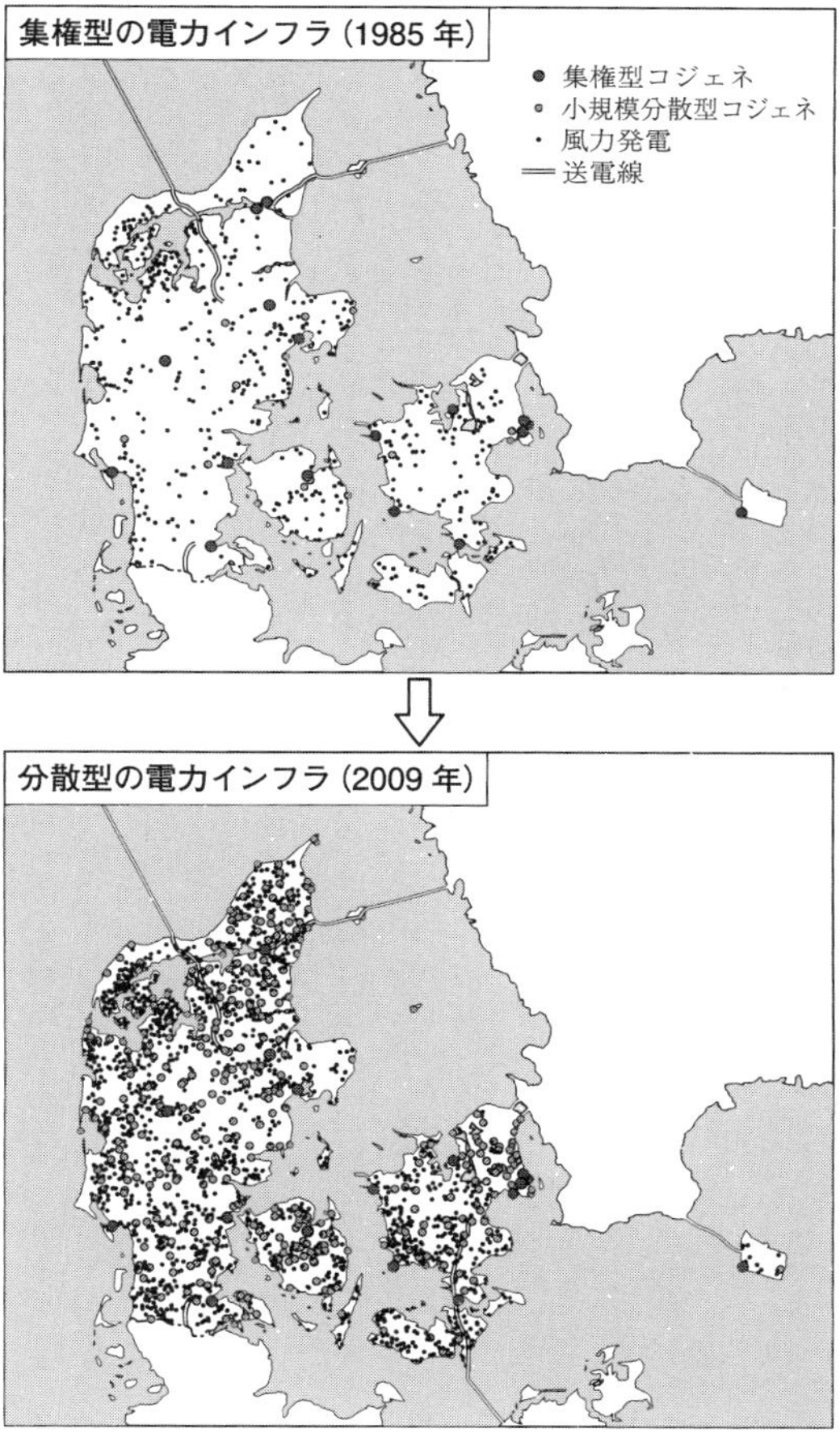

［図 1］デンマークにおける小規模分散型エネルギーへの転換（デンマーク・エネルギー庁作成、脇阪紀行、『欧州のエネルギーシフト』、岩波新書、2012年、161頁）

また、ドイツでは、多くの自治体が都市エネルギー公社を所有しており、都市エネルギー公社が市民エネルギー組合と共同で発電、配電を行っているケースも多い。そのような観点から、市民発電所の設置を市町村のような基礎自治体が経済的、制度的、技術的に支援し、市町村と市民が共同して市民発電所を設立、運営していくことも不可欠である、と私たちは考えている(79)。

固定価格買取制度は、再生可能エネルギーの電力会社への固定価格での売電を前提とするため、再生可能エネルギー発電の事業者と出資者に安定した収入が確保される。従って、地域に住む市民たちが自ら運営する再生可能エネルギー発電所を設立し、そしてそれを市町村と共同で行えば、これまで九電力＝地方独占体制の中で電気料金として地域から電力大企業へと流出していた大量の資金を、地域の中で循環させることができるようになる。これによって、原発によっては実現できなかった、地域外の大企業に依存しない仕方での地域経済の活性化を実現することができ、構造的差別を打破することができるのである(80)。

この点について、福島県会津市に設立された市民発電所「会津電力」社長の佐藤彌右衛門の考えは、私たちの考えに極めて近い。福島県には水力発電を中心に、エネルギー自給自足を達成してもなお余りある再生可能エネルギーが存在する。しかしながら、福島県で発電された電力は、一九一四年の猪苗代水力発電所設置から、一九七一年の福島第一原発設置を経て、二〇一一年に福島第一原発事故が起こるまで、すべて東京に送られていた。佐藤彌右衛門は、その東京と福島との関係を「エネルギーの植民地」と捉え、その構造を変えるために、地域の手にエネルギーを取り戻し、自立を目指すことを訴えている。「なぜ福島に原発があったのかというと、地方が貧しいからです。そこにお金と引き換えで原発ができた。でも、足下の資源を活かせば、地方は国や県からの交付金に頼らなくても自立していけます。自然エネルギーという新たな産業を生み出すことの意味は、地方活性化という意味でも大きいですよ。だから、国はもっとそこに力を入れるべきなのです」。「福島の人間は口には出しませんが、放射能の影響でみんなが苦しんでいます。こんな思いを、他の地域の人たちにはさせたくありません。会津電力の取り組みを通じて、自分たちの力で地域を変えていく姿を全国に発信していきたいと思っていきます」。会津電力は、こうした考えに従って、東京電力が所有する水力発電所を買収する計画も持っているという。[81]また、全村避難が続く飯館村では、会津電力の協力によって市民発電所「飯館電力」が設立され、再生可能エネルギーの活用によって、原発事故後に農業のできなくなった村に「自立と再生を促

(76)『脱原発と自然エネルギー社会のための発送電分離』、七二―七三頁。

(77)村上敦・池田憲昭・滝川薫、『100％再生可能へ！　ドイツの市民エネルギー企業』、二〇一四年、一七頁。

(78)同書、一一四頁。

(79)ドイツにおける都市エネルギー公社と市民エネルギー組合の共同については、以下を参照せよ。同書、第五章「都市エネルギー公社」。また、日本のケースについては、長野県飯田市と市民発電所の共同事業が参考になる。以下を参照。飯田哲也、『エネルギー進化論――「第四の革命」が日本を変える』、ちくま新書、二〇一一年、一九九―二〇五頁。

(80)以下を参照。『100％再生可能へ！　ドイツの市民エネルギー企業』、第一章「エネルギーヴェンデを地域と市民の手で」。なお、日本におけるこうした市民発電所の具体例として、以下を参照せよ。『エネルギー進化論』、第五章「日本の地域からのチャレンジ」。なお、中央の大資本が運営する大規模な再生可能エネルギー発電所が地方に設立されても、その収益は地域で循環することはなく中央の大資本に回収されてしまうため、中央による地方の収奪という構造的差別は残存することになる。従って私たちは、構造的差別を打破するために、市民再生可能エネルギー発電所――とりわけ協同組合方式によるそれ――と基礎自治体との協働に期待している。

し、自信と尊厳を取り戻す」ための試みが始まっている。[82] このように、福島第一原発事故によって甚大な被害を受け、大正時代から首都圏のエネルギー植民地であった福島県では、構造的差別を打破するための脱服従化の試みが既に始まっているのである。

また、ドイツの実例によって、市民発電所のような分権的エネルギー生産システムは、原発のような集中的エネルギー生産システムよりも多くの雇用を生み出すことが証明されている。ドイツでは、再生可能エネルギーはキロワット時あたり、原発の約一〇倍の雇用を生み出している。ドイツにおける再生可能エネルギー部門の雇用は、保守・中道右派への政権交代によって脱原発政策が後退局面にあった二〇一〇年時点で三七万人、二〇一一年時点で三八万人であるが、他方、原発関連の雇用は、二〇一〇年時点で三万人と、一〇分の一以下に過ぎないのである。[83] 再生可能エネルギー部門と原発関連部門の雇用者数の差は、自然エネルギー部門のさらなる成長と脱原発プロセスの進展に伴って、今後ますます大きくなっていくだろう。

本書において何度も指摘してきたように、原発とは単なるエネルギー生産のシステムではなく、核兵器の材料であるプルトニウムの生産を帰結するという点で核兵器生産と切り離すことができず、同時に、工業＝軍事立国という国家と資本の論理に依拠した中央集権的統治、すなわち「管理された民主主義」と密接に結びついている。従って、私たちの観点から重要なのは、（一）工業＝軍事立国という国家と資本の論理に依拠した中央集権的統治を放棄し、脱原発と分権的なエネルギー生産システムを確立することによって、中央集権的政治＝社会システム（「原子力国家」、あるいは「管理された民主主義」）から分権的政治＝社会システムへと移行すること、（二）市民と基礎自治体が協働して市民発電所を運営し、地域外の大企業に吸い上げられていた資金を地域内で循環させることによって、地方と中央の間の非対称的で逆転不可能な権力関係、すなわち構造的差別を打破すること、（三）国民投票や、官僚機構の市民委員会によるチェック、コントロールのような、より直接民主主義的な要素を取り込んだ新しい形の民主主義、すなわち根源的民主主義《ラディカル・デモクラシー》を確立すること、である。原発とは核兵器という大量破壊兵器の技術に依拠して開発された大規模集中的エネルギー生産のシステムであり、工業＝軍事立国という国家と資本の論理に依拠して膨大なエネルギーを集中的に生産することを志向する、中央集権的、官僚主義的、秘密主義的統治（「原子力国家」、あるいは「管理された民主主義」）と親和的である。大量破壊兵器の危険性に起因するこのような危険なシステムを私企業が運用できるのは、無論、中央集権的な「原子力国家」の援助によってのみである。反対に、再生可能エネルギーによるエネルギー生産は、分権的で地域

（81）高橋真樹、『ご当地電力はじめました！』、岩波ジュニア新書、二〇一五年、一一一―一一五頁。会津電力ホームページも参照。http://aipower.co.jp/

（82）高橋真樹、「「自然エネで復興を」、全村避難の飯舘村で「飯舘電力」が誕生」、ソーシャル・イノベーション・マガジン！『alterna』、二〇一五年一月二五日。http://www.alterna.co.jp/14449　飯舘電力のホームページも参照。http://iitatepower.jp/

（83）以下を参照。『ドイツの市民エネルギー企業』、一九六頁。また、グリーンピースのホームページにおける以下のレポートを参照。「ドイツ現地レポート４：自然エネルギーで原発よりも12倍の雇用効果あり」、国際環境ＮＧＯグリーンピース、二〇一一年七月一日。http://www.greenpeace.org/japan/ja/news/blog/staff/4-12/blog/35548/　なお、社会学者の開沼博は「自然エネルギーは原発と比べて圧倒的に雇用吸収力が小さい」と明言しているが（開沼博、「物語の中に答えはない」、『この国はどこで間違えたのか――沖縄と福島から見た日本』、徳間書店、二〇一二年、一〇二頁）、この発言がドイツの例を調査した上でなされているのかどうかは極めて疑わしい。なお、第三部第一章でも引用したような一連の開沼博の発言が、仮に「原子力国家」の諸矛盾と構造的差別をシニカルに現状肯定することに帰結するとすれば、私たちはそのような立場を決して容認することはできない。

に根ざしたエネルギー生産を志向する。また私たちの考えでは、脱原発の実現は、国民投票や、官僚機構の市民委員会によるチェック、コントロールといった、直接民主主義的な政治＝社会システムの実現と切り離すことができない。従って、脱原発を実現することは、中央集権的で核エネルギー（原発、核兵器の双方を含む）に親和性のある「原子力国家」あるいは「管理された民主主義」を、分権的で直接民主主義的な根源的民主主義《ラディカル・デモクラシー》へと変革することを意味しているのである。こうした分権的で直接民主主義的な政治＝社会システムこそ、私たちの「脱原発の哲学」が提唱する、新たな政治＝社会システムのイメージに他ならない。

マ　行

ヤ　行

ラ　行

ワ　行

ナ　行

ハ　行

サ　行

タ　行

人名索引

ア 行

カ 行

著者略歴

佐藤嘉幸（さとう・よしゆき）

1971年、京都府生まれ。筑波大学人文社会系准教授。京都大学大学院経済学研究科博士課程を修了後、パリ第10大学にて博士号（哲学）取得。

著書：*Pouvoir et résistance : Foucault, Deleuze, Derrida, Althusser*, L'Harmattan, 2007.
『権力と抵抗――フーコー・ドゥルーズ・デリダ・アルチュセール』、人文書院、2008年。
『新自由主義と権力――フーコーから現在性の哲学へ』、人文書院、2009年。

訳書：ジュディス・バトラー『権力の心的な生――主体化＝服従化に関する諸理論』（清水知子との共訳）、月曜社、2012年。
ミシェル・フーコー『ユートピア的身体／ヘテロトピア』、水声社、2013年、など。

田口卓臣（たぐち・たくみ）

1973年、神奈川県生まれ。宇都宮大学国際学部准教授。東京大学大学院人文社会系研究科博士後期課程修了。博士（文学）。

著書：『ディドロ　限界の思考――小説に関する試論』、風間書房、2009年。
『怪物的思考――近代思想の転覆者ディドロ』、講談社、2016年。

編著：『世界を見るための38講』、下野新聞新書、2014年。

訳書：ドニ・ディドロ『運命論者ジャックとその主人』（王寺賢太との共訳）、白水社、2006年、など。

Printed in Japan.
ISBN978-4-409-04108-6 C3010

脱原発の哲学

二〇一六年二月一〇日　初版第一刷印刷
二〇一六年二月二〇日　初版第一刷発行

著　者　佐藤嘉幸
　　　　田口卓臣
発行者　渡辺博史
発行所　人文書院
〒六一二-八四四七
京都市伏見区竹田西内畑町九
電話〇七五（六〇三）一三四四
振替〇一〇〇〇-八-一一〇三
印刷　亜細亜印刷株式会社
製本　坂井製本所
装丁　間村俊一

乱丁・落丁本は小社送料負担にてお取替致します。

http://www.jimbunshoin.co.jp/